U0178551

ADA

建筑学一年级设计教学实录

空间的唤醒

张文波 ◎ 编著

广西师范大学出版社

·桂林·

图书在版编目（CIP）数据

空间的唤醒／张文波编著．—桂林：广西师范大学出版社，2021.8
（ADA 建筑学一年级设计教学实录）
ISBN 978-7-5598-2416-5

Ⅰ．①空… Ⅱ．①张… Ⅲ．①建筑学－教学研究－高等学校 Ⅳ．① TU-0

中国版本图书馆 CIP 数据核字（2019）第 259706 号

空间的唤醒
KONGJIAN DE HUANXING

责任编辑：孙世阳
装帧设计：六　元

广西师范大学出版社出版发行
（广西桂林市五里店路 9 号　　邮政编码：541004
网址：http://www.bbtpress.com）
出版人：黄轩庄
全国新华书店经销
销售热线：021-65200318　021-31260822-898
山东韵杰文化科技有限公司印刷
（山东省淄博市桓台县桓台大道西首　邮政编码：256401）
开本：710mm × 1 000mm　1/16
印张：17.25　字数：240 千字
2021 年 8 月第 1 版　2021 年 8 月第 1 次印刷
定价：88.00 元

前言

王昀老师对我国建筑学教学体系长期的思考和在教学改革方面的实践，在国内建筑界已引起极大的反响，其相关理论著作更是引领了当今建筑设计、教育领域的风尚，其教学方法在北京大学和清华大学的建筑学教学实验中已颇有成效。那么，除了国内这两所顶级高等学府之外，这套方法在其他院校是否也具有普适性呢？想必这是建筑教育界极为关注的问题。鉴于此，王昀老师以山东建筑大学（以下简称“山建”）建筑学一年级的学生为教学对象，进行了为期 7 周的“建筑师工作室方案设计”教学实验，以验证该教学方法的效果。笔者有幸作为王昀老师的教学助手，对“空间的唤醒”这一教学方法进行第一视角的真实记录及全面的归纳和梳理。

“空间的唤醒”是王昀老师建筑设计教学方法的第一步骤，其字面意思是：空间是无处不在的[①]，我们只需以适当的手段将其激活，使其转化为人类可感知的，具有一定边界、形态的空间体积即可。这一空间是一种现实的存在，而不是空想、虚构出来的。那么应从何处激活空间呢？王昀老师认为，宇宙万物的存在是遵循一定的法则的，随着人类文明的进步，有的法则已经被发掘出来，如万有引力、质量守恒定律、量子效应……但是仍有无穷的谜团等待人类去解开。科学领域认为科学不是被发明的，而是被发现的，这是以二元论为基础的哲学认知。我们对空间的发掘同样要遵照二元论的哲学基础。人类作为世界存在的一部分，不可能超越其存在的渺小局部去创造超越自身范畴的存在空间，只能从整体存在中去发掘、寻找适合自身存在且可感知的空间，笔者将发掘、激活这些沉睡于人类身边的空间的过程称为“空间的唤醒”。

虽然空间无处不在，但是人类可感知的空间需要有具体的边界和形态，否则这些非聚集态的空间对建筑学语境下的空间而言仍是无法进入感知和应用范畴之内的。那么，如何唤醒空间呢？这就是王昀老师长期以来在教学实验中想要攻克的关键难点，也是笔者对“空间的唤醒”这一教学方法及过程记录的核心。本书将系统地记录和阐述这一核心内容。宇宙中那些已知和尚未知晓的法则的存在规定了宇宙万物的空间形态，即这些空间形态

① 从肉眼无法观测到的微观世界（细胞、分子、原子、质子、电子、量子、夸克……）到人类可感知的中观世界（人类社会、自然环境、河流、湖泊、海洋……），再到浩瀚无际的宇观世界（太阳系、银河系、本星系群……），空间只是现实存在的一种呈现形式。

是存在法则的映射。同时，世界万物的空间形态也是遵循法则的。遵循法则就必然存在秩序[①]，而该秩序也许是一种法则或几种法则的映射所自然呈现出的“美”的形式。因此，我们只需从世界的存在空间当中截取适合于建筑学研究的具有三维向量（长、宽、高）的空间，即可获取我们所要唤醒的对象。一处或者一组空间应当具有无数种形态，这取决于我们从哪个视角进行截取和唤醒，这也是本书即将阐述的一个重要部分。

拙作不仅对此次教学实验的策略、方法、节点控制等进行了全方位的再现，还对在一年级的教学过程中同学们暴露出来的问题进行了详细的记录，同时追踪了这些问题的解决过程与方案。以往的建筑设计教学系列著作大多偏重于对教学方案、策略、方法等思维体系的分析与阐述，但对受教群体的主观反应和心理感受往往呈现得不足。笔者针对这一问题，对参与该课程的同学们进行了专访，以探究不同个体对此教学方法的反响、接受度等多个方面的反应，进而印证该教学方法的成效。

“空间的唤醒”教学训练是在山建建筑学一年级第二学期的“建筑设计基础”课程中进行的教学实验，名为“建筑师工作室方案设计”。这是建筑学一年级的同学们第一次进行真正意义上的建筑方案设计，在此之前同学们从未独立进行过建筑设计的实际操作。这一教学实验的媒介是空间模型，通过对空间模型的操作训练，实现由空间模型到建筑模型的转化，这与当下的现代建筑教育领域的空间操作法的训练媒介具有一定的相似性[②]。

学生在教学实验中采用的学习方法主要包括模型制作、观察、记录和表达。模型制作主要是为了训练同学们捕捉空间形态的能力，即通过模型制作给予空间边界，从而获得肉眼可观察的空间形态。此处的“观察”不同于我们日常生活中的“看”，它是需要学生带着人体尺度观念对模型空间进行体会的过程，旨在使学生感受其捕捉到的空间的丰富性。记录主要包括三个方面：一是通过手绘透视图、模型照片来记录观察到的空间的形态和对空间的感受；二是通过现场照片、视频、音频等手段记录教学过程中的教师点评和师生互动过程，以便通过对照记录文件来回忆学习中的问题，并

① 这里的秩序并非只是人类文明已经认知的秩序，也包括人类尚未揭晓的先验秩序。
② 顾大庆，柏庭卫.空间、建构与设计 [M]. 北京：中国建筑工业出版社，2011.

有针对性地进行修正；三是在将建筑学观念赋予到模型空间的过程中，对现实场景中的建筑要素进行调研记录，例如，将建筑的功能、尺寸、位置、形式、光线等内容刻画在图纸上的过程，这一过程的目的在于塑造学生的建筑功能观念，以完善其建筑学的“心物场”[①]，使他们赋予模型的建筑观念逐渐可以满足人的行为需求。表达主要包括两个方面，一方面是模型（计算机模型和实物模型），另一方面是图纸，这两个方面都是学习和研究成果的最终提交形式，通过这两种表达形式实现从无形空间到具象的、可视化的、符合建筑学专业要求的建筑形态的过程。

“空间的唤醒”教学实验策略是从练习到方案，即从先期的空间捕捉练习到逐步赋予空间建筑学观念。在此过程中，初始的单纯的空间形态模型在被赋予建筑学观念后会成为建筑方案模型。以往建筑学专业一年级的教学策略是将空间练习作为第一学期的独立教学环节，而第一门建筑方案设计课程则在一年级第二学期的最后 7 至 8 周来教授，这样的课程间隔往往使学生由于空间练习记忆的消退而出现学而无所用的状况。当然，这种状况也可能是因为学生在面对建筑功能和丰富的空间时，还不具备足够的组织和融合能力而造成的。由练习到方案正是为解决这一问题而设计出的一体化教学实验策略，意在尽量避免在教学中学生出现由空间练习到建筑设计方案的思维断裂。

① 库尔特•考夫卡．格式塔心理学原理 [M]. 李维，译．北京：北京大学出版社，2010.12:3.

课程名称：建筑设计基础

作业名称：建筑师工作室方案设计

课程周期： 第 1~7 周教学，第 8 周全年级评图

课程时间：2019.5.7—2019.6.25

授课老师：ADA 建筑设计艺术研究中心王昀教授，教学助手张文波

教学实验对象：山建建筑城规学院建筑学 2018 级的 16 位同学（马学苗、马司琪、王建翔、田润宜、石国庆、杨清滢、张琦、张金鹏、张树鑫、林泽宇、赵林清、逄新伟、崔薰尹、黄俊峰、崔传稳、谢安童）

教学目的：

1. 训练丰富形态下的空间认知，扩充空间认知的丰富性；
2. 学习多个功能空间的设计与组织及空间氛围的营造；
3. 强化借助模型进行方案构思的能力；
4. 训练设计的图面表达。

任务要求：

现有一块地势平坦的建筑用地，需在此范围内设计一个建筑师工作室。建筑的主要朝向可根据实际使用情况确定，开窗方式与数量不限。本作业不包含室外空间的设计。建筑功能要求如下：

1. 总建筑面积可以根据不同的建筑师的要求来最终设定，层高根据设计自定，层数为 1 ～ 2 层；
2. 工作单元可以自行拟定；
3. 讨论区，需布置 2400mm × 1200mm 的评图桌；
4. 接待或休息区等；
5. 卫生间，包含 1 个坐便器、1 个洗脸池及 1 个拖布池；
6. 带有洗刷池的茶点间；
7. 书籍或杂物储藏空间，可集中或单独设置；
8. 根据功能需求所配置的其他空间。

最终成果应该达到空间构成方式明确、功能布局与流线合理、空间使用经

济高效的效果，并满足自然采光与通风需求。

课程进度：

课程进度分为空间捕捉、空间启蒙、观念赋予、空间组合、空间组织手法和综合深化与表达六个阶段。本作业要求单人独立完成。

成果要求：

1. 正模，1∶50~1∶100。

2. 最终的 A2 图纸正图，每人不少于两张，内容包括：
模型照片（俯视、内部透视等）；
方案总平面图、平面图、立面图、剖面图，1∶50~1∶100；
室内透视图；
轴测图，1∶50~1∶100；
必要的方案分析图；
手绘图纸，图纸大小可根据排版进行调整，以清晰地表达设计为准。

目录

第一章

空间的捕捉

本章主要介绍“空间的唤醒”教学实验的第一个环节——空间捕捉，包括实验分组、空间与形式的思考、操作三方面的内容。

空间捕捉与王昀老师在其著作《空间与观念赋予》中提到的空间寻找有着必然的联系，也是在其基础上的延伸。“捕捉”和“寻找”都有依托于空间的客观存在性和难以发掘的特点，生动的空间需要付出劳动才能获得。之所以用“捕捉”这一动词是希望在空间寻找的基础之上，强调空间瞬息万变的特点，突出房间的动态、无形和易变性。“捕捉”一方面在于表现王昀老师的空间训练的技巧性，另一方面更能生动形象地表现出空间凝固那一瞬间的情境特质。

1. 实验分组

为了便于解决教学过程中同学们的组织、协调、信息传达等现实问题，实验小组选定在建筑 181 班。王昀老师在与教研室沟通的过程中，针对参与教学实验的同学们提出了两点要求：一是参加学习的同学一定要身体健康，因为高强度的训练，熬夜、加班在所难免，所以身体健康是完成学习任务的保障；二是参与的同学的专业成绩不能全部是名列前茅的，因为这次教学实验的目的就是要验证这一教学方法在不同成绩段的同学中是否具有普适性。根据以上两点要求，教研室结合一年级“建筑设计基础”任课教师人数的实际情况[①]，按照不同成绩段的同学的分布情况，选出了 16 位同学参与这次教学实验，比较组内不同成绩段的同学在这一实验中的表现，进而得出教学实验结论。

---

① 一年级每个班学生人数为 30~33 人，建筑设计基础课程要求每班安排 3 位专业教师分组授课。建筑 181 班另外两组由本校赵老师、高老师分别负责，“空间的唤醒”教学实验组由王昀老师主讲，笔者担任其教学助手，共同负责这一小组的教学任务。

2. 空间与形式的思考

在教学实验的第一堂课上，王昀老师首先阐述了他对空间与形式及人类如何获得使用空间的思考，以及他在空间捕捉这一训练环节的教学主张，为接下来的操作训练奠定基础。

在建筑方案的创作过程中，从设计开始到最终方案的完成，设计者一直要面对空间形式的问题，而首要问题便是这个形式从何而来。我们通常认为形式是由设计者的大脑创造出来的，“创造”在此是一种思维方式，但是创造性思维并不是凭空从人脑中迸发出来的，而是要以思维的源泉为起点，我们只要寻找到这个思维的起点，自然就找到了空间形式创造的起点，这与艺术思维极为相似——艺术源于生活，又高于生活。

自 20 世纪初以来，现代主义建筑成为世界建筑设计的主流思潮后，形式追随功能（form follows function）似乎已然成为建筑师必须遵守的“金科玉律”。然而，形式并不是只能由功能决定，在存在范畴内，形式是独立存在的。早在 2500 年前，著名的欧几里得几何已证明了几何形式存在的精神性，几何形式并不是在人类文明存在之后产生的，而是先于人类的存在，只不过随着人类文明的进步才逐渐被发现。在建筑学领域，形式追随功能是人类自进入工业文明时代以来，在当时西方现代人文主义觉醒的引导下，一批受现代人文主义思潮影响的先锋建筑师对建筑的形式与功能的思考。这是对现代人文主义觉醒之前“建筑以形式为首要，而忽视人文需求”的现象的激进反叛。在认清了现代主义建筑设计思潮发生的时代背景和思想意图之后，我们要做的便是跳出现代主义建筑设计的思维范畴，重新去思考建筑形式与功能的关系。根据目前考古发掘出的史前人类文明遗迹不难发现，当人类尚未具备建造房子这样的庇护场所的能力时，为了生存需要，他们便寻找山洞作为庇护之所。已被列入世界文化遗产的北京周口店山顶洞人洞穴遗迹便是很好的佐证。山洞是大自然创造的，山洞的空间形式是先于人类创造而存在的。在定居山洞之后，人类才开始根据生存需求，对山洞空间进行相应的改造，如对生火、睡眠、排泄等场所的安排。也就是说，人类在最初寻求栖居空间的时候，并没有能力去寻找或者创造抽象、理性的几何空间形式，最初人类认知的空间形式应当就是大自然当中形式各异的洞，而人类本能所认识的大自然中的空间形式，必然不是囿于抽象的几何形式之中，而是自然存在的、朴素的、无穷无尽的空间形式。

生活在当代的设计者，在寻找创作形式的起点时，如何返璞归真，依照人类的本能去发掘空间，这应当是灵感迸发的秘诀所在。正是基于这种朴素的空间形式观，王昀老师在低年级的建筑设计基础学习阶段，坚持三个空间训练主张：一、反对初学者冥思苦想地凭空创造空间形式，而要从一切存在中去发掘；二、跳出高度抽象的现代主义空间形式范畴，从最为朴素的空间形式着手训练，遵循由简入繁的空间训练步骤；三、坚持手工空间模型训练。

3. 操作

关于空间捕捉的原理性思考奠定了同学们空间训练的思维逻辑基础，接下来便是空间捕捉训练在操作层面的相关问题，包括操作方法、操作步骤和任务要求。

操作方法

“空间是无限的。如果简单地来理解，我们的周围所充满的粒子便是空间。”①

图 1.1

① 王昀 . 空间与观念赋予 [M]. 北京：中国电力出版社，2018.06:16.

美的空间形式不是创造出来的，而是从已经存在的空间中捕捉出来的。空间是无形的，是客观存在的，那么人们怎样才能获得想要的空间呢?

“如果将空间解读为粒子，那么获得这些粒子的过程就是获得空间的过程。”王昀老师使用了“空间口袋”的比喻，将空间口袋作为捕捉的工具（或容器）。如果人们想获得一定的空间形式，那么首先需要有一个口袋，用这个口袋把空间装进去。口袋的边界形式决定了空间的形式，与此同时，口袋与口袋之间的缝隙中的粒子形成公共空间。将口袋赋予人的尺度和使用需求，便得到了建筑空间。

那么问题的关键在于，这个口袋从何而来？我们怎样去编织这个口袋？即在建筑设计领域中，如何去创造我们想要的具有美感的建筑形式？在过去很长的一段时间内，教授建筑设计的老师在指导低年级同学的设计方案时，经常会用到“参照”“模仿”“转化”“想”“悟”等动词，而参照、模仿的对象往往是一些现代主义建筑大师的作品，是经过深思熟虑、严格控制、修改完善后的传世之作。参照、模仿这样的经典作品自然是十分必要的，但是这个研究过程对建筑学的学生而言，需要在合适的时间节点进行才能发挥其示范性作用。王昀老师认为这个节点应当至少是在建筑学本科三年级以上，甚至硕士阶段才较为合适。对建筑大师的设计作品的参照和模仿往往是具有针对性、系统性的研究过程，其内容可概括为两个层面：一是形而上的层面，主要指建筑大师的设计思想；二是形而下的层面，主要指建筑大师在设计作品中对功能、空间、建筑形式、光、环境、材料、建构等方面的设计手法和解决问题的策略。这两个层面是对同学们已有认知的系统化、精细化、深度化的训练，其前提是同学们已经具备了一定的建筑学知识架构。但是对低年级的同学而言，他们并不具备较为完整的建筑学知识架构，倘若一开始就让他们进行这两方面的学习，无疑会抑制同学们发掘空间形式的本能。在前人成熟的抽象思维体系下，大量的空间口袋被同学们不自觉地忽略掉，这一忽略容易导致同学们形成固有的空间观念，对建筑初学者的空间捕捉能力，即创造灵感的来源产生长久的抑制作用。因此，在建筑学低年级阶段，进行这两方面的系统学习为时尚早，在这一阶段应当不断捕捉、扩充、积累空间口袋，丰富创造性思维。

空间是客观存在的，它无处不在，且形态变化无穷。我们在捕捉空间时，只需捕捉其一瞬间的形态，便可以凝固出那一瞬间具有具体形态的空间口袋。虽然空间的形态是瞬息万变的，但是人类（范畴可以扩展到生物界）先天具有捕捉具体空间形态的能力，例如，通过划痕、堆砌、开凿、借用等行为[①]创造客观空间。认识到人类这种长期进化而来的处理空间的能力，我们便找到了空间口袋的编织方法。

操作步骤

编织空间口袋的第一步便是找到素材库。王昀老师认为，既然我们捕捉的是某一瞬间的空间形态，那么视觉可见的任何存在都是空间存在的客观反映。因此，他提出了从二维图像编织空间口袋的操作方法，并运用这一方法进行捕捉空间形式的训练。

同学们只需找到现成的图片，内容不限，自然的、人造的、宇观的、微观的、真实的、想象的、古代的、现代的等均可（图 1.2、图 1.3），并将这些图片打印到 A3 纸上。

图 1.2

图 1.3

① 划痕是指人类在物体表面对客观空间的描绘行为，包括雕塑、绘画等；堆砌主要指人类利用客观物件的搭建行为；开凿对应的是人类的开挖、凿洞行为；借用是指人类寻找庇护场所的行为。

然后，王昀老师指导同学们在这些图片上将内容的边界进行描边。在这一操作步骤中，同学们要尽量少地加入个人的主观思考，只要按照图片内容的边缘忠实地描边即可，主要目的是尽可能地保证图片内容诞生那一瞬间的真实和朴素的状态，进而提炼出生动的边缘轮廓（图 1.4、图 1.5）。随后，将描绘的边缘线拓印到白色 A3 模型板上。

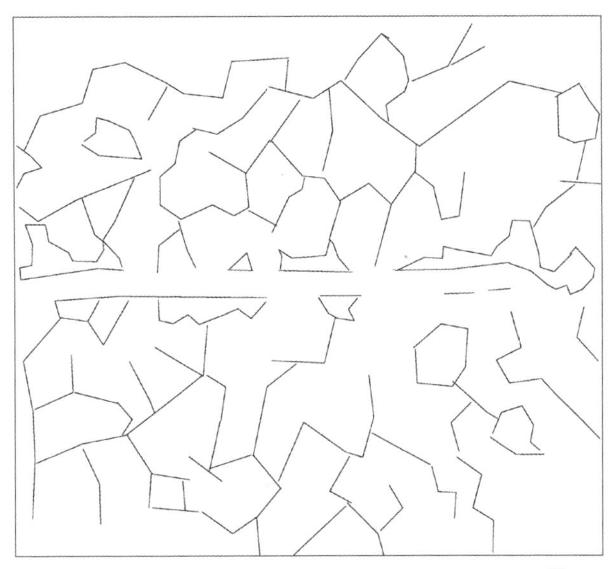

图 1.4

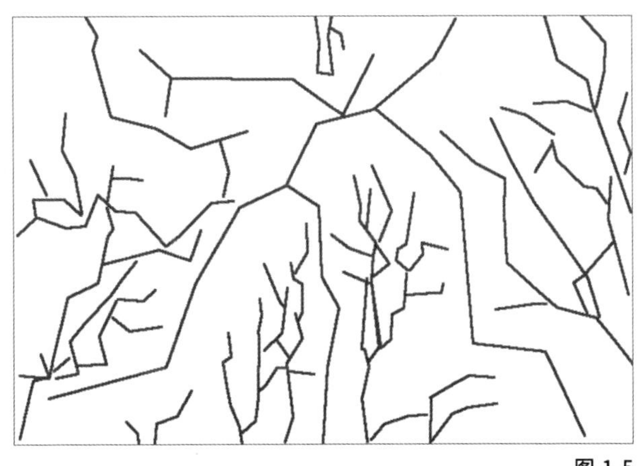

图 1.5

接下来，同学们需要准备好 U 胶和约 2mm 厚的白色模型板材，将这些模型板材切割成 3cm 宽的条带，然后沿着拓印在 A3 模型板上的边缘线痕迹，用 U 胶将条带侧边缘粘贴固定。待完成整个板材上的条带粘贴后，一个完整的空间口袋便编织完成了（图 1.6、图 1.7）。至此，图片内容诞生时的那一瞬间的空间形式便被捕捉出来了。

1.6

1.7

任务要求

任何创作性技能训练，除了有具体的操作方法和步骤之外，同时还要有相应的操作任务要求。制定任务要求的目的是保证同学们对这一空间训练目标的完成度。

（1）空间口袋模型的尺寸要求。第一，空间口袋模型一律要在 A3 大小的模型板材上完成。选择 A3 大小的模型平面尺寸，主要是根据王昀老师以往在这一教学实验中积累的经验得出的结论。这一尺寸既便于同学们手工操作，节省模型制作时间，又可以尽可能完整地呈现空间口袋的形态。第二，编织模型口袋的条带宽度一律控制在 3cm，这个条带宽度即为空间口袋的竖向边界高度。这一尺寸要求同样是根据王昀老师在以往的教学中总结出来的经验而定的，能够最大限度地呈现空间口袋的空间形态。

（2）空间口袋模型的颜色要求。整个模型要求用纯白色材料制作完成。使用纯白色材料主要是为了去除其他空间要素对空间质量的干扰，保证在这一过程中空间形态训练的单一性和针对性。这个要求同时也避免了其他空间要素对同学们的空间形态认知造成干扰，进而影响其接近本能地去认知空间的生动特质。

（3）工作量的要求。王昀老师根据以往的教学经验和一年级同学们的课业量、身体状况等，要求每位同学一周内完成 18 个空间口袋模型。

第二章

启蒙

为期一周的空间口袋模型训练是为了激发同学们无意识的空间捕捉的潜能，使每位同学通过完成 18 个模型的高强度训练，积累口袋模型认知层面的素材，为王昀老师进一步的空间启蒙奠定基础。在这节课上，王昀老师通过空间口袋模型了解了同学们对建筑学视域下的空间的认知水平，从而寻找出每位同学在该方面存在的问题，进而对其进行以空间启蒙为目的的针对性讲评。

1. 第一次模型讲评

每位同学做 18 个模型，16 位同学共完成了 288 个模型。为了便于王昀老师对教学实验组所有同学的模型进行点评，模型展评场地选在山建大学生活动中心三楼较为宽敞的内走廊。每位同学的 18 个模型被分为两组，所有

图 2.1

模型沿着走廊依次排开（图 2.1）。讲评模型的当天，其他班的很多同学和专业课教师也都前来参观，想要对同学们的模型完成情况一探究竟（图 2.2）。

图 2.2

在讲评开始之前，两位学校的后勤工作人员刚好下班从走廊经过，摆满走廊的模型吸引了两位工作人员的注意。她们饶有兴趣地走近每组模型观看，还不时地用手指点并共同讨论一番（图 2.3）。见此有趣的一幕，王昀老师干脆将这两位请到我们的行列当中，并询问两位，如果用这些模型来盖房子的话，她们喜欢哪一个。于是，两位工作人员选出了三个她们想用来建房子的模型（图 2.4、图 2.5），王昀老师就她们的选择做了点评。

从选出的三个模型来看（图 2.6~ 图 2.8），每个模型的外层边界都有连续、封闭的轮廓。当王昀老师询问她们选这三个模型的原因时，她们的回答很简单——觉得好用！这三个模型的内部空间几乎都是面积等分的封闭空间，这些空间相较于其他模型的空间要更简洁、更有规则。

在点评完这三个模型之后，王昀老师让同学们从自己的作业中选出最想用来盖房子的模型，并与同学们进行了详细的讨论。

图 2.3

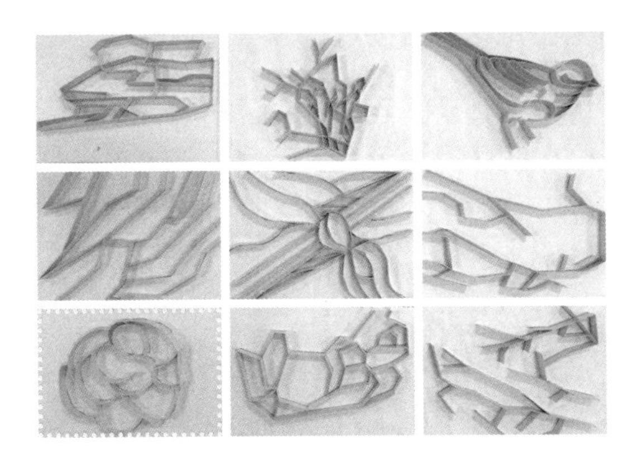

图 2.4

图 2.5

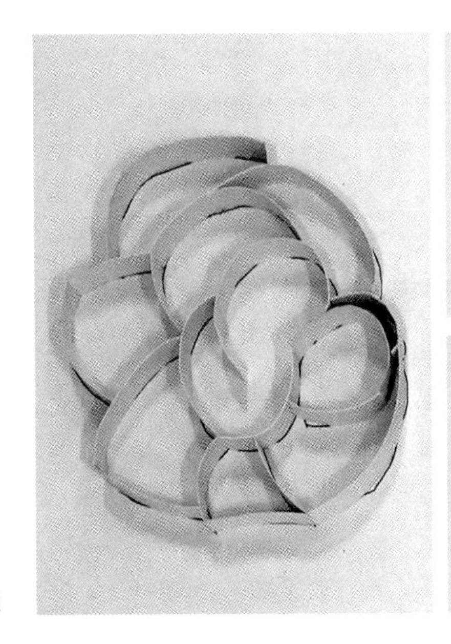

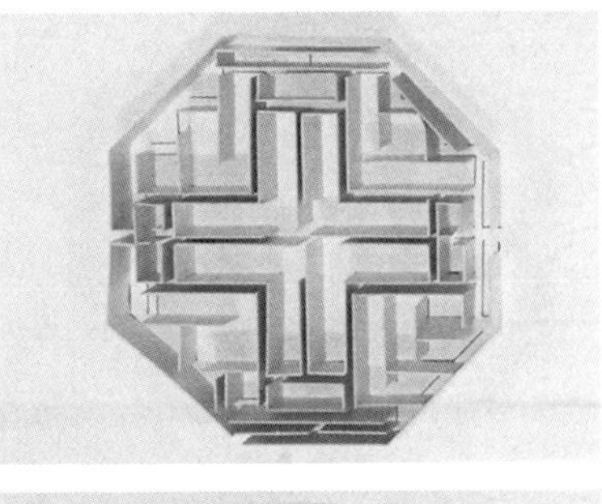

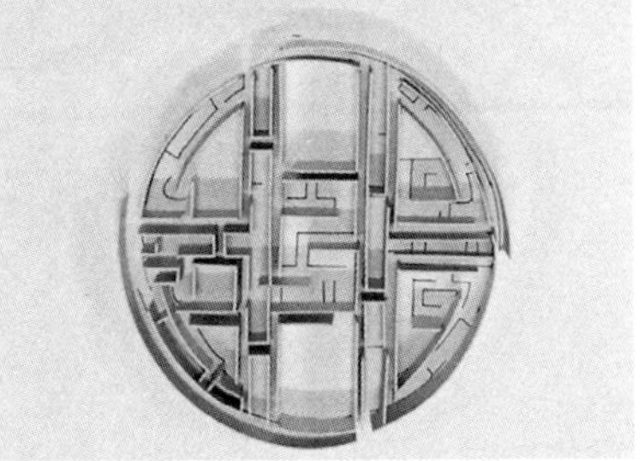

图 2.6～2.8

王老师：慢慢地，你们会发现，这些空间有可能会照着模型的样子往下发展（图 2.9），当然，发展下去也有可能做不了。但是如果不经过这样的尝试性训练，你们就无法从中获得丰富的空间体验。因此，你们还是要不断地通过模型空间的训练去揣摩。

图 2.9

王老师：我刚才大致看过这些模型，现在换个角度看，感觉与原先的角度不一样了。从你们选的图案以及呈现出来的模型能够看出你们的性格差异。

张金鹏：请问下次 SketchUp 模型里要放家具吗？

王老师：要放。但是在这个阶段我不建议你做得那么细致，把大桌子放进去就可以了，因为大桌子在任务书里有明确的尺寸，放进去就可以作为模型空间的尺度参照物。至于其他的家具，如果选现成的，有时候是放不进去的，这时候，你就需要自己设计一些适合这个房子的家具。这就引出建筑师如何选择家具这个新的话题了。根据我对此的经验，像这种自由曲线的空间，可能放一个圆的、没有方向性的家具，或者这种曲线的家具（图 2.10、图 2.11）会比较适合。

图 2.10

图 2.11

比如，模型里的这条曲线（图2.12、图2.13），它有可能是面墙，但如果我把它做成400mm高，再按下去的话，这条线就变成一张长沙发了。

图 2.12

图 2.13

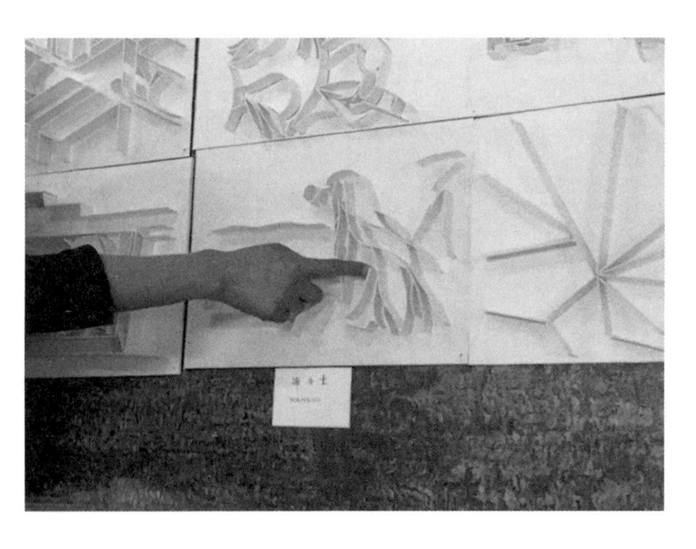

图 2.14

但是这个房间干什么用，则是另外一回事。当然，这条线也可以宽一点儿，那样就会变成一张桌子。比如，把这条线（图2.14）做成600mm宽、700mm高，并沿着曲线延伸，那它是不是就变成一张条桌了？如果在桌子边布置上小凳子，这个地方就成为办公场所了。

所以，模型里所有的竖向界面在这里面都有可能是墙，但如果按下去，也有可能成为桌子，这其实就是观念赋予。模型上的一条竖向界面可以成为一面墙，抑或一件家具，或者其他，这取决于你的想法。

张金鹏：就是说这些模型的竖向界面也可以做成家具，对吗？

王老师：是的，但是如果你在做的时候把这个界面给改了，那就不对了（图2.15）。

比如，这个模型界面代表 3m 或 4m 的墙，现在的宽度是 100mm，而如果把这个界面加宽到 700mm，然后按下去，是不是就变成了桌子？大家课下自己测量一下身边家具的尺寸，如椅子、桌子……要熟练掌握这些家具的尺寸。这个不是老师教的，而是靠同学们在生活中去留意，有针对性地去学习。

图 2.15

逢新伟：那具象与抽象的边界该如何把握呢？我现在感觉有的模型做得太具象了。

王老师：我认为模型应该避免具象，这是咱们空间口袋训练的一个大前提。即便是面对具象的原型，你也可以通过操作把它变得抽象。其实同学们做的空间口袋是从具象中提取出来的抽象形式。比如，你的这个模型很抽象（图 2.16~图 2.18），但为什么又让人觉得有些具象呢？原因就是这个部分——锯齿状边界跟原型太接近了，所以显得具象。你要是把这一部分抽象成连续的弧面（图 2.19），那就要比目前的这个空间口袋更抽象了。

图 2.16

图 2.17

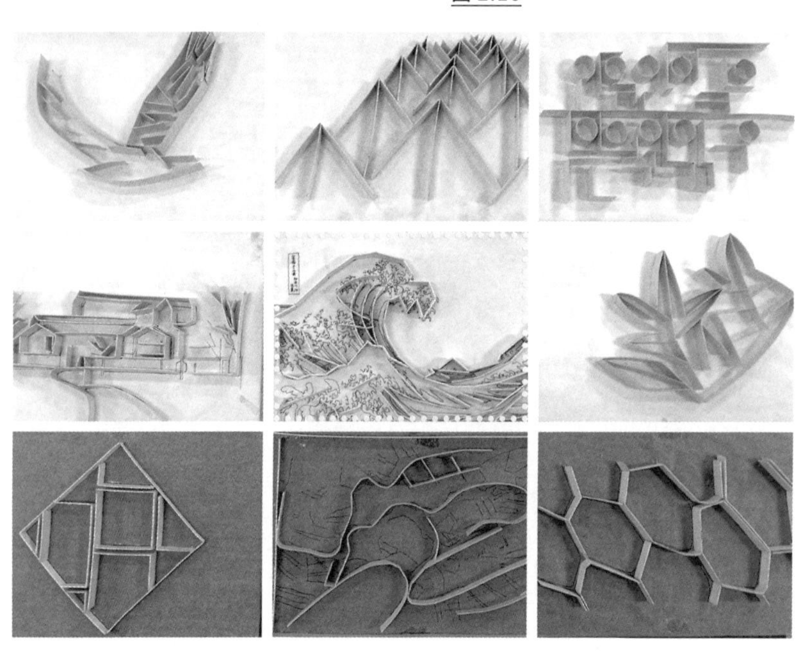

图 2.18

图 2.19

通过模型训练，我们一定要掌握抽象应该做到什么程度，切勿画蛇添足。不是画的线越多越好，而是要有克制，能够判断出在什么地方结束很重要。咱们同学的问题就在于不知道该在什么时候、什么地方结束，目前只是不断地做，做得满满的，反而做过了。空间口袋训练进行得越多，同学们从中得到的经验就越丰富，当训练到一定程度的时候，你们就会知道一条线一下去，再来一下，如此几下过后，一个空间口袋模型就完成了，无须烦琐的累赘。这需要经过一定的积累才能做到，是需要经过大量训练和熏陶的。你们现在做到这种水平，一点儿也不奇怪，我认为很正常。如果你们一上来就做出很成熟的空间口袋，那同学们就不用学了，该毕业了！

逄新伟：老师为什么认为这组模型里面这个会更好呢？我感觉这个模型空间有些琐碎，边界连续、封闭，它的空间为什么会相对好一些呢（图 2.20、图 2.21）？

图 2.20、图 2.21

王老师：这个问题很好！我想你的问题也是所有同学的问题。你们现在是希望找到一个“完整的形”来判断空间，比如，你一定要把这个模型边界封闭起来（图 2.22~ 图 2.24）。

这其实就是格式塔心理学所说的“完形心理”，是人类大脑当中存在的一个对“完形”的期待倾向。就是说我现在看这个东西的时候，看的不是琐碎的形，而是这个点和那个点是否能够连在一起，成为一个完整的形。抽象和具象两者之间存在非常大的差别，“抽象化”是要经过训练的，而将事物具象化是我们普通人先天具有的能力，比如，刚才两位后勤工作人员选的用来盖房子

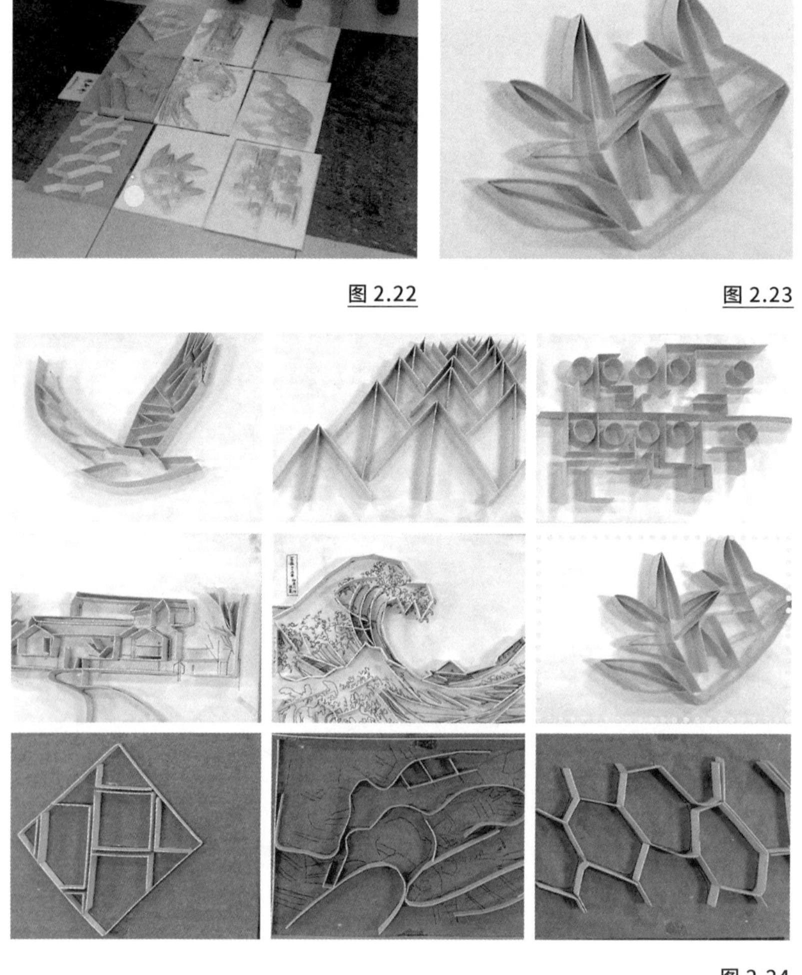

图 2.22

图 2.23

图 2.24

的模型，都是较为具象的模型。但我喜欢的是不完整。你知道围棋的原理吗？下围棋的高手一定是这边摆一枚棋子，那边再摆一枚，“东拉西扯”，最后构筑一个地盘。而两枚棋子中间的距离，叫空间（图 2.25）。

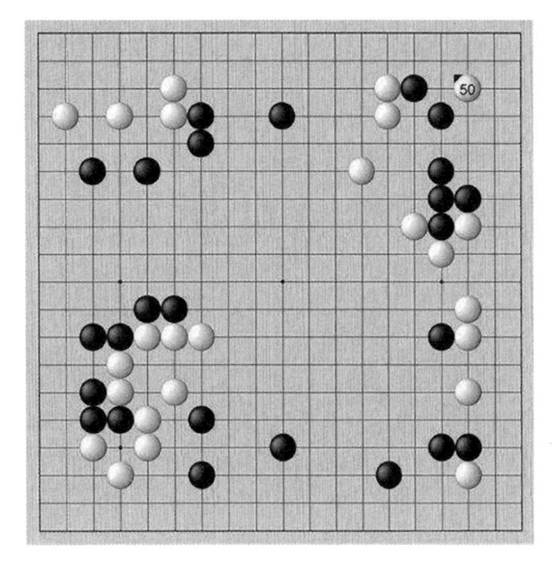

图 2.25

围棋的棋子围出来的区域把类似的空间口袋做完整了，其间的道理犹如完形心理。你已经把这个口袋封闭起来了，模型里面的点、线虽然未封闭，却形成了更为生动的空间感。同学们一定要去想什么样的空间才是有魅力的，这种让人有疏密感、韵律感的界面围合起来的空间才是我们要去捕捉的。目前，同学们的有些空间口袋之所以不好，是因为太封闭导致灵气没了，但是稍加改动，就会生动起来。例如，我把它的边界破坏一下，揭掉这一部分（图 2.26、图 2.27），空间感就不一样了，灵气就出来了，这个空间口袋包裹的空间也就出来了。

图 2.26

图 2.27

但是如果这个模型的墙被封堵起来的话，它对应到真实的建筑里之后，人们就只能透过窗户来认识被包围的空间，这样空间的感受就大大削弱了。就像紫禁城，四面都是围墙。但这只是一般的建筑师对空间的理解，而真正成熟的建筑师能够发现仅用两面墙围合出来的空间，即传统建筑语言中两面墙体所包裹的“势”。“势”在中国传统工艺领域是相通的，如中国国画里着墨的位置、用色、笔触、留白等都要体现“势”，也就是要做到画面的气韵生动，这种巧妙地利用“势”的能力，就类似于我们捕捉空间的“势”的能力。**假如空间没有“势”的气质，那么这个空间就没有张力。造成这种结果的根源在于我们的身体没有与空间进行实质性的结合，缺少身体语言的空间就会缺乏生命力，当然也就无法让人感受到气韵生动的美妙。**

比如，看到这个模型（图 2.28、图 2.29），就能想象在对应的建筑里面有非常多的人的行为的可能性。人走进去感觉很开敞，空间呈现时而开敞、时而封闭的对比状态，可以让人在里面像鱼一样游动，由内而外地畅游，这就是我们通常讲的“空间序列”。

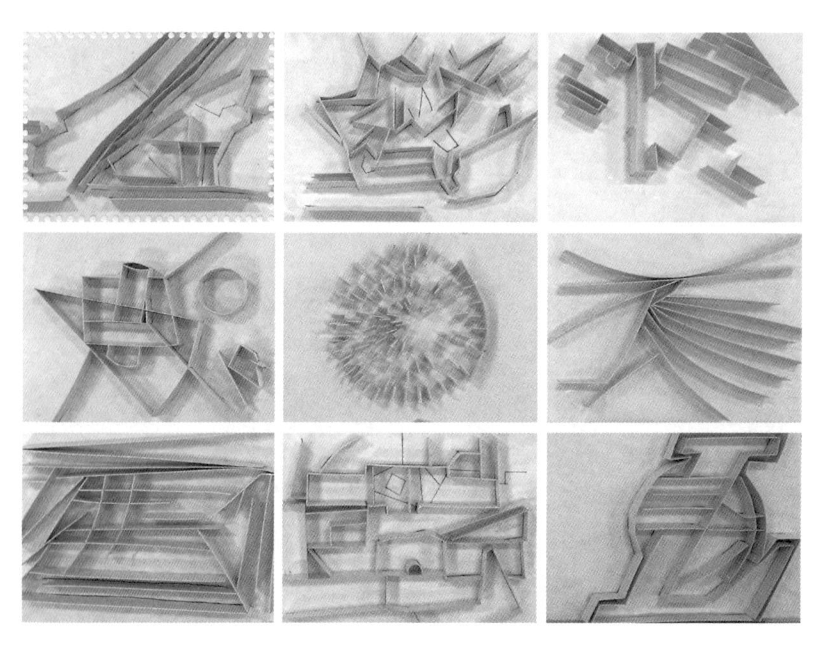

图 2.28

图 2.29

这个模型的空间口袋也很有意思（图 2.30）。我在里面能够看到无穷的空间变化，换句话来讲，这不同于前面两位后勤工作人员根据经验所认为的空间，它是存在着丰富性、变化性的。

图 2.30

还有这个模型也很棒（图 2.31、图 2.32），因为它有另外一种可能性，你走进去以后会发现它具有展览、办公等功能。

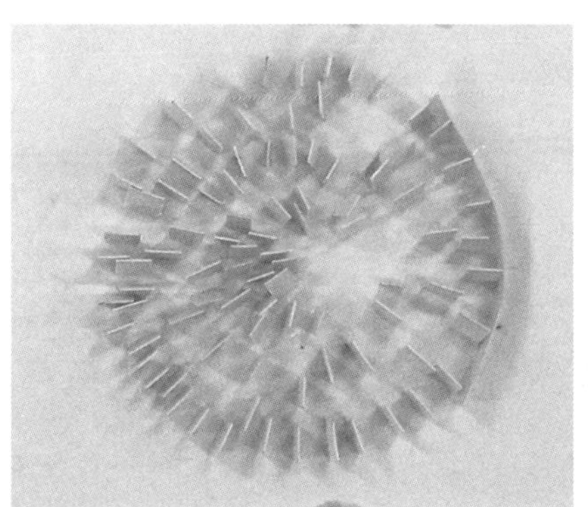

图 2.31

图 2.32

逄新伟：那这个方案是不是不太现实?

王老师：你说哪里不现实？一定要明白，真正的高手是可以用一条线解决问题的，这叫一招制敌。虽然同学们目前还不具备这么强的功力，但是只要训练的思路正确，通过练习慢慢地就会具备这种高手的能力。你所指的不现实，就是说方案无法实现。但建筑师就是要把不现实的事情变成现实，这需要建筑师的创造力。例如，你做的这个模型（图 2.33），虽然看起来很容易实现，但是它在成为现实中的房子之前也不是现实的，所以现实不是我们目前这个训练需要考虑的事情。同学们的问题就在于认识空间时首先考虑的是使用，这样太现实了，会束缚同学们的空间想象力。

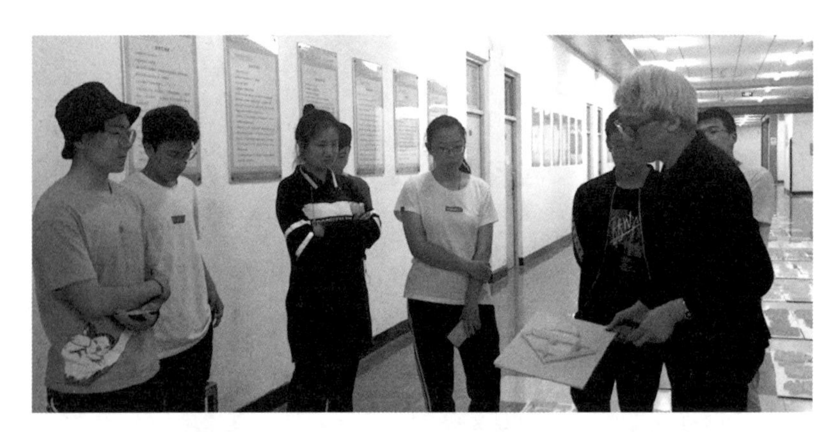

图 2.33

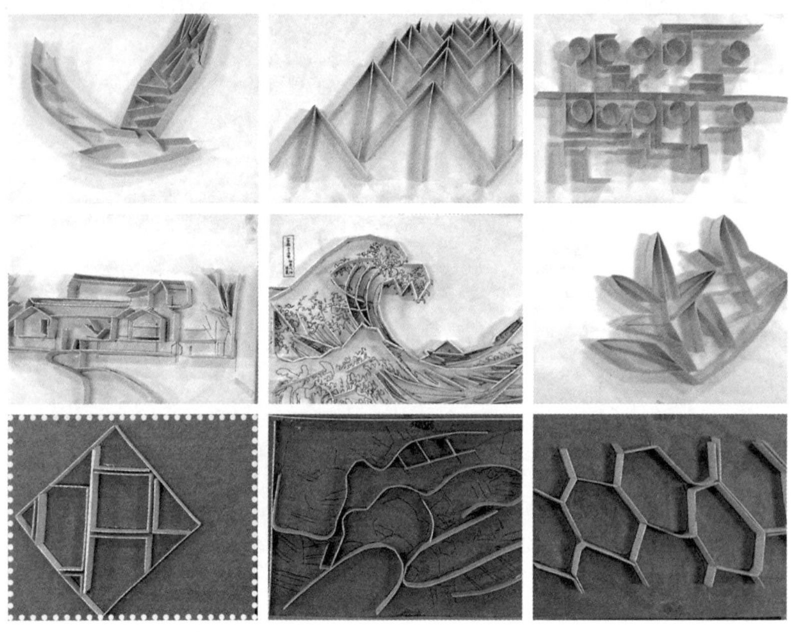

图 2.34

谢安童：比如，一面墙，一半做玻璃墙，一半做实墙可以吗？

王老师：可以，没问题。但是玻璃墙从哪里开始要有规律，比如，模型里的这面墙（图 2.34），把中间做成玻璃墙的话会很难看，是不是？但如果为了采光需要，把上面这段做成玻璃的是可能的，也可以在这里掏一个大洞，或者将梁底下做成玻璃墙——在一面梁架结构的墙上开个大洞，将玻璃做成落地的。但这与开窗不同，窗户底下是要有窗台的。**为什么在这个阶段不需要同学们做开窗训练呢？因为开窗涉及比例的问题，而同学们在目前这个阶段还解决不了这个问题**。如果同学们想了解建筑立面开窗比例的问题，可以了解一下控制线的相关知识，如柯布西耶的《走向新建筑》。

在一条走廊里放上桌子，就可以将其变成具有另一种使用功能的空间，但这是最简单的问题。如果想超越使用功能，可以通过设计一种序列，使这条走廊形成某种空间体验，让人们在这里感受到某种意境，获得某种震撼的感觉，或者让里面的人情绪亢奋。建筑空间对人的精神产生的这种影响作用就像电影一样，一个个单独的镜头并没有什么特别的，但是多个镜头叠加起来就会很生动。这些叠加起来的镜头形成叙事序列就可以制造场景、制造事件，然后就可能会让人产生高兴、抑郁等情绪。

王老师：王建翔同学，你选哪两个空间口袋进行观念赋予？

王建翔：选这两个（图 2.35）。

图 2.35

王老师：我不建议你选这个（图 2.36），这个空间设计太一般了，没有超出常人的想象。其实你可以换一个思路。**这个空间蛮有意思的**（图 2.37），**可能你没感觉出来，或者你认为这个空间比较难处理，但是这个空间很有韵律和节奏感，有一种音乐的动感。**你可能觉得这个空间口袋的边界没有封闭，但是这里可以算是一个房间，这里算一座建筑，这一块变成一组建筑群，它们是可以分开组团存在的（图 2.38）。建筑师工作室可以设在这里，我们想象这里有工作室、茶水间、会议室等。

图 2.36

图 2.37

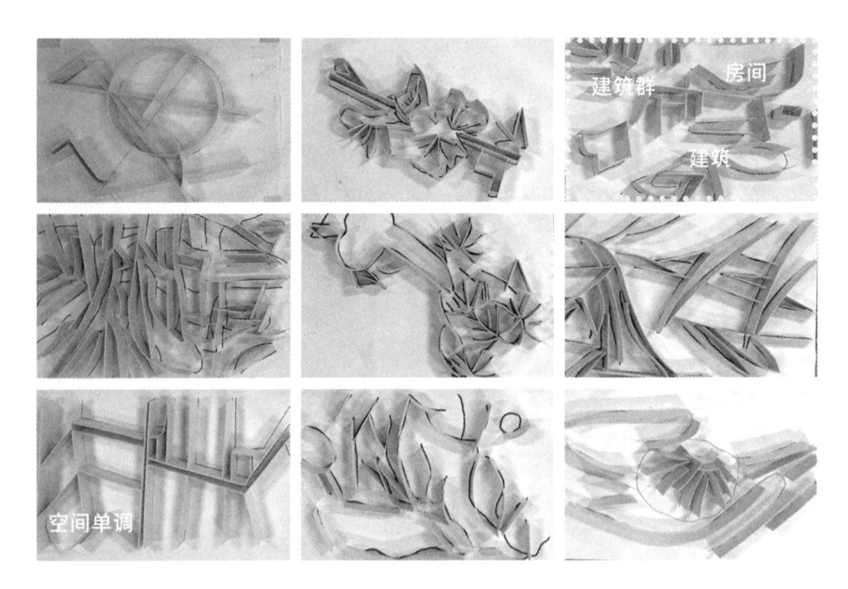

图 2.38

不同的空间场景需要我们进行不同的处理，如这里可以做玻璃墙，这个凹进来的地方可以做一座园林，再把这里封上玻璃，方案就基本完成了（图 2.39）。里面具体要怎样布置，这是下一阶段的任务。

图 2.39

其实这个也很好，里面的墙的形态很丰富（图 2.40、图 2.41）。同学们刚开始不要把空间想得太简单，一定要丰富，简单的事就不用做了！

图 2.40

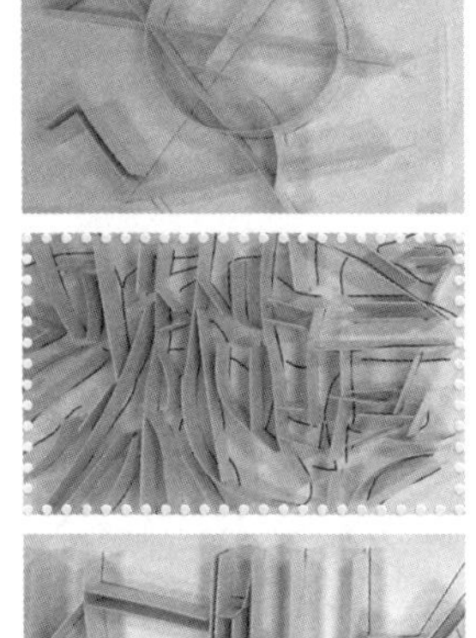

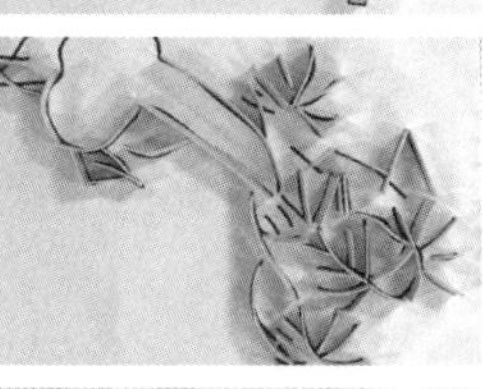

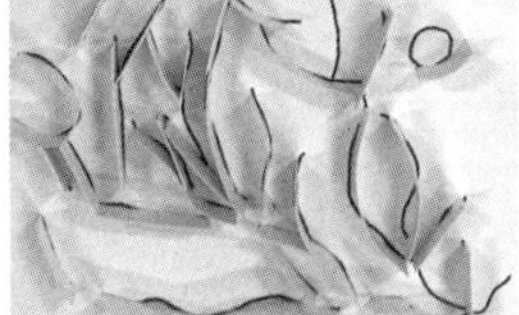

图 2.41

王老师：其实我个人也很喜欢这个空间口袋（图 2.42、图 2.43），它好像已经呈现出一个很完整的建筑空间的感觉了。总体而言，你的其他模型还是有些太具象了。接下来你要试着用一些抽象的形式语言去做几个空间口袋。我现在说的话你可能听不懂，但是在以后的学习中你会慢慢理解的。

图 2.42

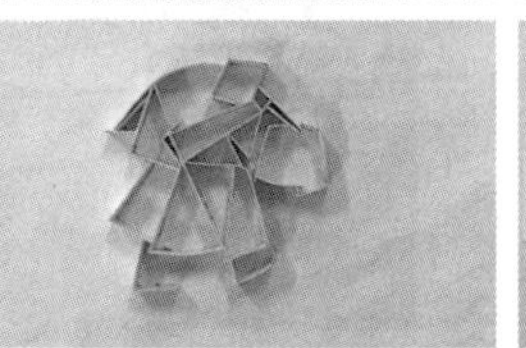

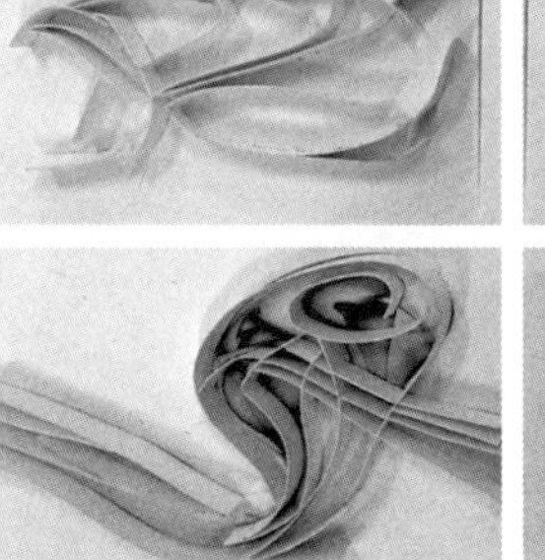

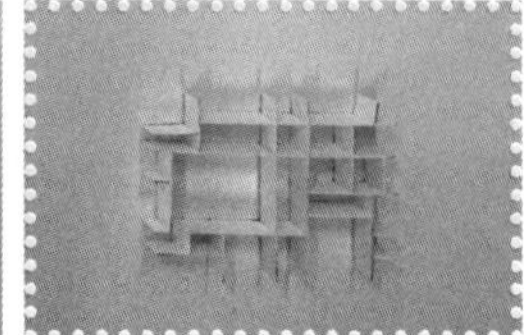

图 2.43

我还比较喜欢这个（图 2.44、图 2.45），**因为我感觉这里面有一种特别不一样的空间感，就是空间的穿插交错**。你现在可能理解不了，我建议你仔细地去想、去看、去琢磨。

图 2.44

图 2.45

图 2.46

这个也挺棒的（图 2.46）。你把这几个小的空间口袋放在一起，看得出你是希望做一个形态上比较完整的形式，这可以用完形心理来解释。

这个空间口袋其实是蛮有意思的（图 2.47），它的妙处在于空间的丰富度。比如，中间这里是个大房间，外面两侧是窄小的围廊，这样是不是可能产生新的空间了？你们要通过这个阶段的训练去发现一些新的空间。这里有的地方像内部空间，有的像外部空间，有的像街道，而这些空间又相互穿插，形成非常丰富的序列空间，这些都需要你像这样来观察（图 2.48、图 2.49）。

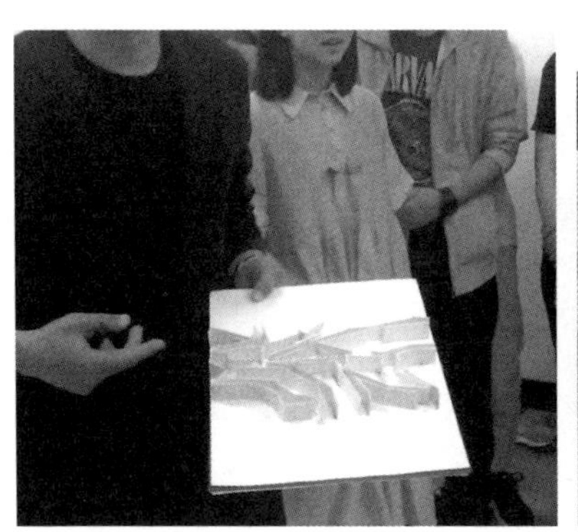

图 2.47

图 2.48

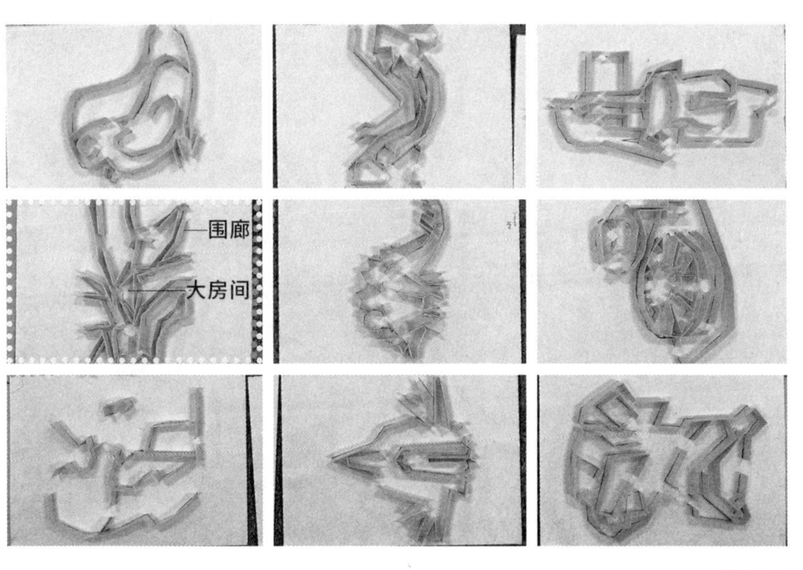

图 2.49

王老师：你刚才选了这个对吧（图 2.50、图 2.51）？

林泽宇：对！

王老师：我为什么没有夸奖这个空间口袋做得好呢？因为它本身的形态有问题，它看起来很不美！

这个模型的有趣之处在于它有自己独特的空间，这可以是个小的展览空间，也可以是办公空间等。但是这个空间口袋的问题在于略显具象，我认为咱们做的时候还是要抽象，因为如果具象的话空间就不够生动了（图 2.52、图 2.53）。

图 2.50

图 2.51

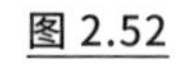

图 2.52

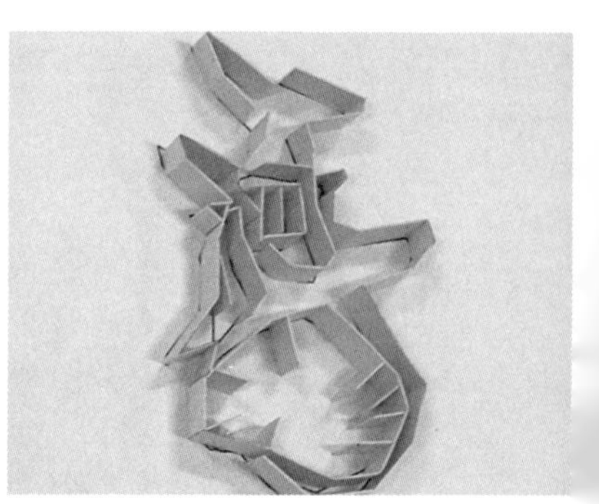

图 2.53

还有这个也蛮有意思（图2.54、图2.55），可以用它做个小住宅或其他小的探索性建筑。

相反，这个空间口袋就太具象、太对称了（图2.56）。

王老师：你刚才选的是哪个？

谢安童：我选这个（图2.57、图2.58）。

王老师：不奇怪，因为所有的同学都会选这样的。现在选哪个？

图 2.54

图 2.55

图 2.56

图 2.57

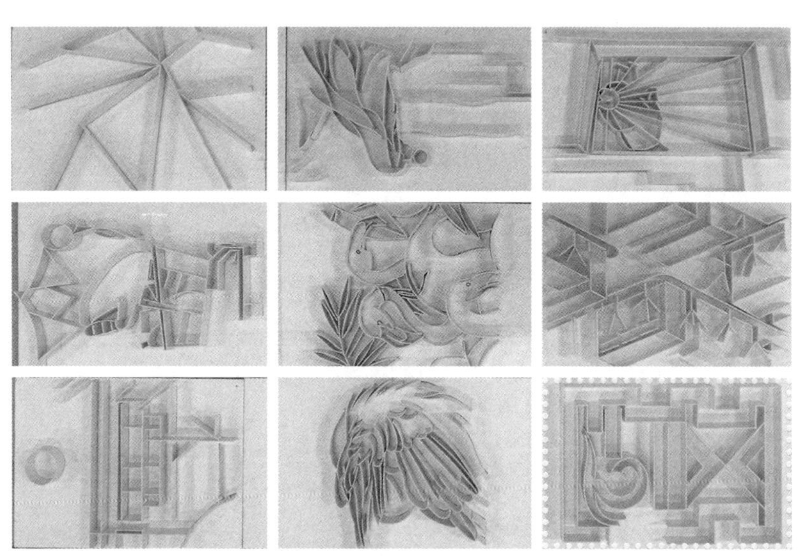

图 2.58

谢安童：现在选这个（图 2.59）！

王老师：这个还可以。还有哪个？

图 2.59

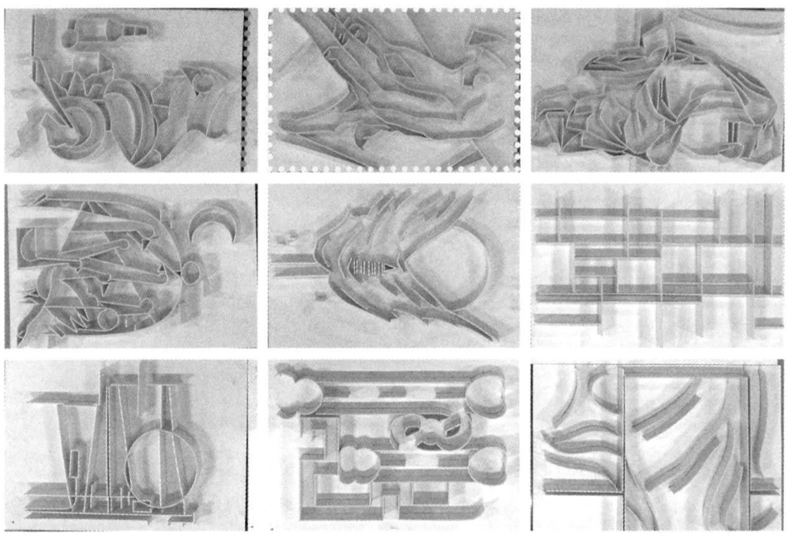

谢安童：还有这个（图 2.60）。

王老师：这个也还不错！空间有这种疏密的感觉。你做的其他的空间口袋就有些具象了。

图 2.60

王老师：马司琪同学，你刚才选了哪个？

马司琪：我选的这个（图 2.61）。

图 2.61

图 2.62

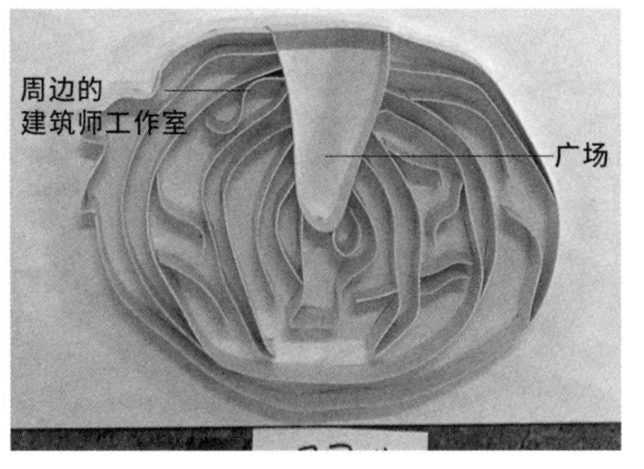

图 2.63

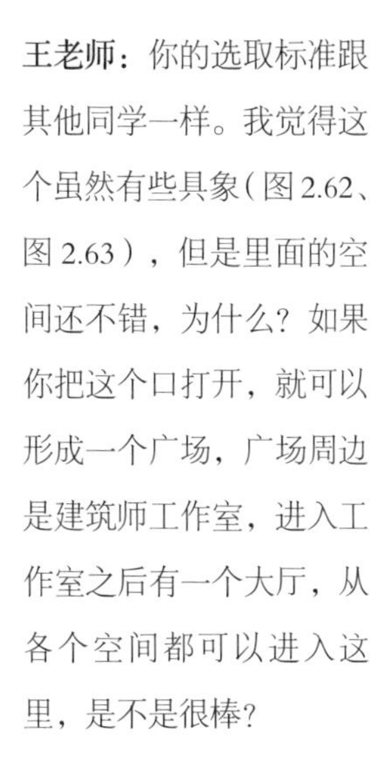

王老师：你的选取标准跟其他同学一样。我觉得这个虽然有些具象（图 2.62、图 2.63），但是里面的空间还不错，为什么？如果你把这个口打开，就可以形成一个广场，广场周边是建筑师工作室，进入工作室之后有一个大厅，从各个空间都可以进入这里，是不是很棒？

图 2.64

图 2.65

这个空间其实也蛮不错的（图 2.64、图 2.65），但是它离建筑空间似乎有些远，形式太图案化了。

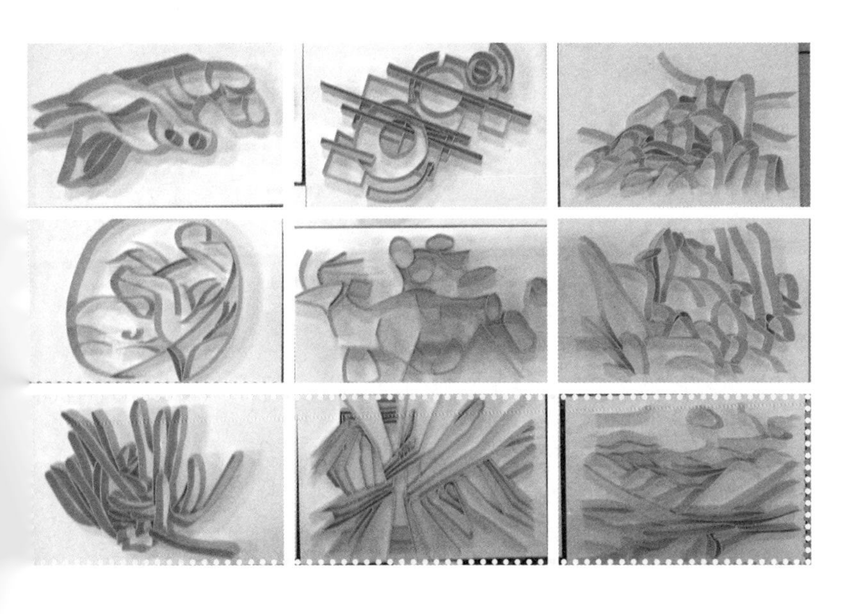

王老师：你的这组模型里面也有几个不错的，如这三个（图 2.66）。听了前面同学的选择，你现在选哪个？

图 2.66

图 2.67

图 2.68

王建翔：我选这两个（图 2.67、图 2.68）。

王老师：我感觉你做的这些空间口袋，有的还是蛮有意思的，有许多生动的空间在里面。我其实比较喜欢这个（图 2.69、图 2.70）。看过所有同学的模型后，我觉得你的这个空间口袋有些不太一样的地方，这里面的空间是一层层、大大小小的，充满变化。同学们做的时候，需要考虑的是你的空间口袋有什么不一样的地方，而不是要跟其他人的一样。

图 2.69

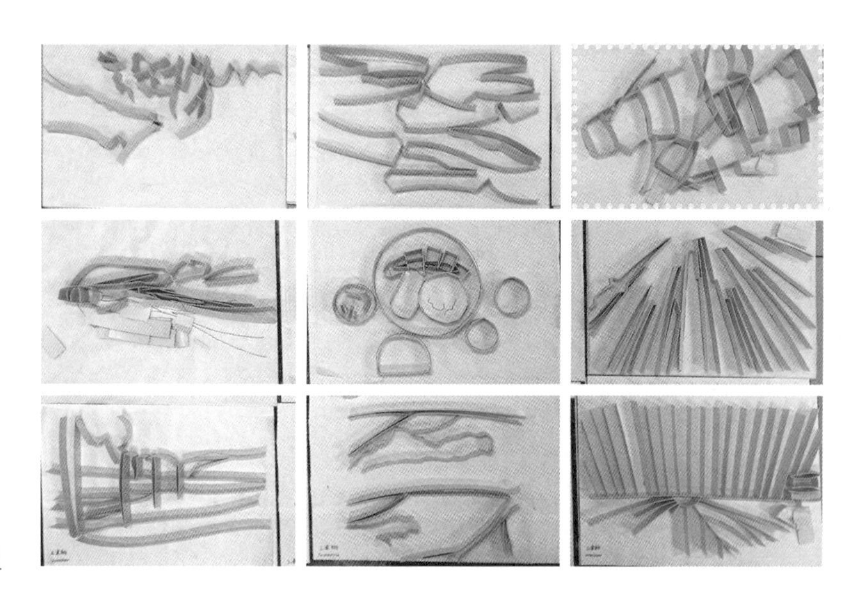

图 2.70

其实这个也不错（图 2.71、图 2.72），看你怎么理解。把这儿封起来，这里就是个展厅、会议室之类的空间，这里是大大小小的办公空间。这需要同学们去设想在里面的某种使用方式，从而去认知这个空间。

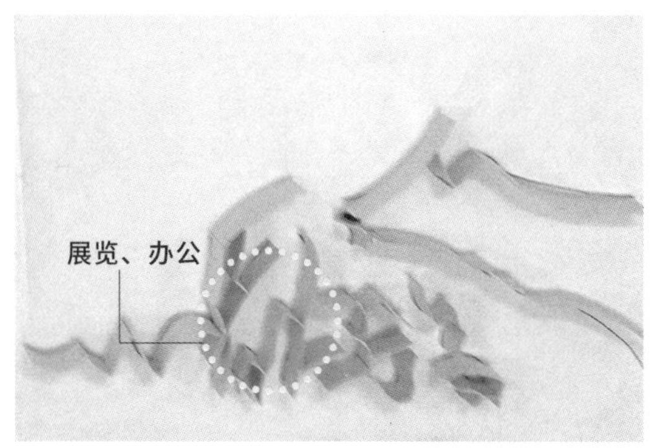

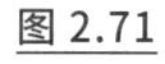

图 2.71

图 2.72

我也蛮喜欢这个空间口袋（图 2.73、图 2.74），只要把右边的这一块去掉就行，因为这边太具象了，再把右侧剩下的部分的边界压下去，变成矮墙，围合成甬路。左边这块可以设想成办公、展览等空间，如果左边想做成大空间的话，就把这些片墙的下面打通，形成连续的空间。

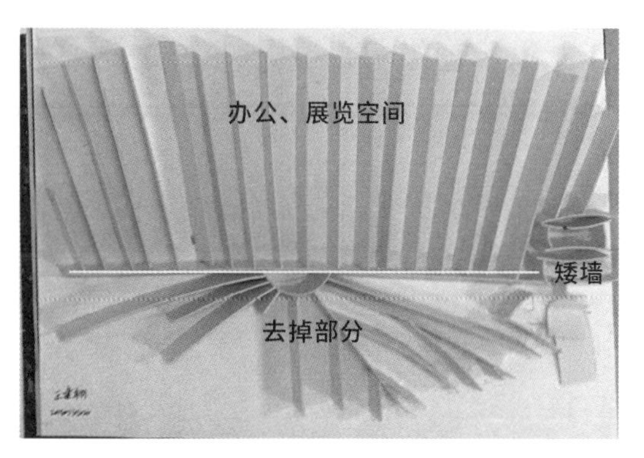

图 2.73

图 2.74

这个其实也很有意思（图 2.75）。将左边封上，形成一个房间，可以布置庭院、卫生间，根据空间来赋予功能。

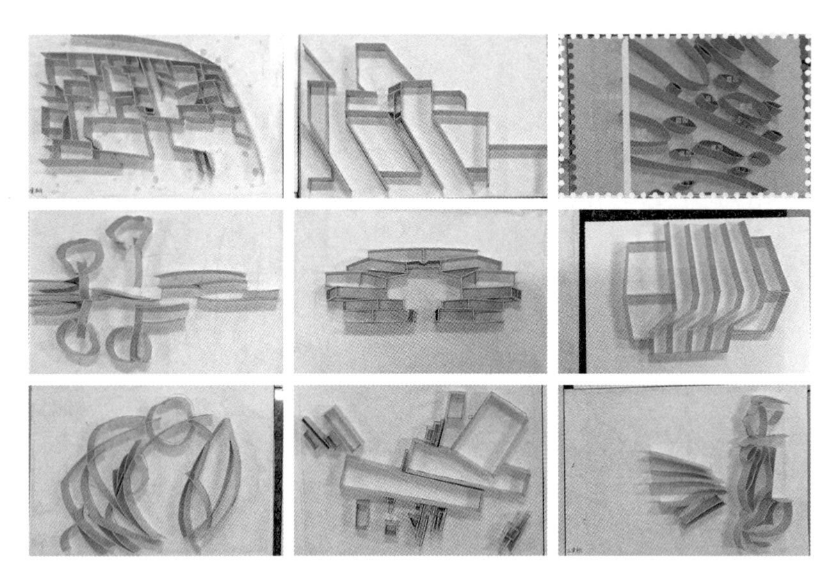

图 2.75

这个可以用作办公室、茶水间等使用空间（图 2.76）。你选的那两个没问题，还有这些也都不错，可以尝试多做几个方案。

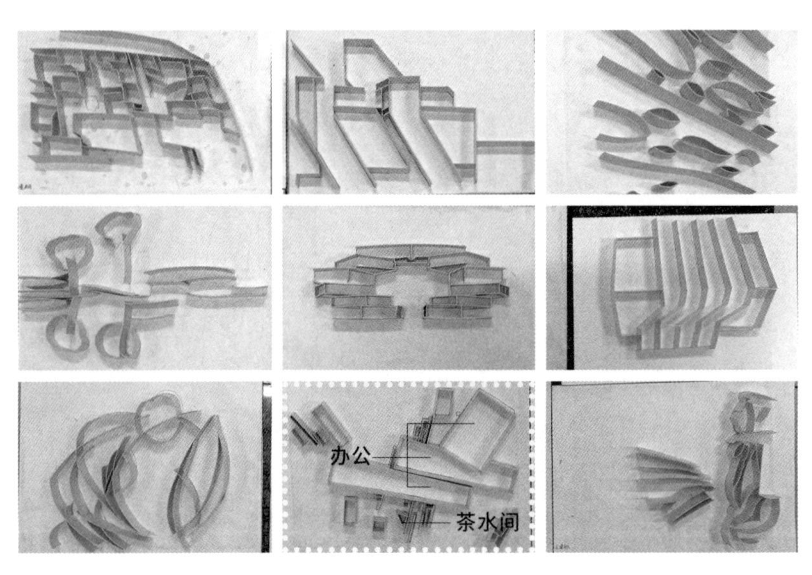

图 2.76

这个空间口袋还不错（图2.77、图2.78），你可以在它的墙上横向开出宽大的洞口，这样所有的房间就都连通起来了，这是处理手法的问题。

图 2.77

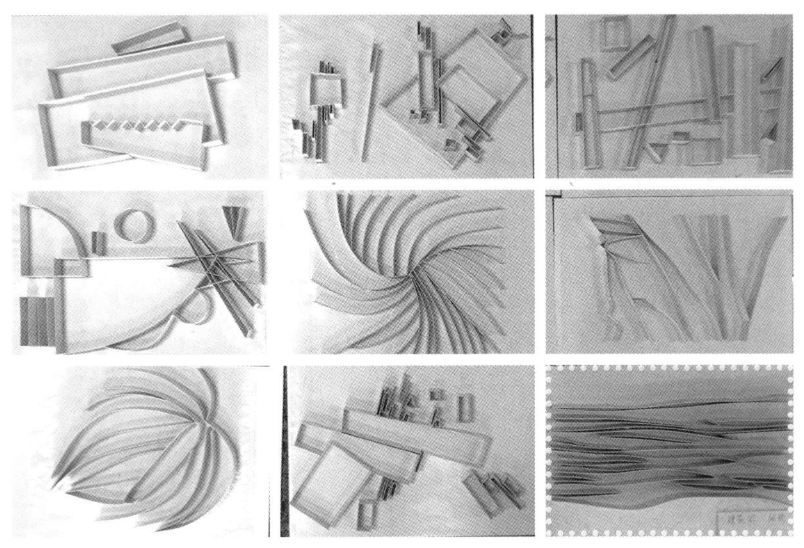

图 2.78

这个其实也很有意思（图2.79）。别看这个模型仅有这么一点点，但如果在这里开道门，在这些空间里突然插进来这么一个异质的空间，丰富的空间感就出来了。你们要善于发现这些有意思的东西，慢慢地让自己的经验丰富起来。

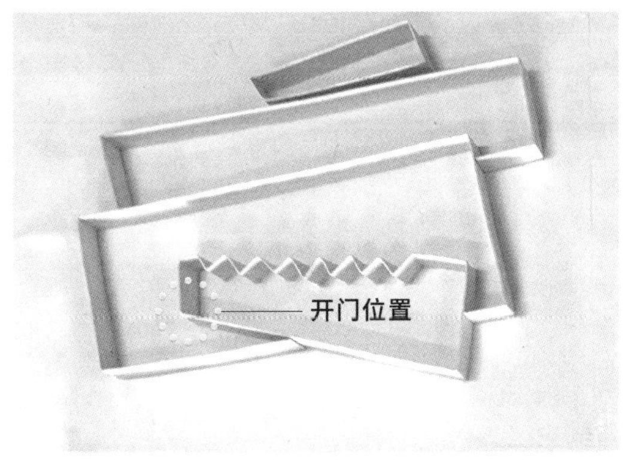

图 2.79

再看这个模型，如果单独看这边的一小部分的话（图 2.80），它很棒！我感觉它可以做成住宅。虽然模型看着很小，但是假如设定这里的过道宽度为 3m，其他房间的尺度按照统一比例放大，这就变成了一个建筑模型。你现在看到的仅仅是个图案，那么图案和建筑有什么不一样呢？其差别其实就是尺度问题。

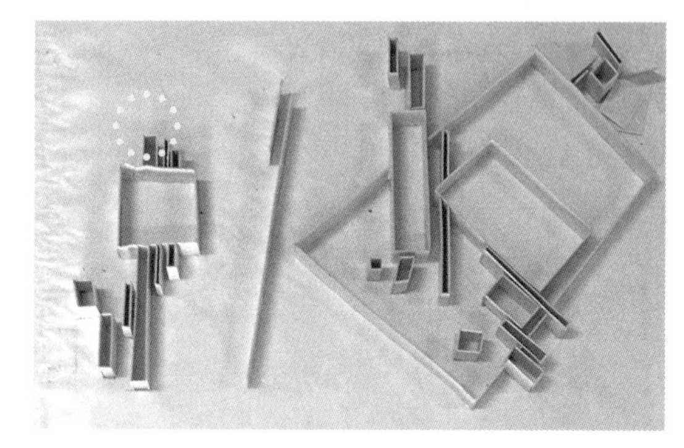

图 2.80

这个模型去掉这一部分就更好了（图 2.81、图 2.82），剩下的这个曲线的部分是这个模型中最精彩的，这里的每面墙都可以间隔开窗。

图 2.81

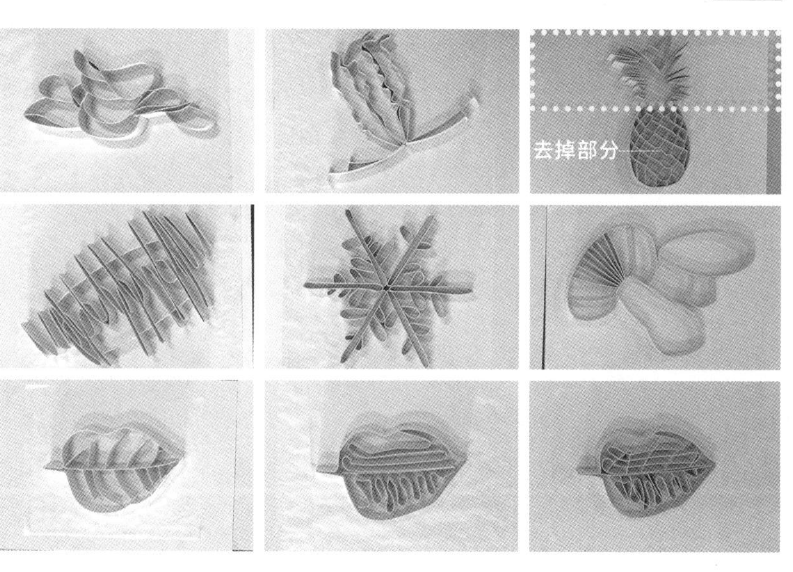

图 2.82

王老师：你刚才选哪个？

张金鹏：选这两个（图 2.83、图 2.84）。

王老师：我觉得最不应该选这两个，你有一手好牌，但可惜没打好。其实我觉得这个很棒（图 2.85、图 2.86），你却没选。我知道你不敢选，你会觉得这里面有很多碎小的空间。但是，你可以想象把这些小空间连通起来，形成连续的开敞空间。目前你发现不了它的美，所以要通过努力训练去发现。从这个模型可以看出它其实跟你的性格存在某些相似性，就是有把东西变得碎片化的倾向。

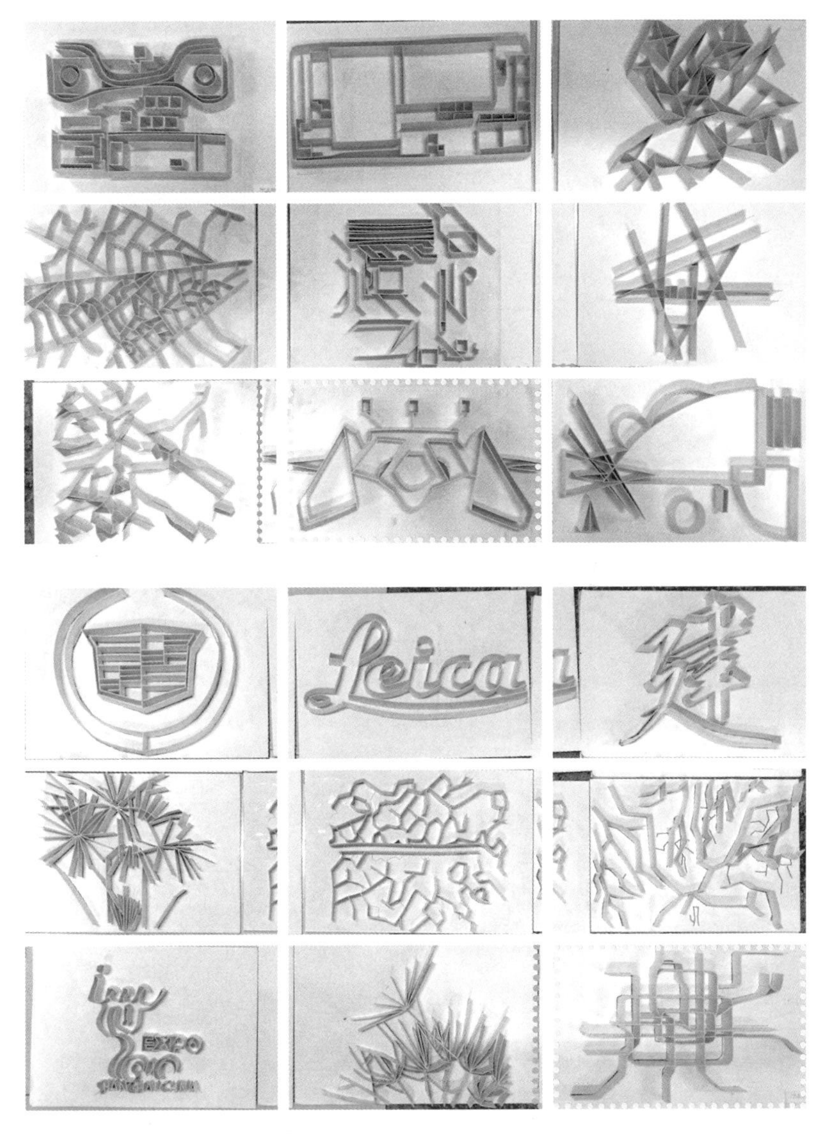

图 2.83~ 图 2.84

图 2.85

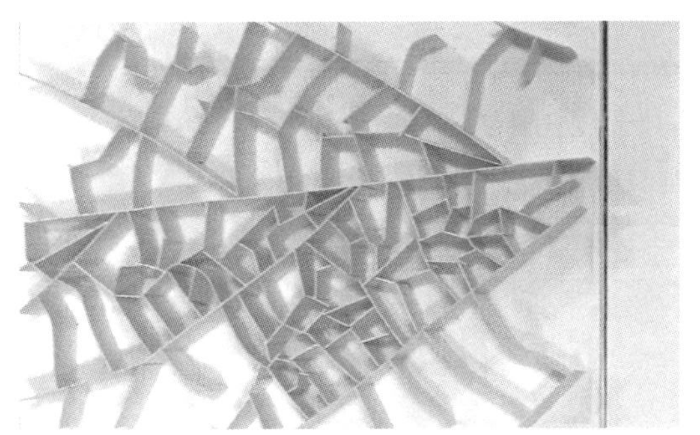

图 2.86

这个空间口袋虽然整体来看不好，但是如果去掉这一部分，只看剩下的部分还是很生动的（图 2.87、图 2.88）。几栋小住宅附在一座大的庭院边上，庭院中有过道，这样整个空间就很漂亮了。这里面有很多有魅力的地方，但是你在选的时候没发现，所以说同学们的眼睛被现实禁锢了。

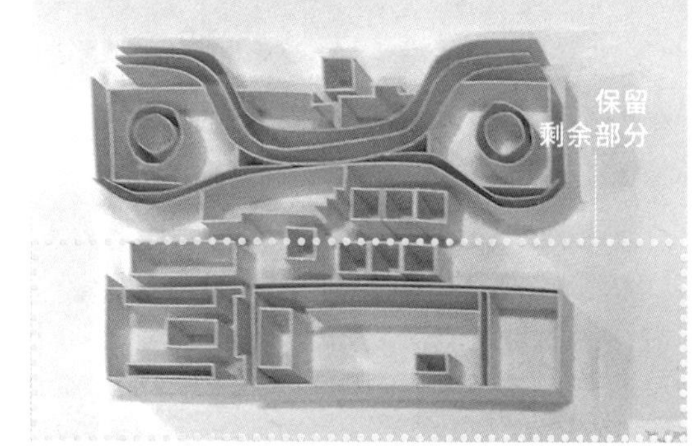

图 2.87、图 2.88

这个也很棒（图 2.89、图 2.90）。从中间看过去，这个建筑师工作室多么“理性”啊！甲方从这边进来，从那边出去，参观的时候也从中间穿过。过道两侧可以开门，当你从门钻进去的时候，眼前的这个世界就非常丰富了。小朋友们可以在这里画画，每个人都能找到自己的空间。你可以把环境设想得很优雅，可以把它放到树林里，也可以把它放到城市里，关键是要把环境组织起来，把空间做得丰富，做出一个一般人做不出来的方案！**同学们要从观念上彻底改变，要思考如何才能做得不一样，要创作别人之前没做出来过的新的空间体验，特别是建筑师的工作室，更应该把它放到一个不一样的空间里面。**每天都让他们在你设计的空间里面有新的体验和感受，这是你们努力的一个主要方向。

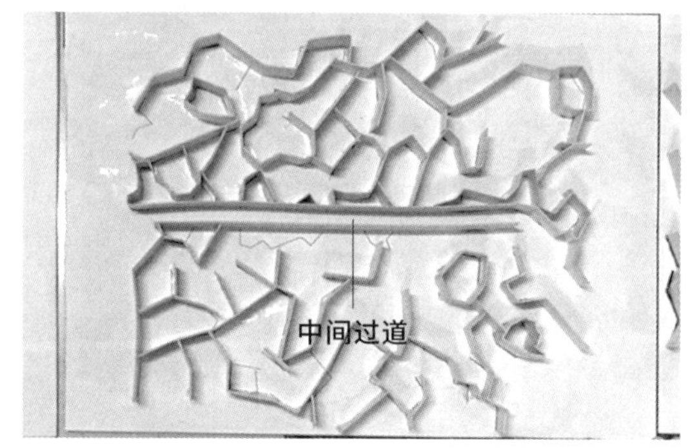

图 2.89、图 2.90

王老师：你选哪个？

杨清滢：中间这个模型的下半部分（图 2.91）和上面那个模型的上半部分（图 2.92）。

图 2.91、图 2.92

王老师：我觉得下面这个还不错（图 2.93、图 2.94），因为它里面的空间比较舒展，存在很多的可能性。中间那个虽然也很好（图 2.95），但是你会发现里面有太多密集的小空间，处理起来比较困难。这个空间口袋已经可以作为现成的建筑方案了（图 2.96），马上就可以拿去做深化设计，比如，做个展览馆、音乐厅，原因就是太具象了。

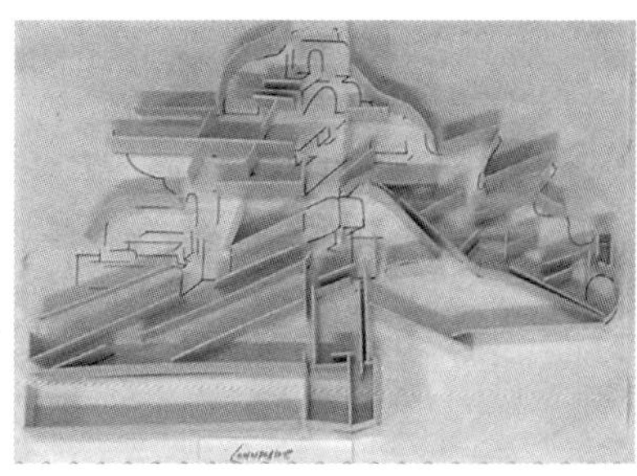

图 2.93、图 2.94

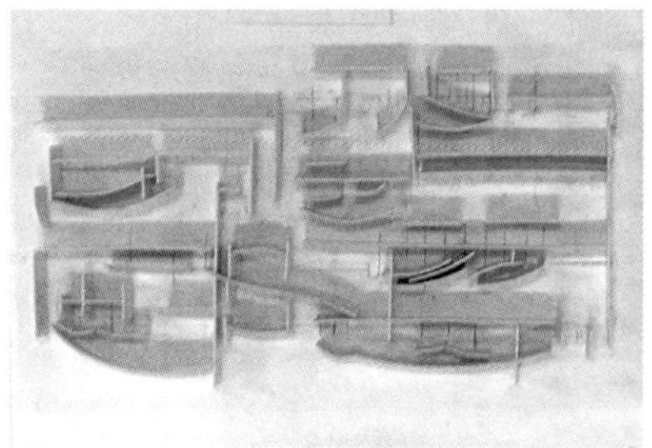

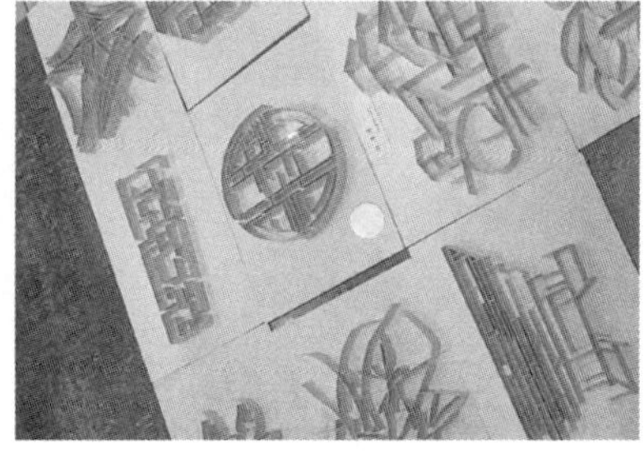

图 2.95、图 2.96

图 2.97

其实这个空间有点魅力（图 2.97、图 2.98），它是从文字中提取出来的，对吧？但是它作为建筑空间的话不够大气，较为琐碎。

图 2.98

图 2.99

还有这个空间也很好，但需要去掉这一部分（图 2.99），这是另外一种空间的做法。现在，我感觉空间很窄，有种错综的神秘感，在这里面能够让人体验到不一样的空间感。

这像个住宅建筑模型（图 2.100），这里可以是庭院，从而形成一座院落式住宅。

这个模型需要修改一下（图 2.101），把最外面的围墙拆掉，只需要留下里面的其中一半就可以了，围墙去掉后甚至有点像日本建筑师矶崎新的作品。

庭院空间

图 2.100

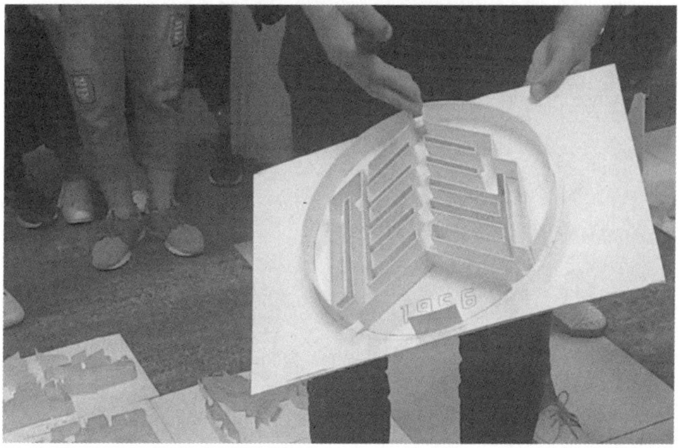

图 2.101

这个可以做成展览馆建筑模型（图 2.102），中间的一个大空间做成广场，人在里面行走，周边是房子。你们不仅要尝试观察，而且要走到空间口袋里去体验。所以，下一步你们要用电脑建 SketchUp 模型，想象自己可以走进去，以人的视点对空间进行观察。另外，实体模型需要做大，否则无法更好地观察到里面的空间。

图 2.102

2. 问题的浮现

在讲评完同学们的空间口袋模型后，王昀老师对这一阶段的训练进行了总结（图 2.103）。

图 2.103

王老师：经过一下午的讲评可以看出，面对一套空间口袋的时候，同学们所选的和我及其他老师选的完全不一样，这说明什么呢？**说明你们大脑里面的那个世界全暴露了。你们还没有超越自己所认知的现实世界，即使你做了这么丰富的空间口袋，也没有超越自己，这是问题的根源所在。**怎样设法通过做这个东西超越自己，跟自己现实的想法拉开距离，是这次训练的目的之一。我们进行的这个训练，随着大量的练习，总有一天，你会突然觉得有意思起来，这些素材会悄无声息地变成你自己的东西，而不再是别人的。你现在做的这些东西虽然是你自己做的，但仍然是从别人那里提取的。

3. 唤醒——观念赋予

为期一周的空间口袋的捕捉训练强调的是让同学们本能地、去除理性思考[①]地捕捉空间形式，其目的是提升同学们对空间的认知丰富程度，同时储备空间形式的素材。有了这些丰富的空间口袋之后，还需要用建筑的观念去唤醒这些空间口袋。那么该如何唤醒呢？这就需要通过观念赋予来实现。

王老师：以上谈到的是最基本的空间获取法，而所获得的空间一旦拥有人可以使用的尺度后，就有可能成为建筑。事实上，这里已经触及了一个问题，就是空间和建筑的关系问题。实际上，你们所获得的空间只是拥有了成为建筑的必要条件，但从空间到建筑的根本转换点在于，空间本身一旦被从观念上注入或赋予使用的预知成分，空间本身就开始转化为建筑。从这个层面来说，观念赋予的过程实际上就是将一般性空间转化为建筑的过程。

接下来，我们要开始进入观念赋予的训练阶段。其实你们在做空间口袋模型的时候已经开始有使用的概念了，我感觉这是一个不错的状态。在观念赋予阶段，同学们需要做 SketchUp 模型，每人至少做两个方案，然后我们将对这两个方案进行深化设计。门窗、卫生间的做法，空间的打开方式等需要查阅《建筑设计资料集》，这些东西都是规定好的，如一个蹲位的宽度是 900mm、1100mm，还是 1200mm，都可以在资料集里查到。你如果想将其设计成 800mm 宽也没问题，我设计过，也好用，只不过胖一点儿的人进不去，所以不具有公共性。我给自己设计房子的话，600mm 宽就够了，但是设计公共卫生间要按照通用标准。同学们课下要学习使用 SketchUp 和 CAD 这两个设计软件。最后一个问题是，同学们把设计的房子放在什么环境里？是放在水边还是城市中的某个地方？我认为最好放在城市里。假如建筑师的工作室远离城市，那谁会来呢？如果我们设计的是艺术家工作室，放的位置就可以自由、灵活很多，但建筑师工作室还是离城市近一点儿比较好，在城市中心或者方便大家上班的地方。大家需要试着给自己设计的建筑师工作室寻找一个合适的环境。

① 去除理性思考，主要是让同学们摆脱现实生活对建筑理解的桎梏，强调的是一种基于人体本能的空间操作。

第三章

量变

这一阶段的训练分为计算机虚拟建模和手工模型制作两个部分，这两部分并不是割裂的，而是前后衔接的两个训练部分。本章将分别记录和梳理这两个部分。

1. 量变范畴

量变在此包含三方面的范畴：模型数量、模型尺寸、尺度。模型数量：在空间口袋的训练结束后，从中选取两个空间口袋进行观念赋予的模型训练。模型尺寸：这一阶段的手工模型的平面尺寸须为 A1（841mm×590mm），是前一阶段的空间口袋模型的尺寸的 4 倍，这有利于在观念赋予过程中对相关模型细节的清楚表达和对空间的感受与观察。尺度：将与人有关的建筑尺度赋予这一阶段的模型当中（包括空间的长、宽、高等），从而完成空间口袋模型到建筑模型的转变。

2. 量变规则与步骤

如何给空间口袋模型赋予建筑的尺度，是产生量变面临的首要问题。只有当空间口袋具有建筑尺度后，才可成为相应的建筑模型，其空间才可以用于后续更多内容的观念赋予，如功能、通风、采光等方面。王昀老师给出了相应的量变规则，即将这次的建筑师工作室方案设计任务书（下文简称“任务书”）中相关功能空间的数据指标作为量变的起点。

具体操作分为两步：空间口袋平面的建筑尺度赋予；空间口袋竖向的建筑尺度赋予。

（1）空间口袋平面的建筑尺度赋予
任务书中有一项要求是：讨论区需布置 2400mm×1200mm 的评图桌。王昀老师让同学们以此作为空间尺度的起始标尺。以评图桌的尺寸为参照，找出空间口袋中适合用作讨论区的某一空间，然后按照满足放置该尺寸的评图桌的最小空间尺寸，对空间口袋模型进行放大。当然，这一过程是对空间口袋模型的整体空间的同比例放大，需要通过 CAD 软件中的缩放功能来实现。

（2）空间口袋竖向的建筑尺度赋予

在空间口袋的平面具有相应的建筑尺度后，根据操作者对空间的视觉感受及设想的空间属性，赋予空间口袋相应的竖向尺度。

经过以上两个步骤，单纯的空间口袋模型便被赋予了建筑尺度观念，成为建筑空间模型，这样就完成了空间唤醒的量变过程。

3. 量变过程

本节将按照教学实验环节的操作顺序进行呈现，呈现形式以现场对话记录为主，以便尽可能地保持当时现场教学的真实性和完整性。

计算机模型的量变

杨清滢：这是第一个建筑空间模型（图 3.1），其平面为圆形，半径为 12m，建筑入口在模型的底部位置，这边是设计总监室，这边是工作人员办公区、活动区。

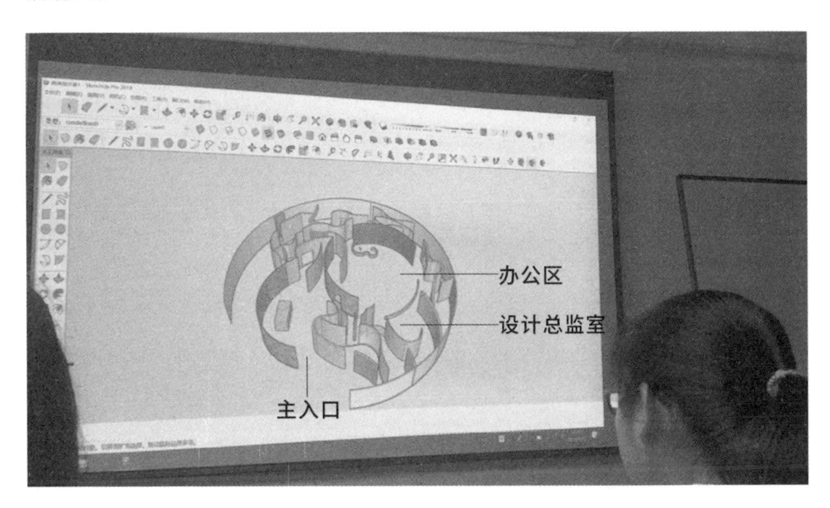

图 3.1

王老师：你的建筑空间的高度是多少呢？

杨清滢：墙高 3.9m。

王老师：为什么模型中有不同的颜色呢？

杨清滢：表示不同的材质。

王老师：来看下一个建筑模型。

杨清滢：这个建筑的面积比较大，大约是 500m^2，墙高也是 3.9m（图 3.2）。模型中设置了两个建筑入口，第一个是主入口，设在模型右侧端头的位置，连接接待区；第二个是工作人员的出入口，设在模型左侧端头的位置。

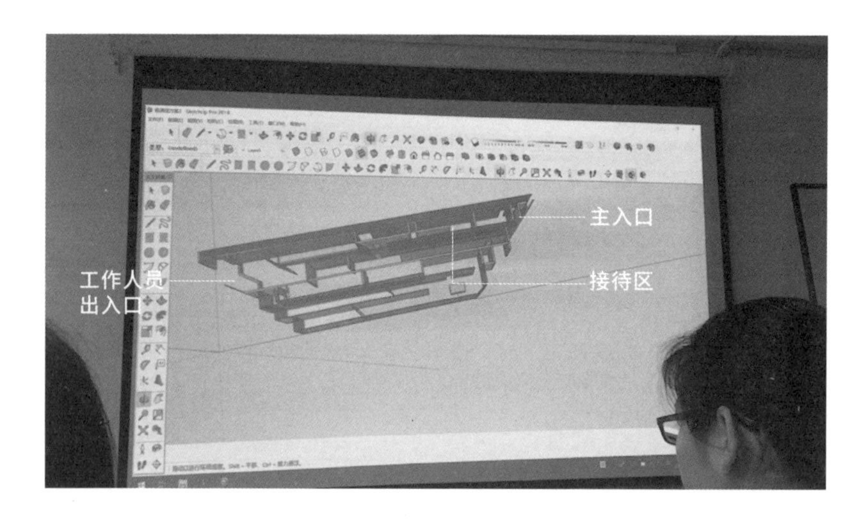

图 3.2

王老师：我看你做了三个建筑模型，那来看下一个。

杨清滢：这是给由斗拱提取出来的空间口袋模型赋予尺度后的建筑模型（图 3.3）。

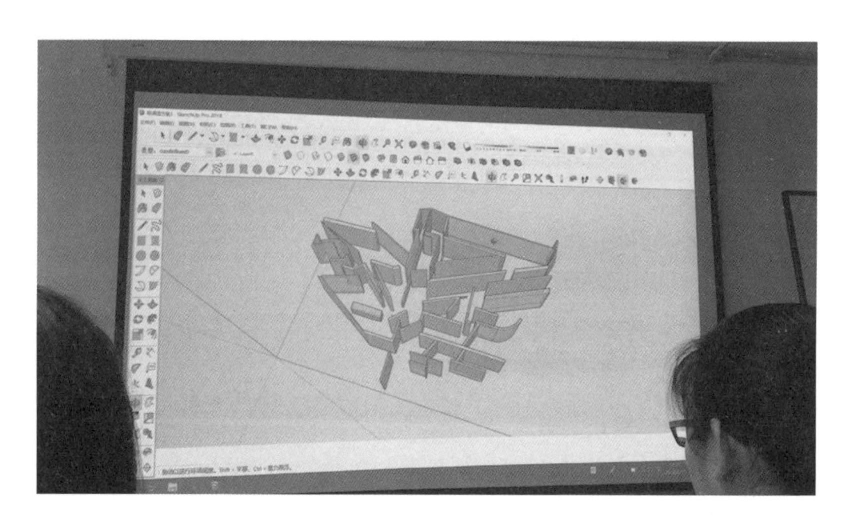

图 3.3

王老师：我先把所有同学做的模型都看一遍，然后再总结。下一位同学。

崔薰尹：我的第一个建筑模型左右宽约 19m，上下最宽处约 15m（图 3.4），墙高 3.9m。我打算在模型的左上角做个建筑主入口，左边两个大空间分别做会议室、接待区，模型中间的小空间做茶水间，模型下面的几个空间做员工办公区，右边做设计总监室。

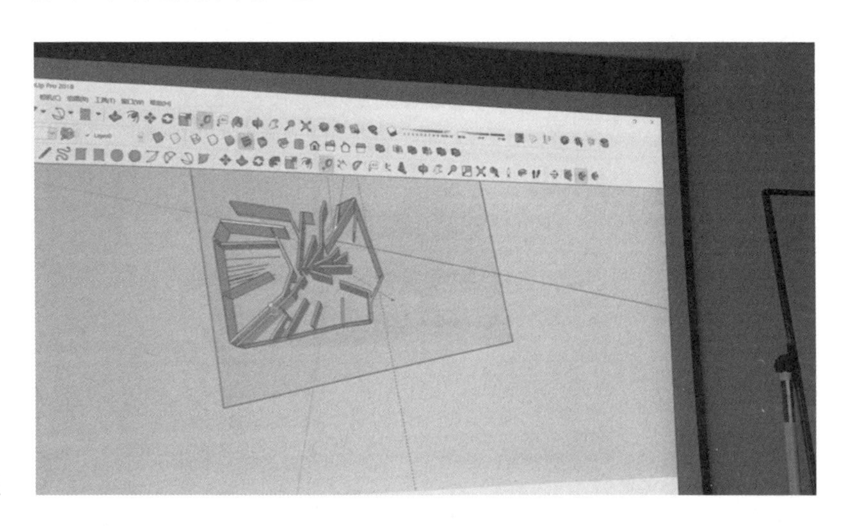

图 3.4

下面这个是我的第二个建筑模型，建筑平面为圆形，直径约 40m（图 3.5）。我在模型下面的突出部分的左右两端各设了一个建筑出入口。

王老师：这个是由上次课的空间口袋演变来的吗？

崔薰尹：这个是新做的。

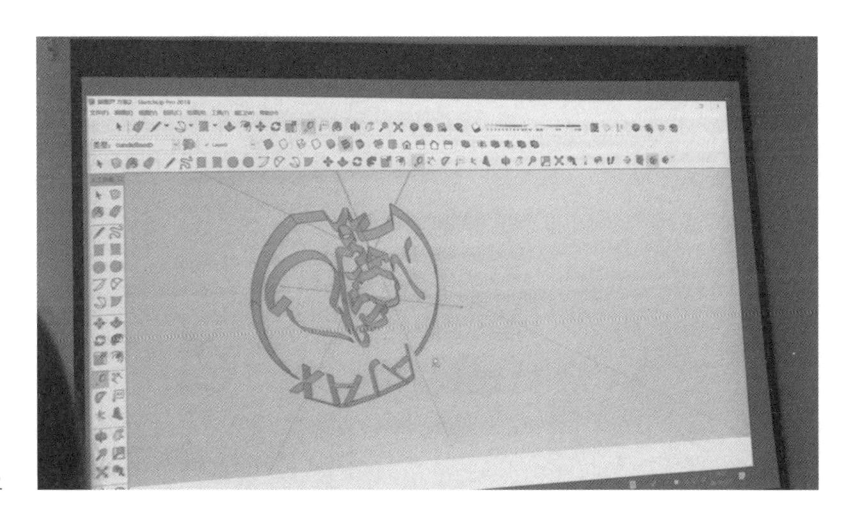

图 3.5

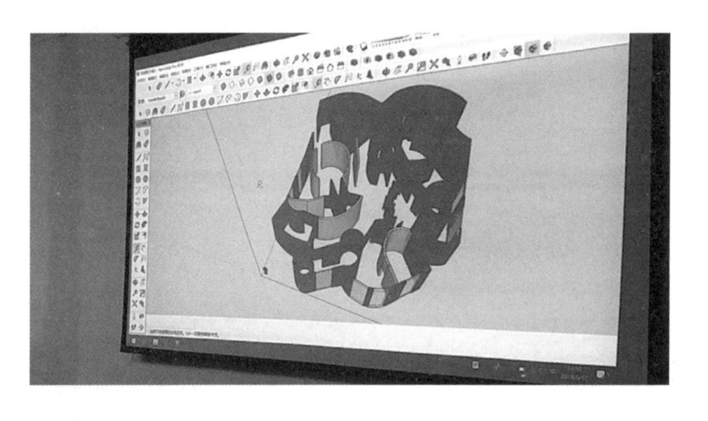
图 3.6

田润宜：我的这个建筑平面上下长约20m，左右宽约15m（图3.6）。

王老师：这个尺度有些小了。你的这个建筑相当于我们两个教室这么大。

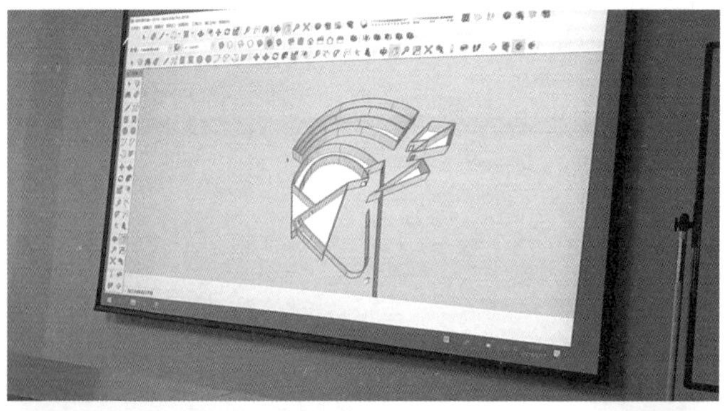
图 3.7

赵林清：这个建筑的入口设在下面（图3.7）。

王老师：这个建筑尺寸大概是多少?

赵林清：上下总长约51m，左右总宽约35m，下面的走廊宽约4m（图3.8）。

这是我的第二个建筑模型（图3.9），入口也设在模型下面右侧的位置。

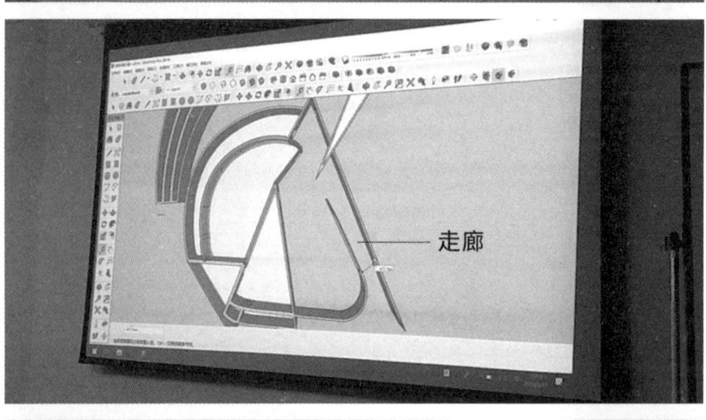

图 3.8

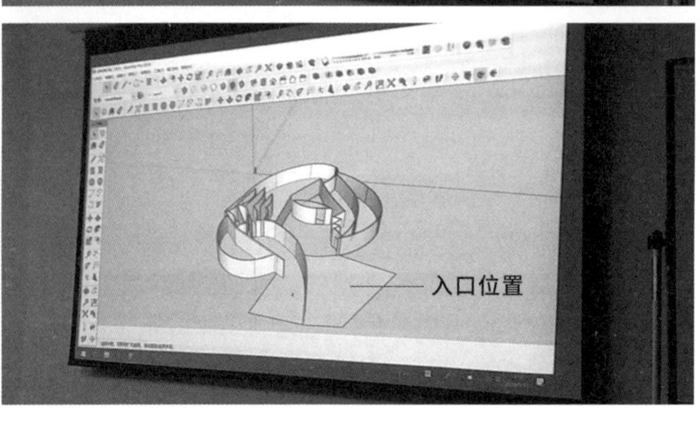

图 3.9

马司琪：这是我的第一个建筑模型，左右总宽约 70m，上下总长约 120m（图 3.10）。这是我后来做的，不是从上节课的模型里选出来的。

这是我的第二个建筑模型，是根据上节课的空间口袋做的，建筑入口在模型左侧的中间位置（图 3.11）。

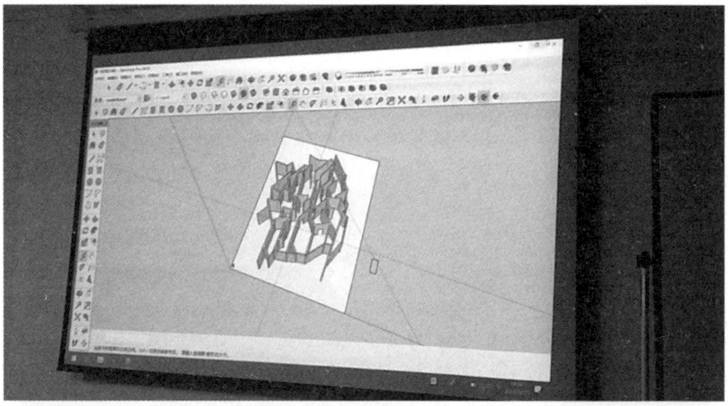

图 3.10

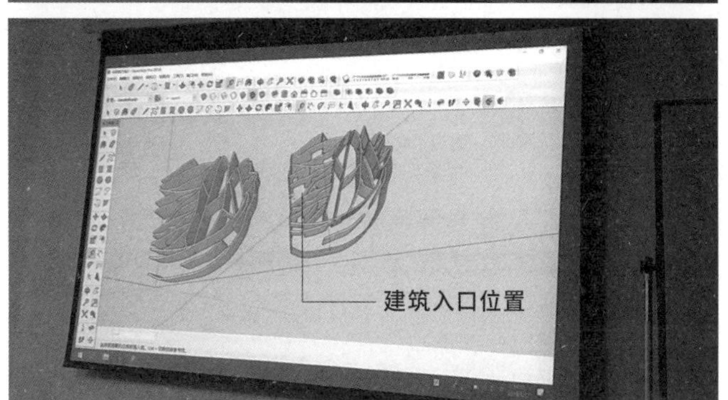

图 3.11

逄新伟：这是我的第一个建筑模型，建筑总长约 20m，总宽约 16m（图 3.12）。

这是我的第二个建筑模型，建筑总长约 20m，总宽约 13m（图 3.13），建筑入口在模型左下方的位置。

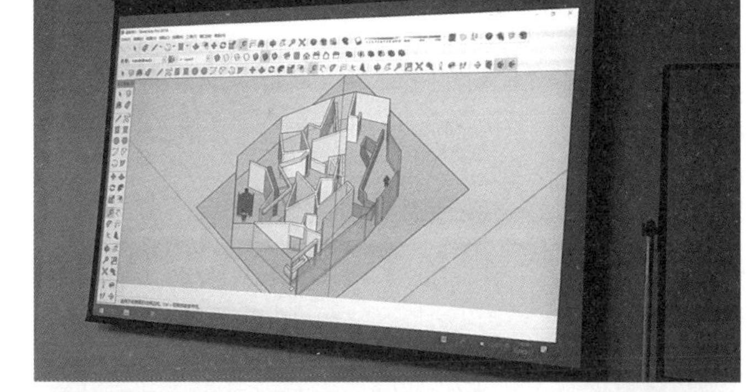

图 3.12

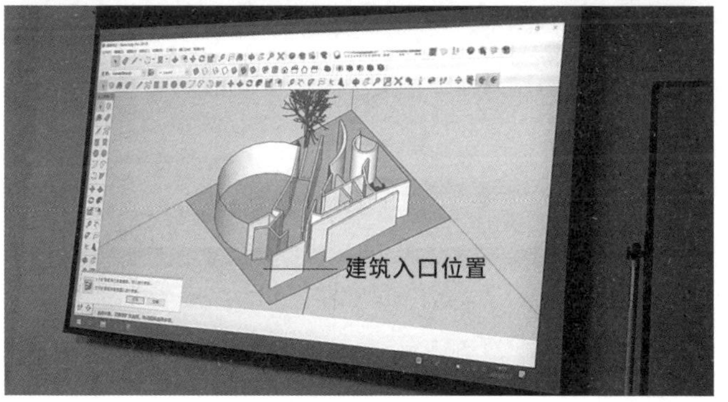

图 3.13

图 3.14

图 3.15

张树鑫：这是我的第一个建筑模型，建筑面积大概是 $300m^2$，建筑入口设在对应模型左下方的中间位置（图 3.14）。

这是第二个建筑模型，建筑面积大概也是 $300m^2$，建筑入口设在对应模型的左下角（图 3.15）。

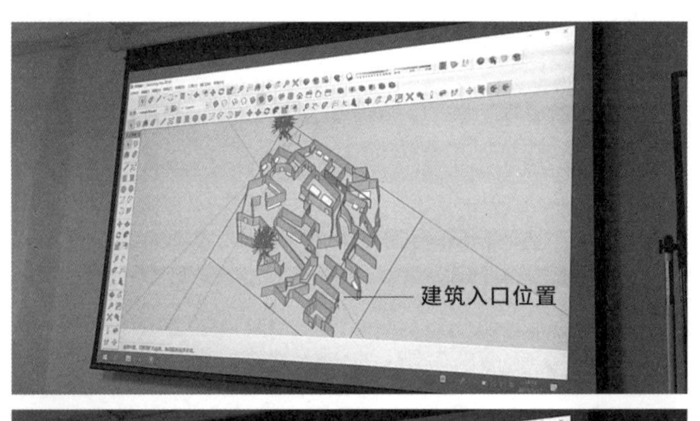

图 3.16

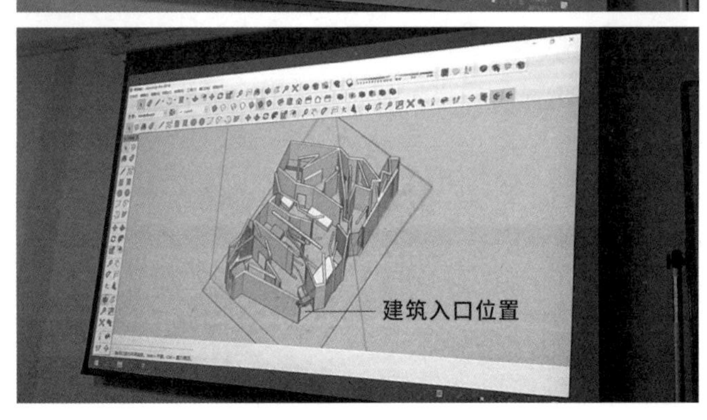

图 3.17

黄俊峰：这是第一个建筑模型，建筑面积大概是 $500m^2$，建筑入口设在对应模型的右下角（图 3.16）。

王老师：这是新做的，还是按照上节课的空间口袋模型深化出来的？

黄俊峰：新做的，下一个的建筑面积要小很多。

这是第二个建筑模型，面积大概是 $170m^2$，建筑主入口设在对应模型的右下角位置，会议室在右侧中间的位置（图 3.17）。

张金鹏：这是我的第一个建筑模型，面积大约是 900m²，主入口设在对应模型右侧中间的位置（图 3.18）。右下角是接待室，右上角是会议室，左下角是工作室。

这是第二个建筑模型，面积大约是 400m²，主入口设在对应模型的下方（图 3.19）。主入口的左上方由下往上依次是接待室、会议室、工作区。

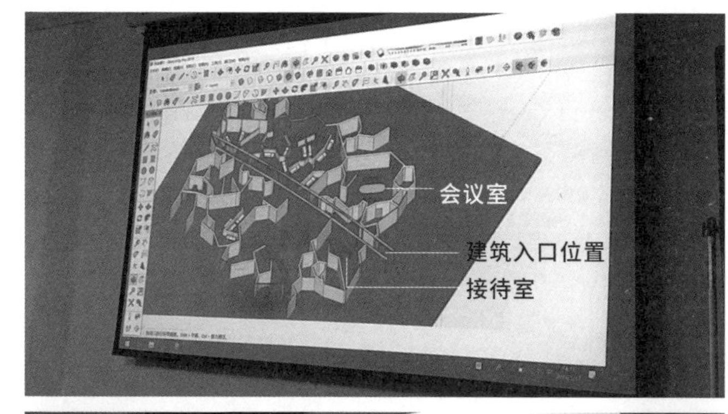

图 3.18

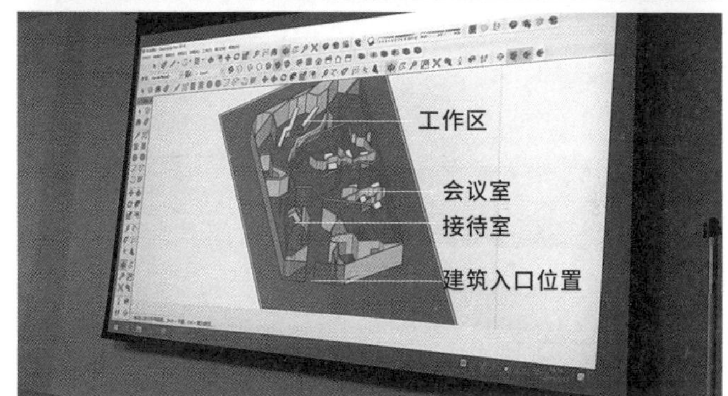

图 3.19

林泽宇：这是我的第一个建筑模型，建筑平面总长度约 40m，总宽度约 30m，建筑入口设在对应模型的右上角（图 3.20）。

这是我的第二个建筑模型，建筑入口设在对应模型的左下角位置，平面总长约 15m，总宽约 15m（图 3.21）。

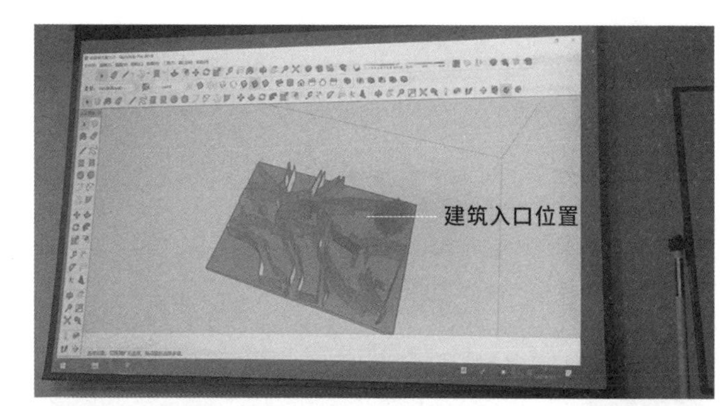

图 3.20

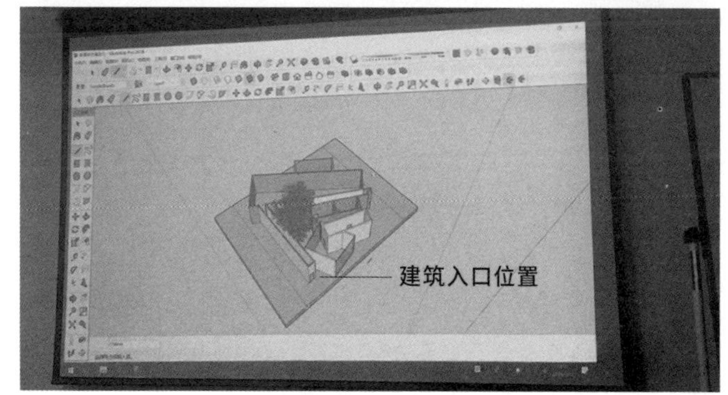

图 3.21

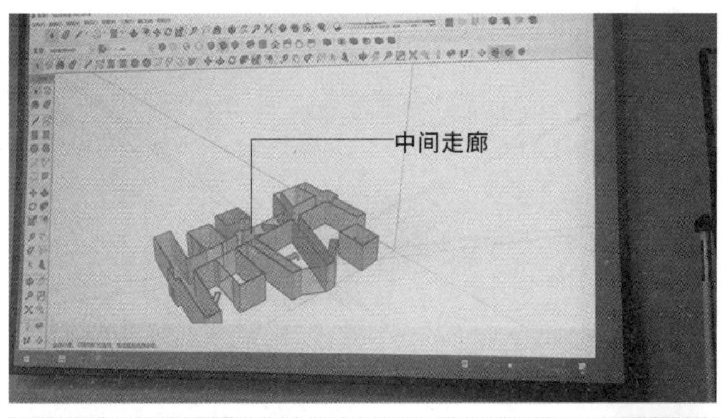

图 3.22

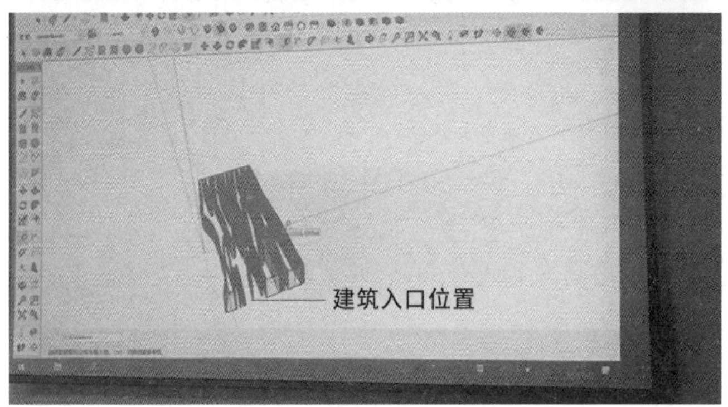

图 3.23

张琦：这是我的第一个建筑模型，建筑平面总长约52m，总宽约30m，墙高约4.5m，建筑入口有两个，分别对应模型的中间走廊的两端（图 3.22）。

这是我的第二个建筑模型（图 3.23）。建筑平面总长约32m，总宽约15m，墙高也是4.5m，建筑主入口设在对应模型的下边。

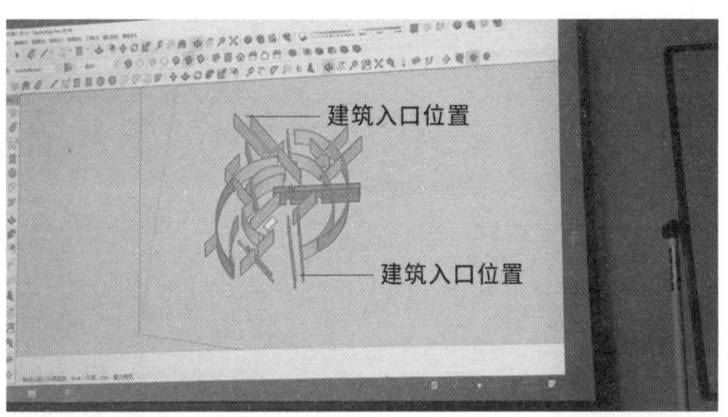

图 3.24

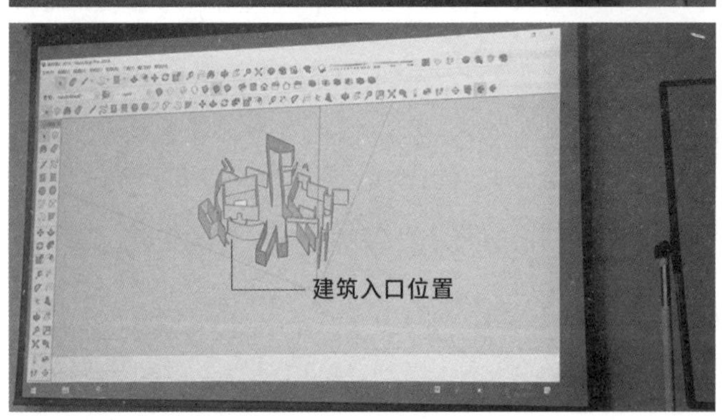

图 3.25

崔传稳：这是我的第一个建筑模型（图 3.24）。建筑平面左右宽约27m，上下长约30m，建筑主入口设在对应模型的左上角和右下角的位置。

这是我的第二个建筑模型（图 3.25）。建筑平面左右宽约20m，上下长约20m，建筑入口设在对应模型左下角的位置。

石国庆：这是我的第一个建筑模型（图3.26）。建筑平面左右宽约20m，上下长约41m，墙高约4.5m，建筑入口设在对应模型中部左上角和右下角的位置。

这是我的第二个建筑模型（图3.27）。建筑平面左右宽约29m，上下长约38m，墙高也是4.5m，建筑入口设在对应模型顶端的位置。

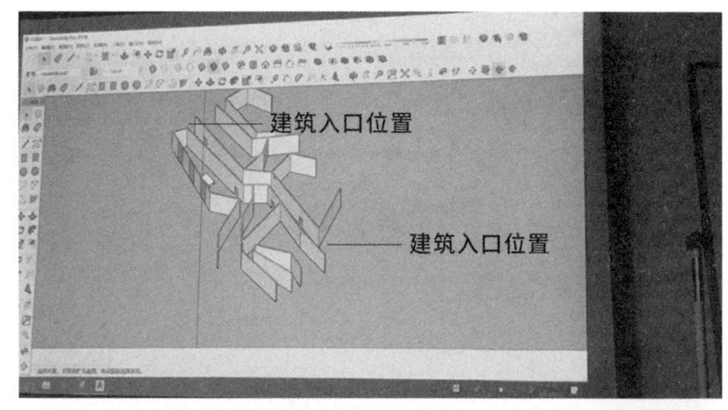

图 3.26

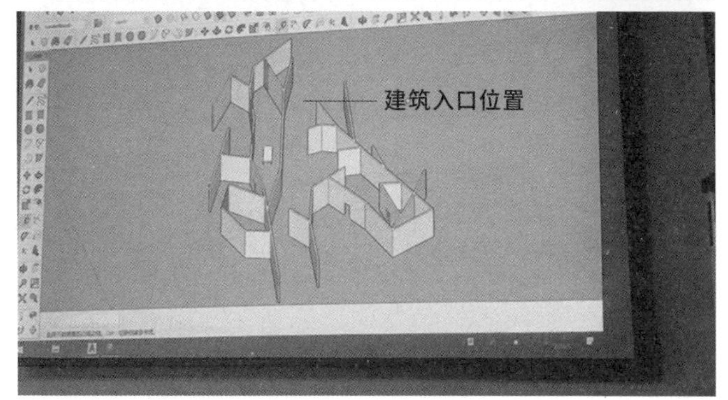

图 3.27

手工模型的量变

同学们按照计算机模型的量变结果进行了手工模型的量变之后，王昀老师对同学们的作业成果进行了一一讲评（图 3.28、图 3.29）。

图 3.28、图 3.29

图 3.30

图 3.31

图 3.32

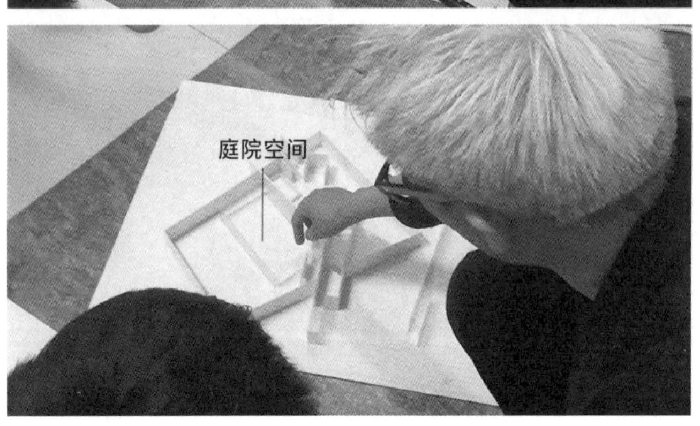

图 3.33

王老师：首先，你的这个墙高相对于空间尺寸的比例来说较高，这样空间会显得比较狭窄（图 3.30），还有，各个空间的墙都是封闭的，没有开宽敞的洞口让各个空间连通起来。

再一个问题是，模型的两端不应该全部封死，要"透气"，要有穿过整座建筑的纵向通道。

这个建筑模型还不错，但是右边的这些小空间不见得都要一样高，可以做得矮一点儿，像是穿插到上面的大空间里（图 3.31）。

上面这个小的条形空间的两端建议做成封闭的，高度也相对低一点儿，同样像是穿插到上面的大空间里（图 3.32）。而这个空间的两侧应该开洞口，目前这个空间是封闭的（图 3.33）。这个大空间可以设想成庭院，做成露天庭院，其他空间设想成室内空间。

王老师：这个建筑空间还是很有意思的，但是有一个问题，边界的这些墙都是室外墙体吗（图 3.34）？

石国庆：对的。

王老师：其实这个地方，如果我来做的话，会把上面这个端头的部分封起来，因为将这里做成室外空间的话，空间的逻辑性是讲不通的。

这个地方做建筑入口（图 3.35），做得开敞一些。

这边的边界要封上的话，可以在墙体之间做墙，但是墙体端头要留出与室外衔接的空间部分（图 3.36）。

这个建筑的中间部分做成贯通的街道空间（图 3.37），街道两侧的空间形成一定的韵律感和节奏感。这组的整体空间还是很有魅力的。

图 3.34

图 3.35

图 3.36

图 3.37

王老师：这个也是你的吧（图 3.38）？

石国庆：是的！

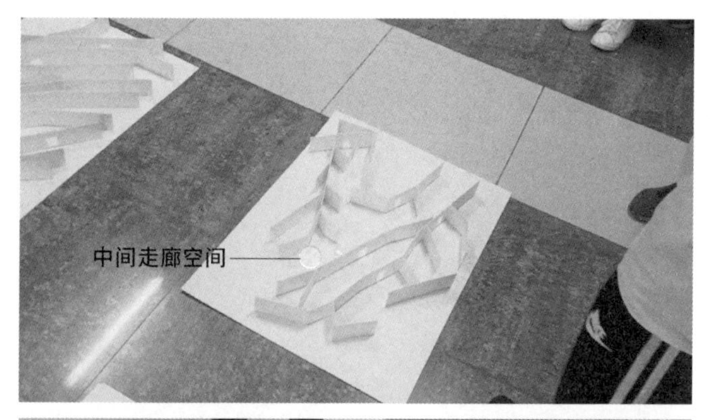

图 3.38

王老师：其实这两个空间形态还是很相似的，所以我想接下来你可以做一个跟前一个空间形态不一样的模型。当然，这两个模型的相似性也反映出你的性格特点，蛮有意思的。这里要怎么做（图 3.39）？

石国庆：将中间这条上下贯通的通道做成走廊。

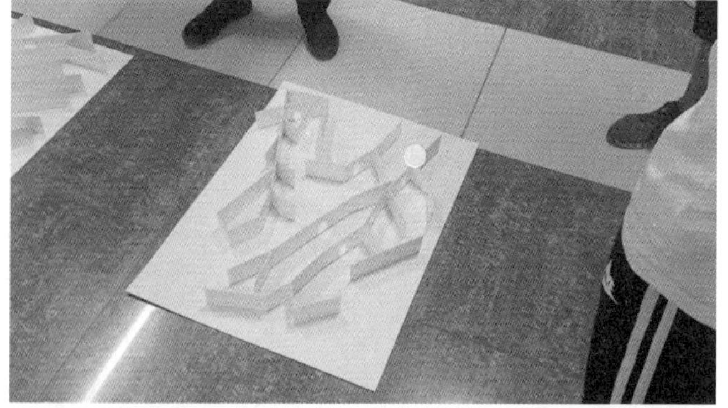

图 3.39

王老师：目前，你的这个建筑模型没做顶盖，所以还不好区分室内外空间。但这个设计本身还是很不错的，尤其中间的这道墙对整个空间的控制性非常好（图 3.40）。

图 3.40

这道墙两侧的空间也处理得很不错，但是在处理这些线之前，一定要先把这个房间界定好，边界维护要清晰。你现在还没有做完整体空间，就马上进入室内细节设计了（图 3.41）。就像画素描，你需要先打轮廓，然后再一层一层深入，最后抠细节。

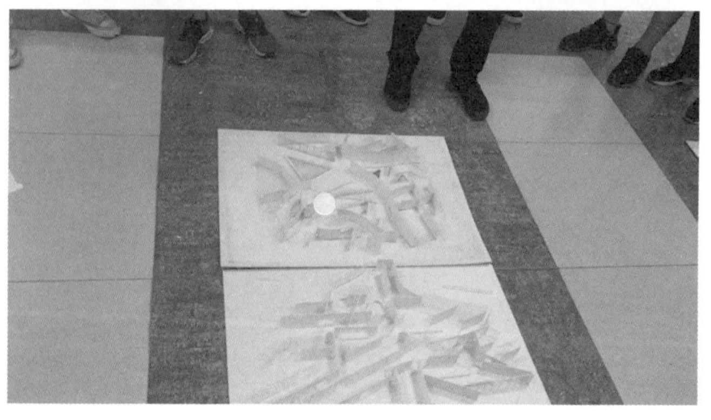

图 3.41

王老师：还有这个建筑，它的室内与室外是怎么区分的？我的建议是把中间的这个圆形空间设计为室外空间，把它周边的空间做成室内空间，上面加一个屋面，这样的话这个建筑就全被“盘活”了（图 3.42）。但是你把它做成了室内空间，应该再去尝试改变一下。

那么周边的室内空间该怎么用呢？不要生硬地往上强加使用观念，当你还没有这种灵活调节的能力的时候，你需要顺势而为，根据这个空间形式和建筑师工作室的功能要求，想象一下这个空间适合如何使用。例如，当你无法给一块狭长空间赋予具体功能的时候，可以把它做成通道，当作建筑师休息、聊天的场所，但是你要赋予它具体的名称，再将通道的墙面做些展示，如此一来，这处场所就生动起来了。

你的这个建筑也蛮有意思的（图 3.43）。它的有趣之处在于这几条墙线做得非常巧妙，可是这个建筑模型中也有不够巧妙的地方。**我的要求是不能在建筑模型里随便加东西，但是可以删东西**。当然，不能把东西删没了！通过训练，你会知道哪些能删，哪些不能删。

图 3.42

图 3.43

图 3.44

王老师：这个建筑的尺度应该再大一些（图 3.44）。有些空间形态一看就具有大尺度的特质，你不能把它做小了，大材不能小用。当然，小材也不能大用，否则无法承担重任。你需要再去扩大尺度做一下。这是你的吗?

张金鹏：是的!

王老师：你把这个建筑再放大一些，对它仔细解读。我真的特别喜欢这个建筑（图 3.45）。

图 3.45

但是现在它的室内空间跟室外空间的界定还不够清晰，室内外空间的完成度还不够，哪个地方该封闭，哪个地方该开敞，目前还看不清楚，如这个地方的空间边界该如何处理（图 3.46）。

图 3.46

这两个方案也都很棒，空间形态都很丰富（图 3.47）。

图 3.47

王老师：逄同学（逄新伟），我建议你把这个模型的局部再稍微处理一下（图 3.48），右边的部分处理得很好，但是左边这部分空间处理得琐碎了，这两道墙可以直接去掉（图 3.49）。

下一个模型也需要再调整一下，这部分的墙不能全部矮下去（图 3.50），该立起来的还是要立起来。中间的是一条街道对吧？我认为你可以再去找一下更丰富的空间形态。在这个建筑中，坡道不要这样做（图 3.51）。建筑构件建议先不做，因为做不好的话，容易画蛇添足，与整体的建筑空间形态不协调。

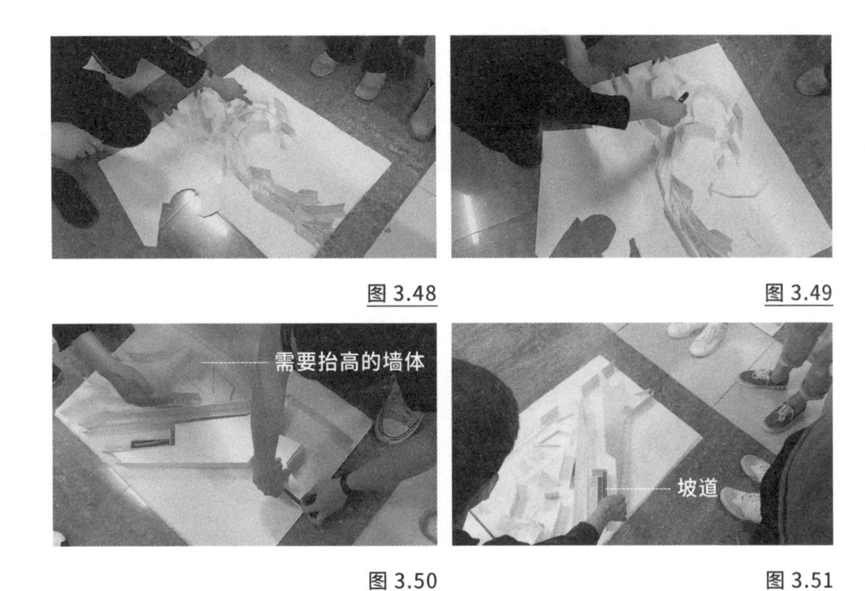

图 3.48

图 3.49

图 3.50

图 3.51

逄新伟：中间是一条街道，这个端头做建筑入口（图 3.52）。

王老师：建议你将左边封上（图 3.53），中间街道的两端也封上。还有，屋面把室内空间封得太死了，建议你在有些地方留出室外露天的空间来（图 3.54）。

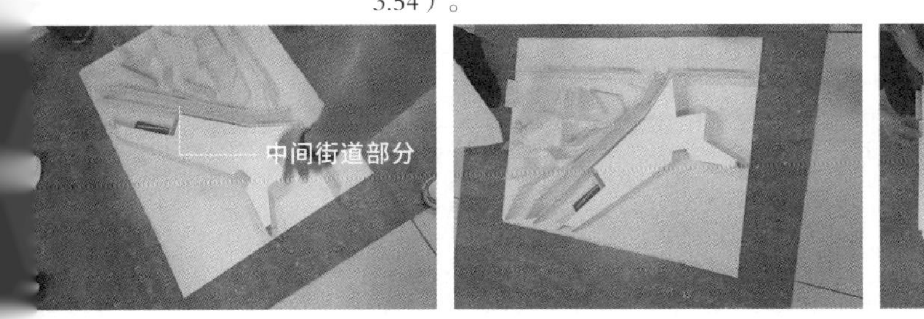

图 3.52

图 3.53

图 3.54

王老师：在这一训练阶段，我们的建筑以一层为主，如果想做二层的话，可以考虑做局部二层。假如我来处理这个二层空间的话，我会沿着这个局部做二层，然后顺着边界做个楼梯，而不是在整个一层空间之上把二层做满（图3.55）。

图 3.55

王老师：针对这个模型，我需要说一点，这个房子先不要加柱子（图3.56）。当你分隔空间的时候会涉及比例关系，这将是非常复杂的问题，所以在这个训练阶段先不要加柱子。

图 3.56

王老师：一般建筑师差不多都能做到这种程度，但是一旦涉及空间划分比例关系的问题，就只有高手才能做好。这个是哪位同学的（图 3.57）？

田润宜：是我的。

王老师：这个建筑形式很可爱，但是太卡通了。模型不要用彩色，只用白色材料就行，一旦用到彩色，眼睛就容易被干扰，对空间感的影响较大。这部分蓝色表示水，是吧？太具象了。

而这个建筑更像一个儿童乐园（图 3.58），我们要做的是建筑师工作室，要有一定的公共性，而不是自我性。里面的空间还是没处理完善，比如，中间街道该怎么设置，所有的空间都应该有组织，你可以再去思考一下。还有，模型中的廊柱、廊架都去掉，太具象了。虽然目前要求同学们做空间形式一定要抽象，但不是无限抽象，最后还是要从抽象回到具象上来，具象为一座建筑。

图 3.57

图 3.58

王老师： 这个其实挺棒的（图 3.59），但也稍微具象了一点儿，模型要是都用白色材料就更好了。你设计得很巧妙的一点就是把这个空间挑出来伸到水面上，所以我感觉还可以。但是挑出部分的底层，你把它封了起来，这就有些太实的感觉，削弱了漂浮感。还有这个室外的小旋转楼梯先不要做，太具象了（图 3.60）。

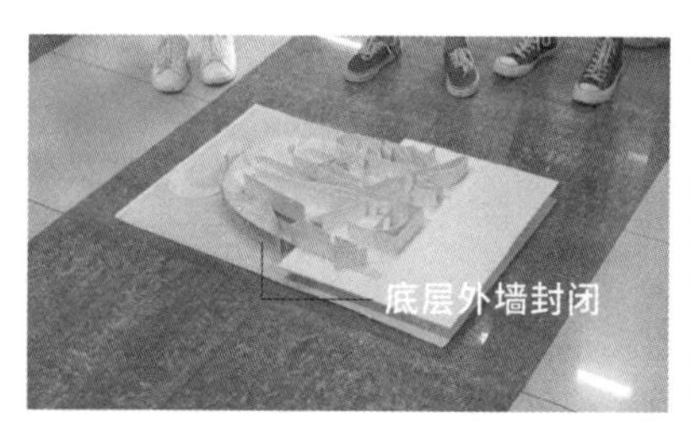

图 3.59

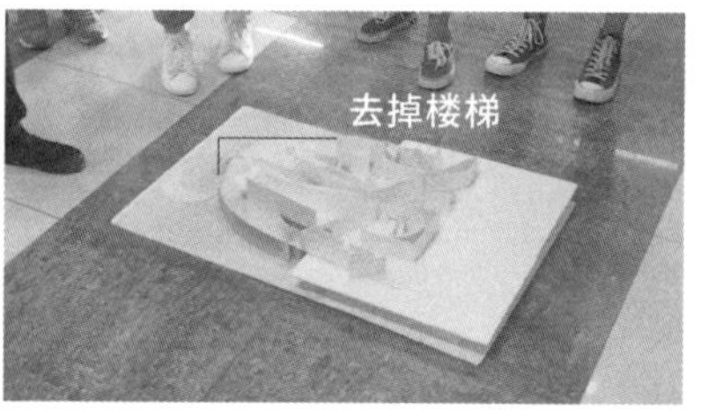

图 3.60

这个是有问题的，廊子太具象了（图 3.61），去掉它反而会更好。这一部分也不要了（图 3.62），跟整体的空间形态太不协调。这一空场区域的自由状态很有趣（图 3.63）。这个空间做什么（图 3.64），想过没？

谢安童： 还没想过。

王老师： 这个空间可以考虑做一个庭院。

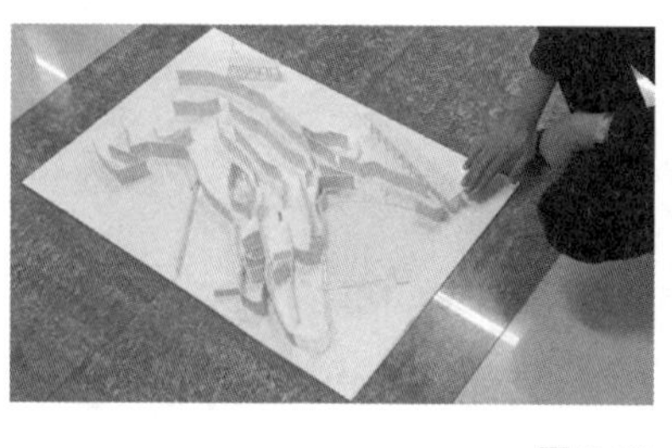

图 3.61

图 3.62

图 3.63

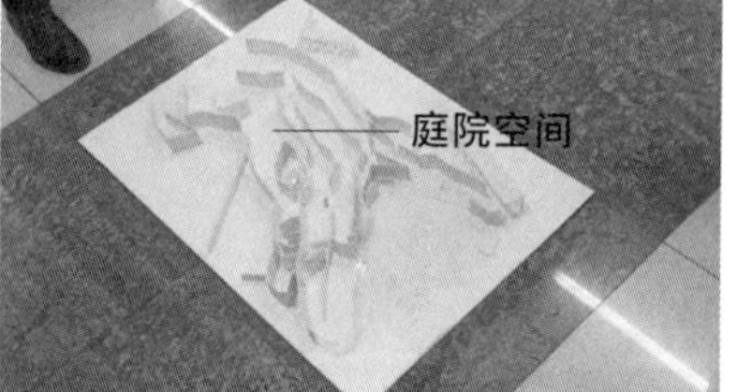

图 3.64

王老师：这个也还不错（图 3.65），跟前面的一个模型有些异曲同工，但是这个里面的空间相较而言更加开放。目前这个建筑中的玻璃做得有些多了，以至于边界封闭不够，如这个地方（图 3.66）。

图 3.65

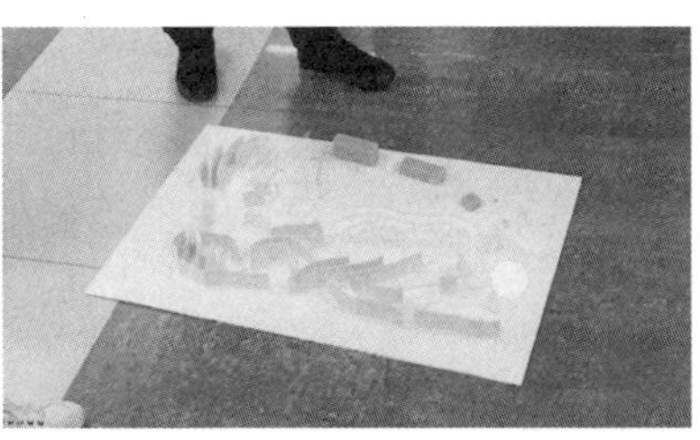

图 3.66

王老师：在这个建筑中，空间之间的虚实关系存在问题，还没有处理好，虚实、内外关系显得有些混乱（图 3.67）。

这个模型最大的问题在于尺寸（图 3.68）。这个多高呢？

林泽宇：4.5m。

王老师：墙高 4.5m 的话，从比例来看，这个建筑太小了。再就是，整个建筑做得太封闭，公共性和开放性不够。这个建筑开放一些会比较好，而且这个空间的比例不协调，墙体感觉有些高了（图 3.69）。

图 3.67

图 3.68

图 3.69

王老师：这个模型的问题在于哪些地方该封闭，哪些地方该开敞还没明确（图 3.70）。还要考虑一下趣味性，比如，在中间做一条斜向贯通的街道空间。这是谁的？

图 3.70

崔传稳：这是我的。

王老师：首先，我觉得这个方案不错。但有一个问题是，这边没封上（图 3.71、图 3.72）。

将这边的一个个小房子都用实墙封上，然后把每个小房子的两头做成玻璃落地窗。这边的条形空间可以尝试用室内空间与庭院间隔布置，这样的话，这些空间组织起来就有意思了（图 3.73）。这些条形空间下边的空场区域可以做成室外场所。总之，这个方案的空间形式疏密有序，空间感很好。

图 3.71

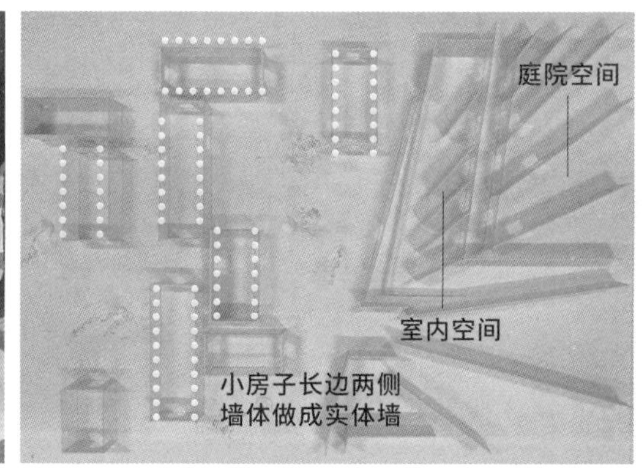

图 3.72

图 3.73

王老师：这个模型的问题是边界没封上，让人觉得对空间解读得不完整。其实有很多种方式，如在这里做一个胡同，这边做一个广场（图 3.74）。这个模型尺度可以再大一点儿，目前太小了，但是整体来说空间感很不错。赵林清同学，请先说一下你的方案吧。

赵林清：因为这个方案的墙体在划分室内外空间上并不清晰，所以我想用一个大屋顶来对室内外空间进行划分（图 3.75）。

王老师：就是说台阶以上都是室内。这样做可以，没问题，不错的一个想法，但是室内外还是应该用墙体来界定。

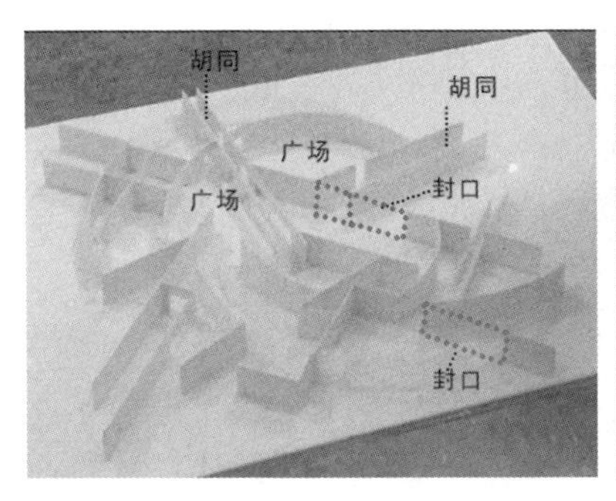

图 3.74

图 3.75

王老师：这个模型也不错，空间感很好。这个地方可以打开，做成入口，同时还可以做个室外展览场地（图 3.76）。这个地方你做得有些死板了，这道墙可以去掉，这样它周边的空间就活了（图 3.77）。

这个角部的墙体可以去掉，上面加屋檐，做个半围合的庭院（图 3.78、图 3.79）。

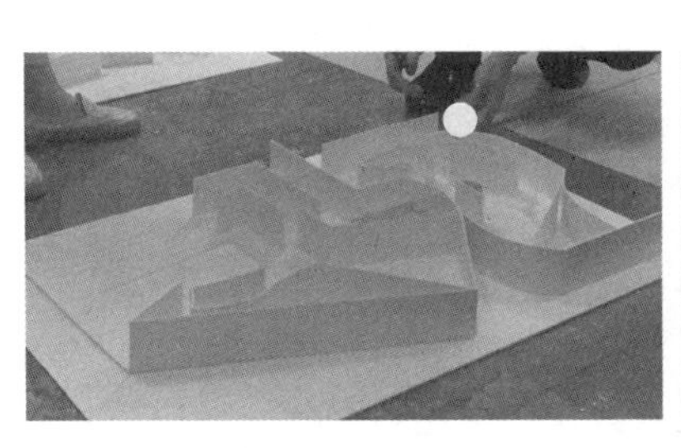

图 3.76

图 3.77

图 3.78

图 3.79

图 3.80

图 3.81

图 3.82

图 3.83

王老师：感觉这个方案蛮有意思（图 3.80）。但你的这个问题跟刚才那位同学是一样的，其实这部分有些地方可以做室外庭院，有些可以封上做室内空间（图 3.81）。中间这条狭窄的空间可以做成小巷子（图 3.82）。

同时，这些小的条形空间可以间隔开，做几条小巷子，这样的话这组建筑就有意思了。目前，在这个大空间下做柱廊有些失败，我们这次的训练先不做柱廊，就用墙、玻璃、屋顶来界定空间（图 3.83）。

王老师：这个方案其实也很不错。这个地方可以封上（图 3.84）。这个地方不见得非要用玻璃（图 3.85），如果想要开敞的效果，建议用实墙开洞，因为玻璃开洞会将空间效果削弱很多。

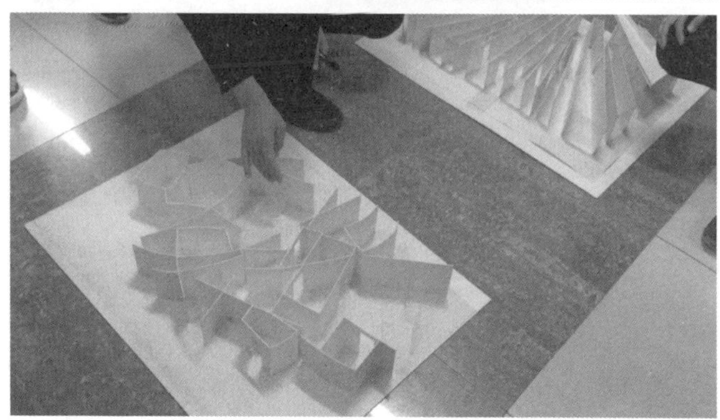

图 3.84、图 3.85

4. 问题的浮现

本节就计算机模型和手工模型两次量变训练中同学们出现的主要问题进行了总结。

计算机模型量变的问题

王老师：说几个问题，首先是空间和空间的贯通。同学们在处理建筑模型空间的时候会发现，有些地方的墙很密集，空间不好规划，怎么办？这种情况下，同学们可以在每面墙上开个大洞口，这样空间就打通了。同学们要学会这种处理手法并灵活运用。大家可以看一下，这是在平面图上墙洞的图示表达（图 3.86）。

另外，同学们把有些建筑的层高做成 4.5m，这个高度并不一定都适用。根据我的经验，一般情况下，其实一层建筑的层高在 3.6m 左右就够了。有些情况下，如果确实需要高一点儿的话，就加个局部二层。局部做二层时，咱们可以借鉴的空间净高大概为 2.4m，加上梁板高度，层高大概为 2.8m。

还有一个围绕楼梯的问题，在做建筑方案阶段时，室内公共楼梯的踏步高度一般不超过 170mm，踏面宽度大约 350mm 就可以；室外台阶的踏板宽度一般做 150mm，踏面宽度一般做 300mm；楼梯扶手的高度一般做 1100mm（图 3.87）。同学们应当把这些数字记在脑子里。楼梯连通上下层的位置一般做

图 3.86、图 3.87

上下通高空间，楼梯形式则可以有多种，如直跑楼梯、弧形楼梯、旋转楼梯等，具体形式可以参考一下相关资料。

然后是建筑周边的环境问题，比如，建筑周边的路应该怎样设置才会让人感觉这个建筑放在那里比较合适？一种方法是沿着建筑平面的边界平行开设道路。但如果建筑平面边界的轮廓是不规则形状，与周边现有的道路结构存在冲突，那么这时候你需要靠环境设计来让房子和现有道路之间产生过渡，进而使你的建筑与周边环境融合在一起。

再者是建筑外墙的问题。建筑外墙一般在处理的时候至少要高出屋面净高300mm，这个高出来的矮墙叫女儿墙，是用来解决屋面排水问题的，同学们在做的时候要考虑屋面面层的高度，女儿墙一般做500mm就可以了（图3.88）。

还有一个是建筑里的柱子的问题，这是由房间跨度决定的，以后同学们会在相关课程中学习到。还有走廊的宽度，一般做1.5~2.5m就够了。

最后是建筑入口问题。入口不是只满足人的出入需求就行了，它是一个空间序列的开端。建筑入口的空间是可以做得很丰富的，欲扬先抑、开门见山、蒙太奇等处理手法都可以借鉴学习。同学们可以多出去参观一下别人的作品，建筑师一个很大的优势就是在游玩之时也可以学习。

图3.88

这次的任务书没有给大家限制，同学们却把自己束缚住了。从同学们做的建筑尺度来看，这些模型大多是住宅的尺度，空间也像家中的环境。如果将一个事务所设置在一所住宅似的空间里面，是不是有些限制？那么是什么限制了同学们的想象？我想是“贫穷”，是思想的“贫穷”限制了同学们的想象。建筑师工作室一定是一个空间非常丰富的场所，模型展示、绘画区、雕塑区、休闲区等都是要有的。

看了同学们这次的 SketchUp 模型后，我的感觉是大家拿了一手的好牌却没打好。比如，我们组长同学的这个模型的建筑尺度就小了，墙高 3.9m 的话，整体平面尺寸就太小了（图 3.89）。

图 3.89

实际上，同学们把公共建筑的尺度都做成了居住建筑的尺度。一个建筑师工作室的空间一定要具有公共性、开放性、丰富性，空间一定要流动起来，而不是把几个人封闭在一个房间里。

还有一个问题，同学们这次做的模型并不是上次课选的空间最丰富的空间口袋，应该还有更丰富的，你们却没选出来。我的感觉是没有像上次课时看到同学们的作品那么激动了。

我们训练的目的是要营造一个丰富的空间环境，而不是做一个具体的房子。如何让这个空间更加自由，更加有变化，这是我们训练的重点。我建议你们看一下密斯的巴塞罗那德国馆的空间是如何流动、变化的。我们现在设计的建筑师工作室不应是封闭的状态，而要具有开放性、公共性，就像我们专业的教室一样，所有班级在一个开放的空间中学习。那么空间的丰富性靠什么来体现？靠的是墙和墙之间的关系、墙上的洞口等。

同学们所做的两个建筑方案应该具有差异性，空间上应当强调出不同之处，但又要具有共性，这便是空间的趣味性。

手工模型量变的问题

王老师：我上节课看了同学们建的 SketchUp 模型，感觉尺度都不对，大部分是一个个小房子。这节课同学们做的这些手工模型，感觉比 SketchUp 模型的空间感丰富多了，建筑尺度感也越来越好了。

上次课同学们最大的问题是什么呢？就是同学们对空间的认知还停留在把它全部封闭起来的阶段，都在外面包一圈墙。而这节课，有些同学已经打破了这种固有观念，将空间解放出来，室内外空间开始产生联系，这很好。如果把建筑周围封一圈墙，那么同学们做的就是室内设计了。建筑设计与室内设计的区别在于，建筑设计需要对周围的外部环境、从外部到室内的过渡、室内空间等多方面进行综合考虑。

另外一个问题是室外空间如何延伸到室内。赵林清同学采用的方式就很好，她把这个建筑模型一层的地面抬高，这种抬起来的做法限定了范围，使其成了场所。当然，我说的场所是一个狭义的概念，指建筑场所，而广义的场所指的是环境的场所。用特定的材料把建筑地面抬起来就形成了建筑场所，限定出来这个场所之后，再在这个场所里分出室内、室外的空间，就像套匣似的，从表面看是一层空间，进去之后发现里面还分室内和室外空间，再往里走，发现又有室内、室外空间。也就是说，空间范畴下的内与外是相对的，是由人的使用决定的。就好像你在家里，客厅相对于你的家而言是内部空间，但是当你晚上睡觉的时候还是想进卧室里，因为卧室相对于客厅来说是内部空间，给人的感觉更私密，而此时的客厅就是外部空间了。

建筑师工作室的设计也是一样，当你走到这个抬起的平台上的时候，你已经进入建筑师工作室的场所了。进入室内之后，工作室可能要供一群人使用，那么这群人需要的不同空间都要满足一定的使用要求。然而，室内空间并不能满足所有人的使用要求，如景观、光照、通风等，这时候就需要把室外的空间环境慢慢加进我们的设计中。

还有一个关于手工模型制作的细节问题。首先，我坚决不赞同在手工模型中使用色彩（图 3.90）。在这个阶段，同学们训练的就是空间形态，还没到把色彩加进来的时候。

图 3.90

看了同学们这节课的作业，我觉得暂时不让你们做二层了，先把一层建筑处理好，再去考虑其他的，因为做二层会让同学们陷入力不从心的状态。

还有一个问题是，我们的这个训练中强调的趣味性是指空间的趣味性，而不是装饰的趣味性，因此先不要做家具、拱券门洞等。目前，空间的趣味性练习是最主要的训练目标，只要将功能加进去就可以了。将这些问题解决后，下一步便是考虑把这个建筑放在哪儿，也就是环境选择的问题。下周三下午，我们会邀请《建筑学报》主编黄居正老师来给大家的作业进行中期评图。

今天下课之后，同学们要辛苦了，迅速按照我今天的要求去修改。接下来，同学们要把环境加进去，把建筑融合到一定的环境里。下节课的中期评图，除了看同学们的模型外，还要看图纸，包括平、立、剖、透视、轴测等图纸。这些图纸不要求做得太细致，草图也可以。但即便是草图，也要让老师清晰地看出你的设计表达。画草图是因为你的深度不够，并不是图要画得潦草，一定要表达清晰。我算了一下，同学们每人大概需要完成 12 张图。我看有的同学做了三个方案，这很好，就是要多去尝试。同学们听完这节课后，觉得有必要重做的，可以再去多尝试几个方案。

第四章

4

质变

同学们在前两次课中完成空间口袋的量变后，手中的模型已被赋予了人的尺度，也就是完成了空间模型向建筑模型的量变飞跃，它们已不再是简单的空间盒子。尺度观念的赋予使同学们可以从意识形式走进模型空间，然而，这距离成为建筑模型还差质变的转化。这次课的主要内容便是检验同学们的质变成果。

1. 质变范畴

既然是质变，那么按照物质变化的内因分析，必然涉及物质性质的变化。笔者根据王昀老师在教学实验中围绕质变的教学范畴，将其概括为功能赋予和环境置入两大方面。功能赋予主要是指设计者将人的使用需求赋予已具有人的尺度的空间模型里，使这些空间按照人的使用需求组织在一起，这是空间本体成为建筑的必要条件。然而，具备了人的尺度、使用需求的空间还不能称为建筑空间，要想成为完整的建筑空间，必须要有具体的环境。因此，环境置入在此是指为具体的建筑空间选择合适的场地，使其与周边环境产生联系，包括自然环境、社会环境等，这些因素将直接对建筑空间的朝向、光照、温度、通风、交通等因素产生影响。正因为有了这些影响因素的存在，最初的空间口袋才渐渐实现了向建筑的演变。

在此需要进一步说明的是，质变范畴涉及两个质变内容的质变方法。功能赋予主要是结合这次教学实验的任务要求，将相应的内容赋予已有的空间形态当中。除满足任务要求之外，王昀老师还要求同学们结合当下建筑师工作室对空间的使用要求，将更多满足建筑师创作要求的具有精神功能的内容赋予空间形式当中，如庭院、园林、展览空间、冥想空间等精神性功能场所。环境置入的方法是，同学们先在地图软件中选定几处满足初步要求的场地，然后去现场实地调研，记录场地的周边条件，如植被、道路、气候、人流、周边建筑等环境条件，最后根据现场调研成果再次对场地进行筛选，并将建筑按比例置入选定后的环境。在此之后，同学们还需对建筑场地内的道路、环境进行设计，实现外部空间向建筑内部空间的顺畅过渡。至此，这一质变训练才算完成。

下面将对同学们的空间质变训练过程进行全面的呈现，以便读者了解这一阶段的教学实验的真实过程和成果。同时，王昀老师和《建筑学报》主编黄居正老师的现场点评，指出了该阶段同学们暴露出来的问题，因此我们对接下来的教学训练内容进行了调整、改进。

2. 质变过程

杨清滢：这是我的第一个方案，立意是“他山之石”，是受圆润的玉石启发获得的设计灵感。选址位于杭州市西湖岸边，古人说“一池当中必有三景”，该区域目前已有两处景观，我想再设计一处。从地图上可以看出这片水域是大圆套小圆的空间形式，水域上面是商业区（图 4.1）。

这是建筑平面，建筑外围是一圈建筑平台，中间大的圆形空间为院落健身区，其他功能区域都是围绕这个院落健身区布置的，右侧上部区域是设计总监室（图 4.2）。

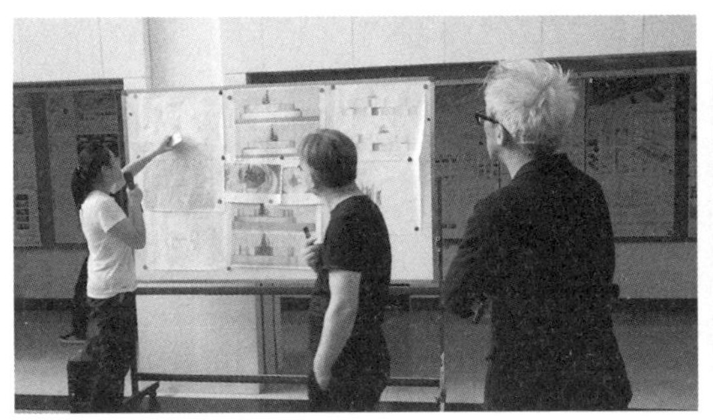

图 4.1

图 4.2

第二个方案位于西安市历史博物馆的西侧片区，因为我觉得这个地方的历史文化氛围比较浓郁，周围交通也比较便利。这是以斗栱为设计灵感的建筑空间，我给它命名为“大国脊梁”。这是建筑平面图（图 4.3），中间的位置是一个露天空间，类似于中国古典园林中的巷道空间。上面是员工工作区，右边是设计总监室，下面是活动区，与建筑主入口紧密结合。

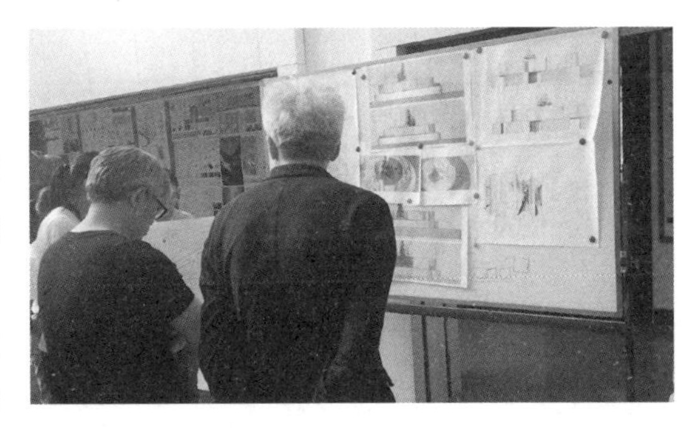

图 4.3

第三个方案是以一幅抽象画为灵感设计而成的，我将它命名为“无限可能”，指形体的直线和曲线可以无限地交会。建筑选址位于山建校园里的“雪山”边上（图 4.4）。这是建筑平面图（图 4.5），下面是员工工作区，右边是设计总监室，这样的设计方便员工与设计总监交流。健身、休闲、展览区域放在建筑周边，呈发散状布置。

黄老师：其实建筑学一年级的设计课是蛮难教的，因为大部分同学对建筑设计完全没有概念，所以从什么地方入手来教同学们做设计是一大难题。常规的设计任务都会有一个建筑基地以及具体的功能要求，但是王老师这个教学实验任务里完全没要求，所以同学们可以自由发挥。但是可供自由发挥的时间太紧张了，一周内要完成这么大的工作量，可见这是高强度、压迫式的训练方法，对同学们而言可能面临的压力会很大。但是不管同学们做几个方案，每个方案都应该有一个出发点，刚才听了你的介绍，我感觉三个方案都有出发点，这很好。当然，这个建筑里面的功能都是同学们自己设想的，这位同学还不错，做了功能分区，而且对哪些功能之间联系较为紧密都进行了思考。但是，有些图的表达还是不够清楚，可能是时间比较短的原因，从目前来看，图纸和模型对不上。

我有个问题，你在第一个方案里是想做中国古典园林自然山水的效果，但是为什么这个建筑形态选择了这种圆形的抽象几何形式（图 4.6）？

杨清滢：设计虽然是从自然中获得的灵感，但是在创造物的时候并非要以自然的形态返回其中，我是这么认为的。

图 4.4

图 4.5

图 4.6

黄老师：我觉得你的这个方案还是蛮有想法的，中间是一个虚空的庭院，周边是具体的功能空间。你可以这样来回答：虽然建筑边界是抽象的圆形边界，但是里面墙体的布置方式是自然形态的分布，隐喻与自然形态的呼应。

崔薰尹：我的这个建筑师工作室位于一条河边，建筑用地的平面是三角形，基地右边是现有建筑，我的这个建筑紧邻这座现有建筑（图 4.7）。在这座建筑里面，左上角的部分是展览区，往下依次是会议室、茶水间、资料室。右边大的空间是员工工作区，上下两侧的室外是开放性庭院，右边最底下的部分是休息区（图 4.8）。

王老师：好的。从目前来看，你将建筑直接放到了现有场地里，但是跟周边环境没有产生联系，缺少表达场地的设计，总平面图的表达有很大的问题，当然还有其他问题，如门、窗、楼梯的表达，你回去后需要总结建筑总平面图的问题。

崔薰尹：这是一张手绘室内效果图，主要是想表达室内流动、通透的空间感（图 4.9）。

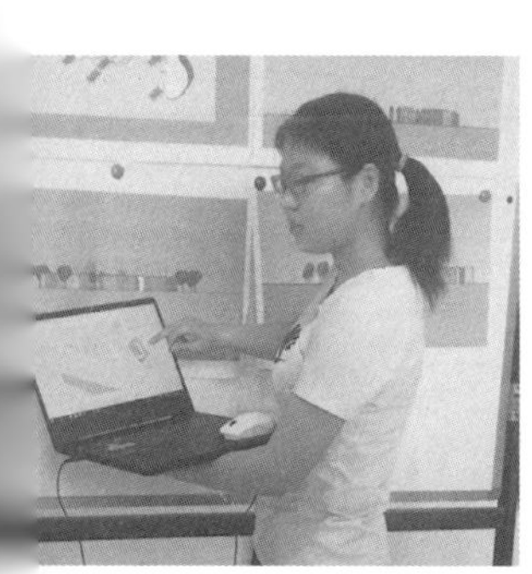

图 4.7

图 4.8

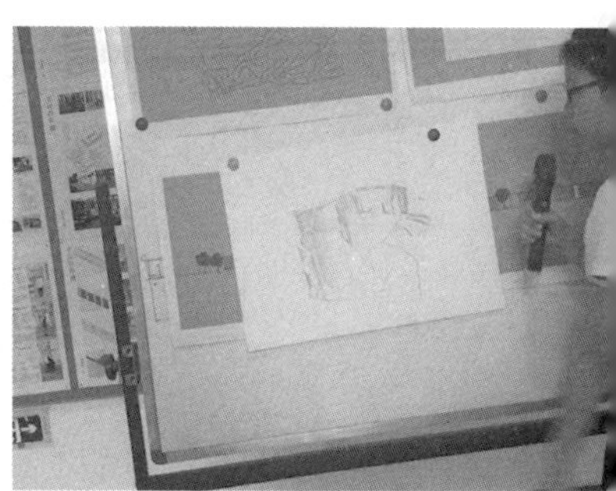

图 4.9

这是我的第二个方案（图 4.10），右下角的开敞空间是入口，入口部分同时具有展览功能，它右边的小空间是阅览区，左边是一个小庭院，庭院上部是茶水间，再往上是室外休息区。左侧大空间的部分是会议室，其左侧从上往下依次是小庭院、书房等空间。这是一张室内轴测图（图 4.11）。

王老师：这张图表达得不错，但是没画完，无论如何一定要表达完整，细部的深度可以不够，但是整体表达要完整。

崔薰尹：这个建筑的总平面图没时间打印，这是我的建筑模型（图 4.12）。建筑位于繁华市区，一座购物中心旁边。

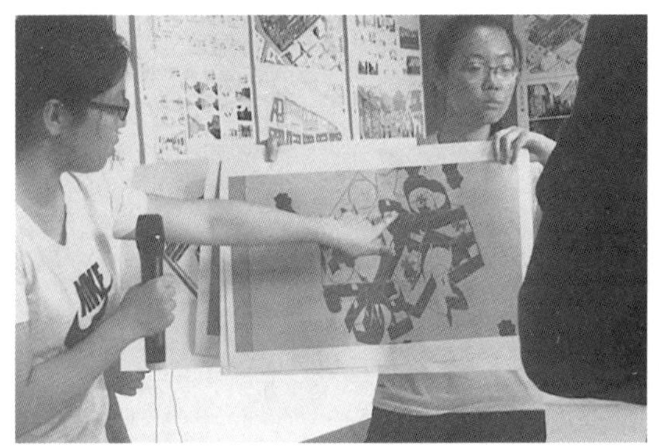

图 4.10

图 4.11

图 4.12

这是我的第三个方案。这个建筑位于一片湖泊旁边，周边有已建成的博物馆、科技馆等，但是分布比较稀疏，视线比较开阔（图 4.13）。

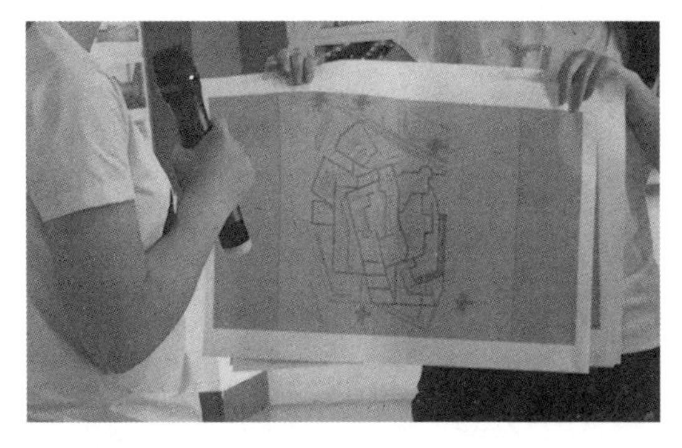

图 4.13

王老师：上面是道路吗?

崔薰尹：对的!

王老师：但是道路怎么没有连通到建筑上呢？你要把现有道路和你的建筑通过道路设计连通起来，否则人们是无法进入你的建筑当中的。

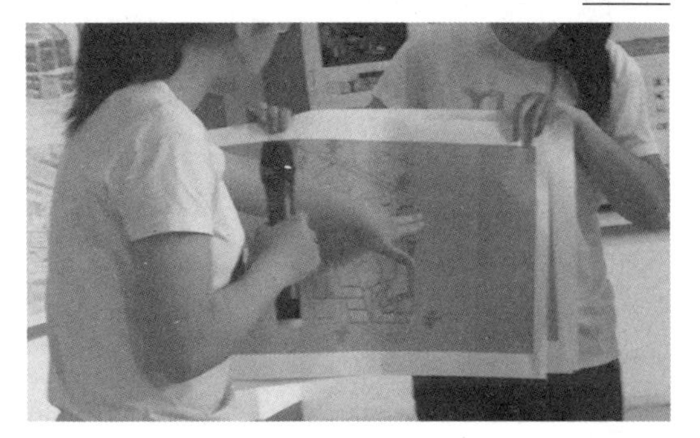

图 4.14

崔薰尹：建筑入口设在它的右上角（图 4.14）。从入口往下依次是接待区、展览区，最下面是艺术沙龙。中间的上下长条空间是讨论区（图 4.15），它的左侧是中间庭院，再往左边是会议室，下面是工作区。会议室的左边是阅览室、资料室。

黄老师：这个方案中平面的墙是怎样确定下来的?

图 4.15

崔薰尹：这是由底图抽象、提取出来的。

黄老师：什么样的底图?

崔薰尹：是一张古希腊神话主题的画。

黄老师：这两片墙之间的距离大概是多少（图 4.16）?

崔薰尹：大概 1.1m。

图 4.16

黄老师: 其实我想问你，在确定一片墙的时候，有没有考虑它与其他墙的关系？你一定要明白设计一片墙的理由，这片墙的存在是否合理，也就是说你的建筑空间应当有逻辑关系，如功能分区大概是什么样的，哪个是平面图中最为关键的空间。如果这些没有体现出来，会让人觉得这个建筑空间是缺乏秩序感的。

王老师： 因此，以后你要在建筑平面图中梳理出空间秩序，将无序的空间变得有序，这种组织工作是建筑师经常要面对的。不过不要紧，你才一年级，往后只要不断训练，会慢慢具备这种能力的。

黄老师： 其实你需要想象如何将一组复杂的空间按照人的使用需求组织得有秩序，使一个空间到下一个空间的转换是按照人体需要去设计的。

王老师： 还有一个问题是，所有同学的模型都做小了，目前同学们做的比例是 1 ： 50~1 ： 100，你们还是把它当玩具盒子看，没有完全的建筑概念。我要求同学们最后的设计成果要做 1 ： 20~1 ： 30 的比例模型，否则建筑空间的效果表达不出来。

崔传稳: 这个建筑坐落于树木比较茂盛、绿化比较好的一个场地里（图 4.17）。方案里的这一组空间作为工作区，两侧都是落地窗，几个空间分散于绿地当中，目的是让员工在工作的同时还能亲近自然，放松身心。这些小房子也可以作为独立的办公室，里面可以根据使用者的喜好来布置。建筑中间是一条过道，这是主入口，进入之后就是并列排布的工作区域（4.18）。

图 4.17

图 4.18

这是我的第二个方案（图 4.19）。靠近建筑主入口的位置是一个室外展厅，我的想法是让人们在进入工作室之前，通过室外展厅感受到这家建筑师工作室的文化。从入口进入之后就是前台，这里是公共性空间，里面做饮料厅、咖啡厅等功能，建筑里面的周边空间设计为工作的区域，人们可以汇集到这里交流、休息。

王老师：你的平面图为什么没画 1 ∶ 100 比例图？

崔传稳：因为建筑太大了，1 ∶ 100 的图在 A1 纸上放不下。

第三个方案跟这个差不多，但中间空间是会议室，还有交流的区域，周边都是工作区，空间的边界设计成落地窗的目的是让工作区域的人可以看到室外的环境，亲近自然。这座建筑的位置在济南市中心一个绿化较好、树木比较多的地方。

图 4.19

黄老师：首先这条过道没有用，全都堵住了。第二个问题是你的三个建筑的空间应当具有秩序性，比如，建筑里以一个庭院作为核心空间的话，那么其他空间就要围绕这处庭院来做。其他同学也有同样的问题，建筑里的空间不能都是散的，必须有一些统领平面图的核心空间。另外一个比较细小的地方，如这种斜墙，目前从平面图上看，这些斜墙是乱的，你必须找到某种东西把这些斜墙组织起来，也就是让它们具有秩序性。当然，这张平面图你想得蛮好的，一边的空间是不规则形态，而另一边是相对规则的形态。但是你在想这个规则和不规则形态的时候，应该结合自己在这个建筑里行走的想象力，设想人在里面是如何工作和生活的，哪里应该有棵树，哪里应该有一张桌子等，这对你们一年级学生来说是训练中比较重要的。还有一个是图纸表达的问题，比如，这张图不知道应该叫什么图，既不是平面图，又不是总平面图（图 4.20），如果是总平面图，应该画出建筑正上方的投影图，但是你把内墙的投影线也画出来了，所以说图纸表达不够准确。

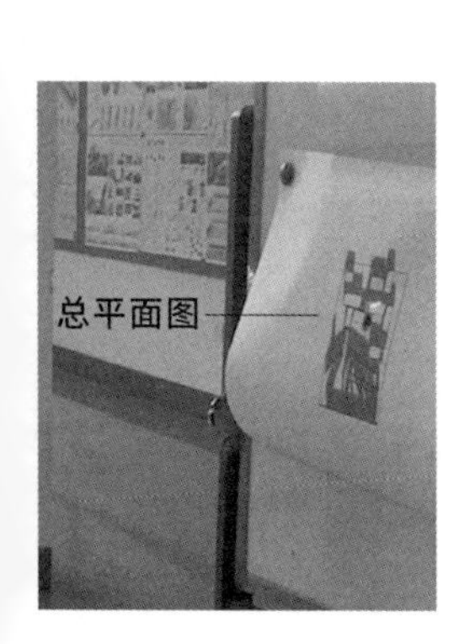

图 4.20

张树鑫：这个建筑是在济南趵突泉附近的商业区内。这个方案是受草丛的自然形态启发而设计出来的。它的特点是室内外空间的穿插较为自由、灵活，建筑围绕中间庭院布置（图 4.21）。这是第二个建筑方案，它位于济南黄河森林公园南边的场地上。这个方案是受一幅画的启发而设计出的。这是建筑平面图，内部空间非常开敞，中间有一条主干道上下贯通，连通各个空间（图 4.22）。这是第三个方案，建筑位于济南市趵突泉景区西侧的商业区内。这些图分别是总平面图、建筑平面图和建筑轴测图（图 4.23~ 图 4.25）。

王老师：这个轴测图倒是蛮有意思的，有点超现实主义风格，以后可以保持这种表达方式，继续深化，将周边的道路、树木及其他环境加进去。

图 4.21

图 4.22

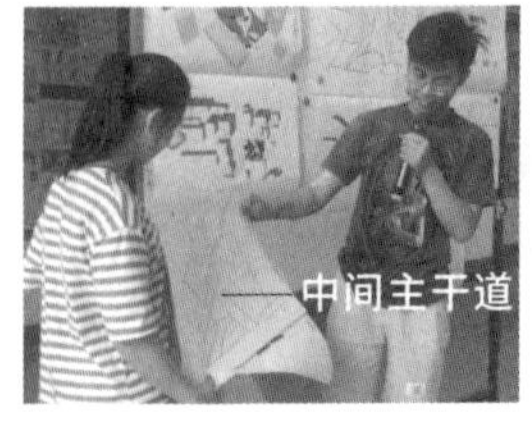

图 4.23~ 图 4.25

黄老师：这个同学的方案还是有前面提到的通病。你刚才提到你的建筑位于各种各样的环境中，但是你的建筑与周边环境都没产生联系。你们现在是一年级，可能还没有这方面的意识，但是随着专业学习的深入要逐渐完善这方面。你的方案还是很有意思的，其中两个方案很相似，我想问一下，你个人比较喜欢哪一个方案？

图 4.26

张树鑫：比较喜欢中间这个方案（图 4.26），因为这是最后一个完成的方案，这个方案跟其他两个都不一样，空间布局、开敞性比其他两个方案感觉都要好。

黄老师：你们虽然是一年级，但是要慢慢建立一种意识，一座建筑里的墙、洞等空间要素都不是随便设计的，墙的高矮、长短、虚实都会对空间造成一定的影响。目前，我从这些方案里面看不出这种设计意识。

王老师：看了以上几位同学的总图，这位同学的总图相对较好，虽然还不够完善，但是他把建筑本体放到环境里了，而其他同学仅在环境里简单地画个轮廓，这是不行的。还有，这位同学用这种轴测总图来表达设计意图，也值得同学们学习。黄老师刚才提到的总图问题，就是说建筑不是往环境里一放就行了，你要让周边道路连通到你的建筑里，如从这栋建筑里斜着伸出了一条路连通到周边道路上（图 4.27）。

田润宜：这个建筑位于济南市的市区，上面一排从左到右依次是建筑区位图、屋顶平面图、建筑功能分区图（图 4.28）。建筑工作室的展区放在建筑下面的开放场地上，人流可以从下往上经过展区进入工作室（图 4.29）。

这是第二个方案。建筑位于济南市大明湖边，建筑的流线形式是由湖水的形态抽象而来的。展区位于建筑右上角，入口在展区的下面，人们进入工作室的时候可以顺便参观展区（图 4.30、图 4.31）。

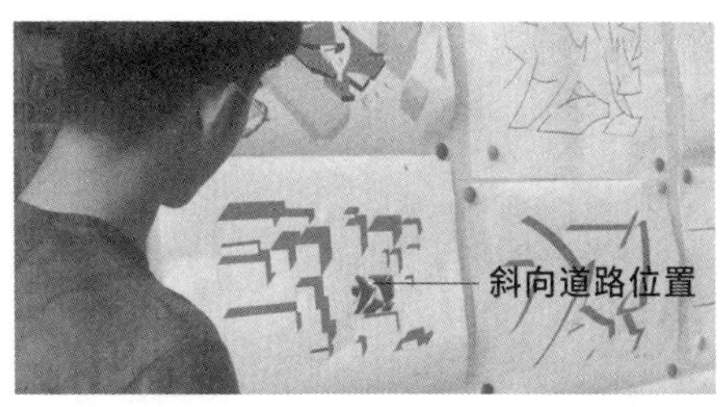

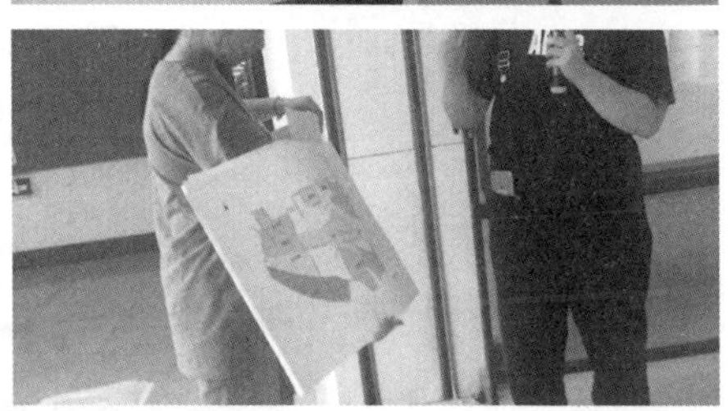

图 4.27 ～图 4.31

这是第三个方案。建筑位于安徽华山山脚下的一个公园旁边。从这张建筑功能分区图上可以看出，建筑主入口位于中上部的位置，建筑中间有一个开敞庭院，其他功能空间围绕庭院分布（图 4.32、图 4.33）。

黄老师：有一个问题是，你在设计这种空间形式的时候是如何考虑的？是先纯粹考虑形式，还是其他因素？我看建筑功能跟空间形式目前没有太大关系。其实这个建筑平面不错（图 4.34），但是由于缺乏严格训练，感觉它是一组琐碎的空间，空间之间缺乏有机联系，所以，以后在画平面图的时候要注意各个空间的连接关系。

王老师：你的这张图是功能分区图，跟建筑平面图不一样。我们的建筑平面图不是功能示意图，要区别开来。还有一个问题是，平面图上都没有门。这些问题需要同学们课下去找相关资料，看一下怎么画建筑方案平面图。还有一种解决方法是把模型做准确，然后把模型的平面图准确地画出来。从这里可以看出，你在画图的时候并没有设想自己进入这座建筑里会发生的行为。

谢安童：这是我的第一个方案（图 4.35~ 图 4.37）。人们通过这座桥进入建筑师工作室。这里是主要的展览区（图 4.38），展览区上面的局部做廊桥，可以丰富展览效果。建筑中间是一条街道（图 4.39），将建筑两边的功能进行了划分。这边主要是员工工作区（图 4.40），这边是员工用餐区（图 4.41），用餐区和工作区围合出一个半开敞的院落。

图 4.32

图 4.33

图 4.34

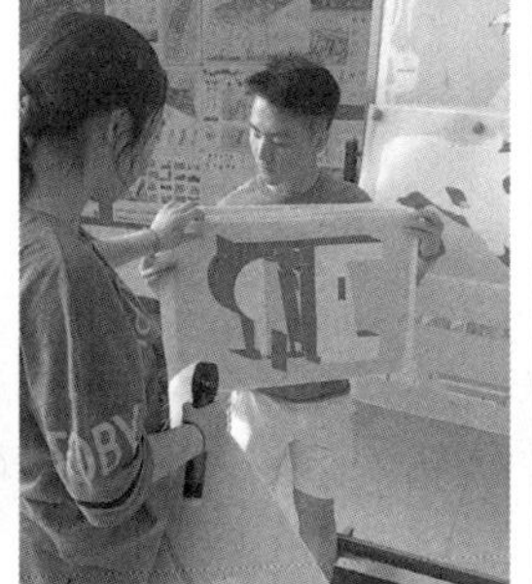

图 4.35~ 图 4.37

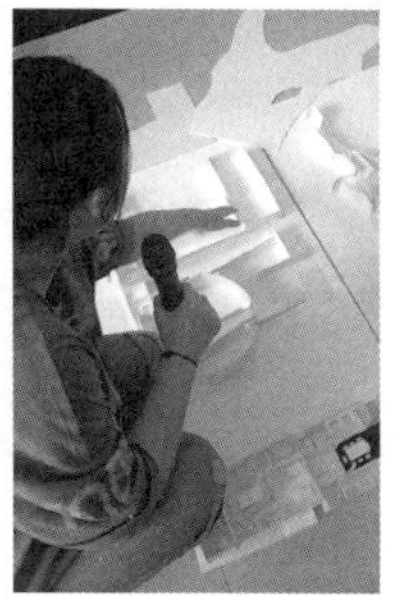

图 4.38~ 图 4.41

这是第二个方案（图 4.42）。我的设想是把它放在园林环境里，如我家旁边公园的小岛上，但目前还没有找到确切的建筑场地。建筑主入口设在下面这个位置，从入口往上经过展览区，展览区右侧是一个小庭院，再往上是员工工作区。

这是第三个方案（图 4.43）。建筑场地位于长江岸边（图 4.44），建筑局部伸入水面。这里是建筑的主入口，从这里进去可以上局部二层，也可以下到水面以下的室内空间。

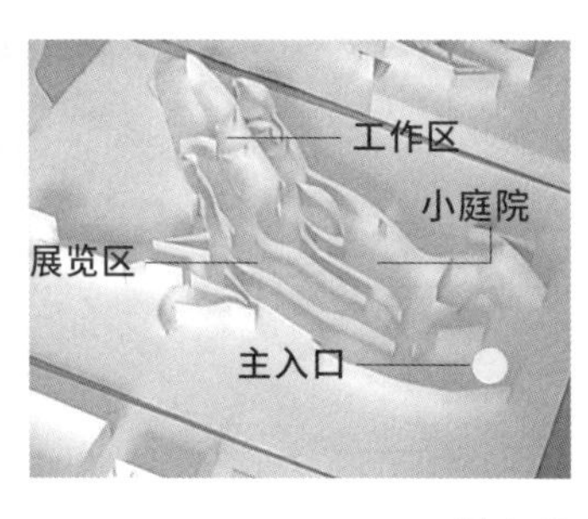

图 4.42

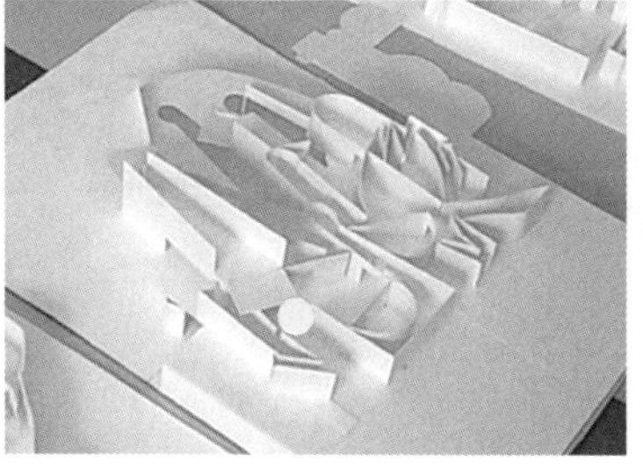

图 4.43

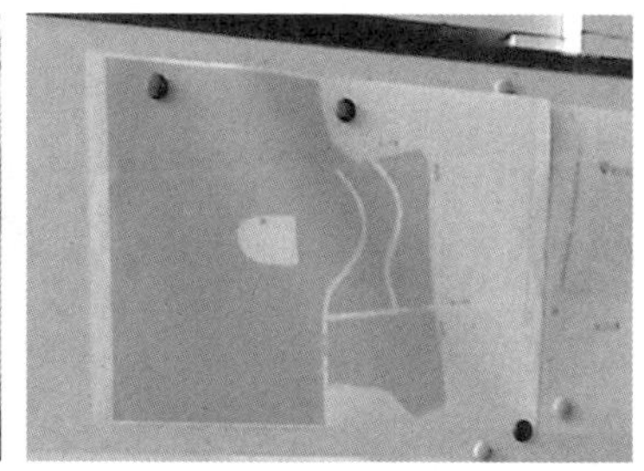

图 4.44

王老师：这是手绘的还是 SketchUp 导出来的（图 4.45）？

谢安童：是导出来的。

王老师：SketchUp 里面有很多好的空间效果可选，但是目前这几个室内空间效果都不好。

黄老师：你在表现空间效果的时候，一定要选择你最得意的空间视角来表现，目前你选的这些都不是具有特点的空间效果。当然，你们是一年级同学，不能要求大家把图画得多好，但是表达一定要准确。如这两张图（图 4.46），建筑空间体量是不一样的，但是你在图纸上的表达是一样的，会给人造成误解。

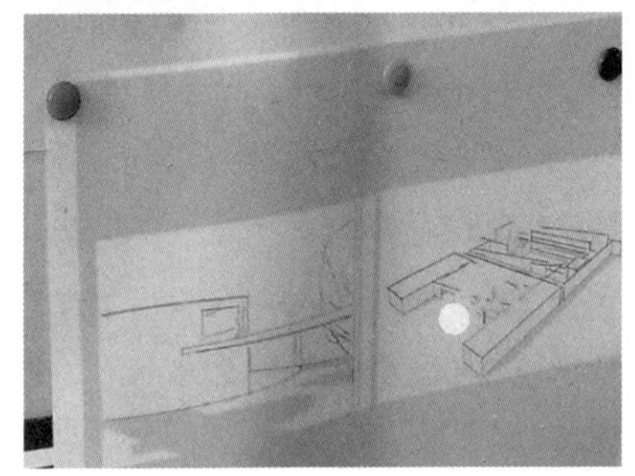

图 4.45、图 4.46

王老师：还有，同学们在选择 SketchUp 导图线型的时候，不要选这种断续的线，一定要选完整准确的线型。

黄老师：你的第二个方案是想体现园林的空间形式，对吧？虽然这种较为自由的空间形态显得比较自然，可是真正的园林不是这种自由形态的（图 4.47）。

谢安童：这三个方案中我最喜欢第一个，因为第一个方案具有几何秩序的空间感，有方形、圆形，对比强烈却又不失秩序性（图 4.48）。这个圆形空间里二层局部的廊桥空间，我觉得很有意思，中间街道划分出不同的功能分区，更加清晰。

图 4.47、图 4.48

黄老师：这个方案往下深化的话还有很多需要考虑的地方，如中间街道将上下两部分区分开来，但是缺少联系，目前是完全隔断的。只有上下两部分形成统一、有机的联系，才能说这是一个完整的建筑。

王老师：比如，你可以在二层设置连廊或者设计一个地下广场将两部分联系起来。

张琦： 我的这个方案位于济南市黄河岸边（图 4.49）。

黄老师： 看到这里，终于感觉这位同学的总平面图上的建筑跟周边环境较为融合，确实是从环境出发去考虑空间形式了。三个方案里你最满意的是哪个？

张琦： 就是这个黄河岸边的建筑师工作室吧。这座建筑里面原先是连续墙体，空间比较狭长，我把这些内部墙体打通，这样，这座建筑里的空间就连续、开敞，具有流动性，感觉跟空间形式匹配了。

赵林清： 这是我的三个方案。第一个方案的选址是济南市中心的商业区；第二个方案位于一座公园当中，绿化比较好；第三个方案，我把它放在了卡塔尔的多哈伊斯兰艺术博物馆的一侧。其实我很喜欢第三个方案的这种匀质空间的感觉（图 4.50），当时我是想让人们进入这座建筑后，可以在里面自由行走，所以我把这些空间分割成一个个小空间，让大家保持独享空间的同时，相互间又可以进行良好的沟通。

黄老师： 这幅图上的错误比较多。

王老师： 目前这张图与建筑模型对不上，表达还是不清楚，如线型问题。但是有一点比较好的地方是门的尺寸比较准确。

黄老师： 说一下这个你最喜欢的建筑平面。还是我之前讲到的，你需要设想自己在这些空间里活动，如走到这里，觉得功能如何以及空间是否舒适。这三个方案里面，第三个确实相对较好，空间比较紧凑一些。

图 4.49

图 4.50

林泽宇：我的这个方案位于济南市南部山区的一块场地中，南面紧邻城市快速主干道。建筑平面图的右上角是员工休息区，左边是主入口、咖啡厅，中间位置布置庭院（图 4.51）。

这是第二个方案，中间是一个三角形庭院，旁边布置咖啡厅、休息区（图 4.52）。

王老师：目前这张会议室内的会议桌尺寸并没有按照任务书里要求的 1200mm × 2400mm 来布置（图 4.53）。

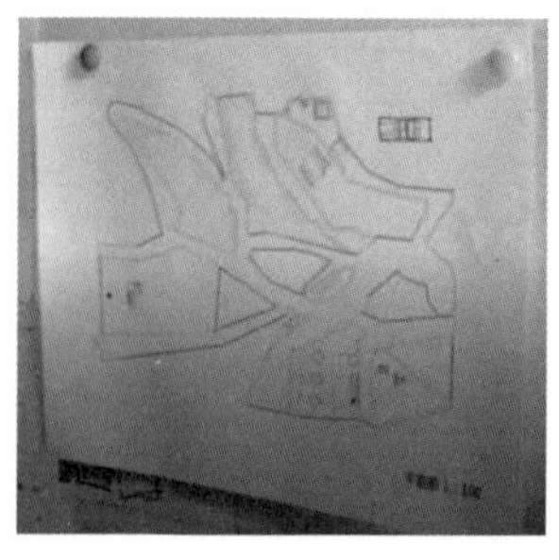

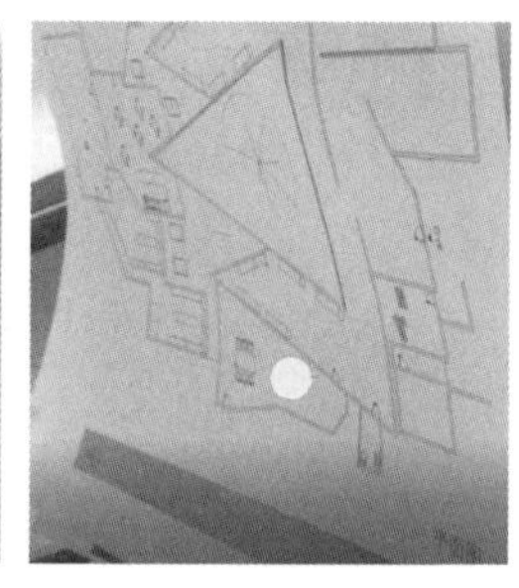

图 4.51 ～图 4.53

林泽宇：这是第三个方案（图 4.54、图 4.55）。建筑入口在图的上端中间的位置，从主入口进来是一个中庭，内部空间分为左右两个部分，左侧部分是展览区，右侧是工作区，再往右是一个庭院，其他功能空间围绕这个庭院布置。平面图右下角是一家咖啡厅。

图 4.54、图 4.55

王老师：这个庭院的边界没有闭合，课后要把它封上。你在平面图里摆放家具的意识值得表扬，但是家具的布置要跟空间的形态匹配起来（图 4.56），家具不一定要贴墙布置。还有，你对建筑室内外空间的解读深度还是不够，哪些地方布置什么样的功能，还不是很合理。

图 4.56

张金鹏：我认为建筑师在工作时需要亲近自然，以此来放松和寻找设计灵感。我的三个方案分别位于济南大明湖、趵突泉、千佛山景区。第一个方案的墙体布置比较复杂，所以我在一些墙体上开洞，使一系列小空间连成大空间（图 4.57）。由于建筑体量比较大，我是通过在建筑平面中间布置多个采光庭院和天窗的方式来使室内空间获得充足采光的（图 4.58）。

黄老师：问题还是图纸表达的准确度不够，制图不够规范（图 4.59）。

图 4.57

图 4.58

图 4.59

张金鹏：这是我的第二个方案（图 4.60）。

王老师：这张平面图虽然画得深度不够，但是基本准确，只是没有标注主入口的位置。

张金鹏：这是我的第三个方案（图 4.61）。我想不仅要把它放在景观比较好的地方，还应该有一定的商业环境。

图 4.60

图 4.61

马司琪：我的三个方案分别位于河、湖、海的邻近位置。这是第一个方案（图 4.62），建筑入口位于平面图左下角的位置，图上绿色的部分是不同的庭院。这是第二个方案（图 4.63），平面图上填充绿色的空间表示院落，用于采光、休息。这是第三个方案（图 4.64），填充绿色的空间部分同样代表庭院空间。

王老师：同学们回去查一下平面图的门窗怎么画，注意功能分析图不能代替建筑平面图。下一步要在平面图里布置家具，目前建筑里的功能太单一了，可以增加如图书室、用餐区、模型室、打印室等功能区，还要注意空间完整性的问题，不能交代不清。

图 4.62

图 4.63

图 4.64

马学苗：我的这个方案位于济南趵突泉景区附近。这个建筑平面的空间形式是受一幅画的启发而设计出来的。我觉得建筑师工作室的展览区很重要，所以我先确定出了它的空间位置。工作区需要其他辅助功能区，如茶水间、休息区、会议室，所以这些都围绕它来布置。从平面图的右下角斜向左上方，有一条贯通的走廊将各个功能区连接起来（图 4.65）。

这是我的第二个方案，位于济南市市政府旁边。这是屋顶平面图和室内透视图（图 4.66）。

图 4.65 ～图 4.66

这是我的第三个方案，位置也在济南市政府附近。我在这个方案中还是想以展览区和工作区为主要功能空间，所以这两个空间的面积最大，位置最突出（图 4.67、图 4.68）。

黄老师：你的第一个方案建筑面积是多少？

马学苗：这座建筑东西长约 140m，南北宽约 70m。

王老师：同学们注意了，这个图不是建筑总平面图，这是位置图。课下同学们再去查资料学习建筑总平面图的画法。

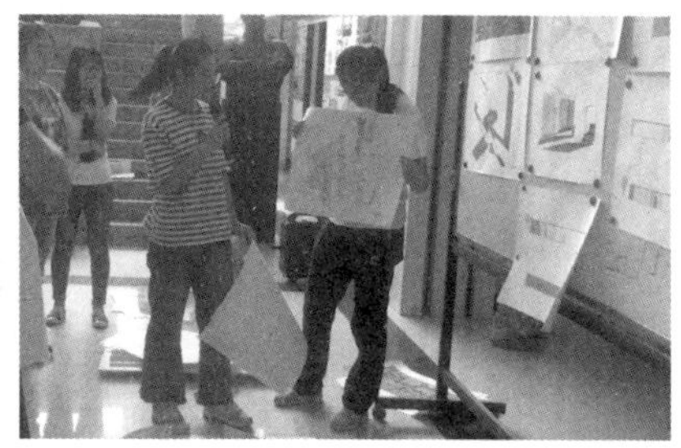

图 4.67、图 4.68

黄老师：你觉得你的这三个方案有什么差异？

马学苗：中间这个方案的空间更加自由，左边这个方案的空间更加规整，我想选两个不同空间的方案做一下比较。最右边这个方案的空间最简单，前面两个做了复杂空间的方案，第三个我想简化一下（图 4.69）。

王老师：同学们在介绍方案的时候不要说做这个方案的过程，而要把空间的功能布置介绍清楚。

图 4.69

图 4.70

石国庆：这是我的第一个方案，位于济南市黄河公园的景区附近（图 4.70）。

王老师：首先还是总平面图的问题。这张图是建筑位置图，不是建筑总平面图，总平面图的范围要更小，建筑周边的环境、道路都需要设计、表达出来。也就是说，位置图范围再缩小一些才是建筑平面图的表达范畴。但是你的建筑平面图中的门、窗的画法基本准确，值得同学们学习。

黄老师：同学们在做方案的时候一定要联想自己平时的生活经验，使用功能一定要合理，设计要与生活经验结合起来。

石国庆：这是我的第二个方案（图 4.71、图 4.72）。平面图左上角是员工工作区，中间是斜向的服务空间，右下角是交通空间和储藏空间（图 4.73）。

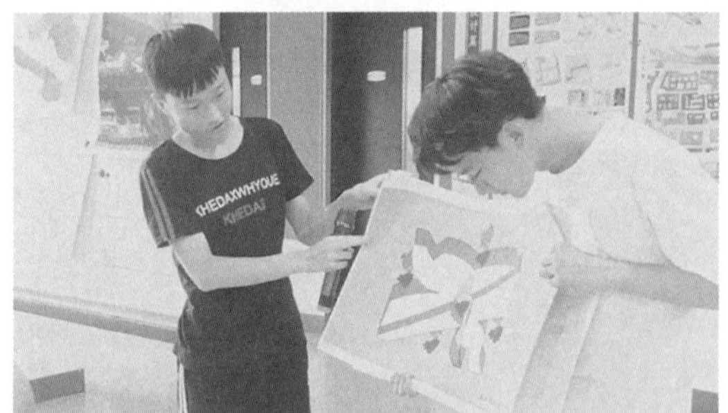

图 4.71～图 4.73

这是我的第三个方案，位于济南南部山区附近（图 4.74）。建筑平面图上面是休息空间，下面是服务空间，中间部分是工作区域（图 4.75 ）。

黄老师：三个方案的建筑空间形式风格较为一致，有没有想过换个其他的空间形式的方案？我感觉你被固有思维限制住了。

王老师：黄老师的意思是说你应该突破一下自己惯性的空间思维，尝试做一个不同形式的方案。还有一个问题，正如黄老师之前所讲，建筑空间内要有流动的气息，你目前的空间都是封死的，气息在里面还没有流动起来。

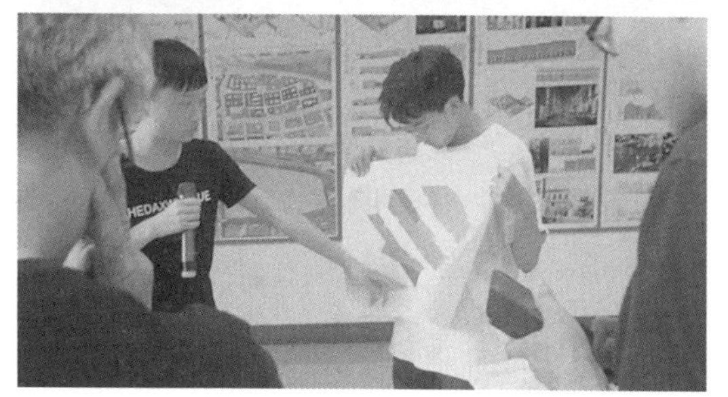

图 4.74、图 4.75

3. 问题的浮现

王老师：同学们出现的这些问题都是基本制图的问题。平面图是在距离地面 1.5m 左右的高度，平行于地面切一个平面后产生的投影图。向下看投影，切到的画实线，没切到的局部投影线画虚线。平面图上不要忘记画剖切符号，一层平面图上要有比例尺、指北针，这些基本表达符号不能少。平面图上一般的室内房间的门宽统一画 1m 就行了，会议室门宽 1.5m。值得表扬的是，这个建筑室内轴测图表达得很好（图 4.76）。

图 4.76

所有同学课下都要画一遍平面图。一画图，所有问题就都暴露出来了。你们课下参照高年级同学的图看一下，学习该怎么画。还有，将这种建筑位置图直接贴到环境图上是不够的（图 4.77）。建筑与周边的道路是怎样连接的？建筑场地里的环境与周边环境是如何协调的？这些都需要你去设计表达。老师课上讲的这些只是要求、方向，具体的标准等细节还需要同学们课下查资料。

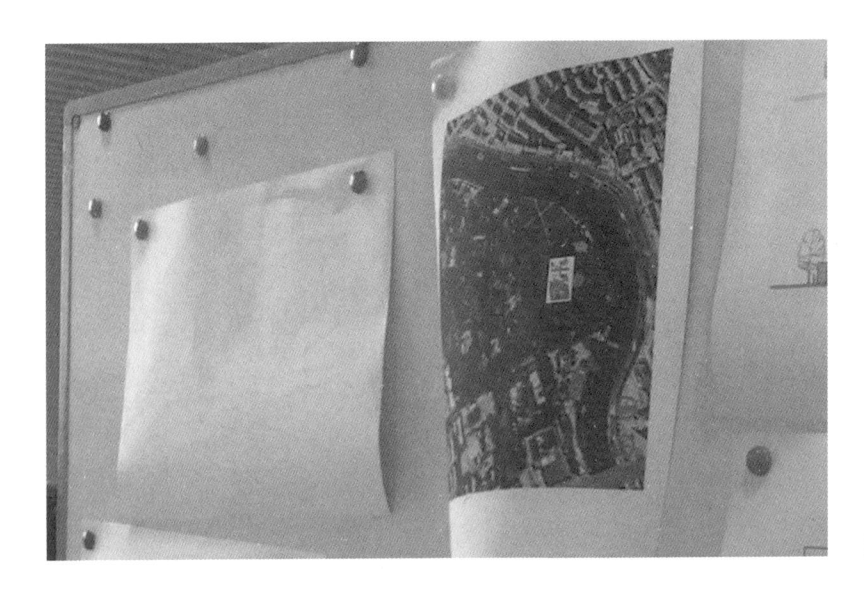

图 4.77

同学们在接下来的训练中，需要把建筑设计成二层。二层建筑中有一些基本要求，我在这里先跟同学们提前介绍一下。一般二层建筑的室内做通高中庭的时候需要设计楼梯，这个楼梯可以在平面图中沿墙布置，可以是直跑楼梯，也可以是弧形楼梯（图 4.78、图 4.79）。在剖面图中要把楼梯的栏杆也画出来。

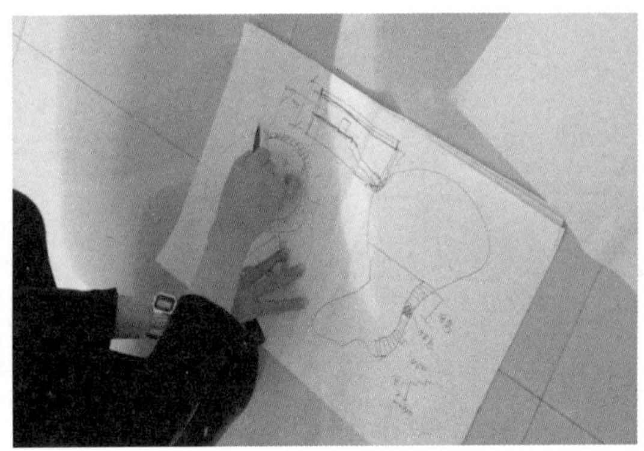

图 4.78、图 4.79

图 4.80 ～图 4.82

在现有一层建筑的基础上，同学们可以用楼梯连接上下层，做二层和地下层（图 4.80）。在做地下层的时候，要注意地下广场的运用，这有利于阳光的引入（图 4.81）。

我建议同学们在做二层建筑的时候，把楼梯作为丰富空间的手段，将各层空间连通起来。但是尽量做直跑或者弧形楼梯，不要做双直跑楼梯，那样的空间效果不好。另外，坡道也是连通上下层空间的重要手段。但无论楼梯还是坡道，都要按照建筑设计规范来做，不能随意做。同学们在观念赋予训练的过程中，要设想自己进入空间当中，可以随手画一下简单的空间情境（图 4.82）。

同学们从自己已经完成的三个方案当中，任选两个进行二层建筑方案的空间训练，注意加地下层，总共要做三层。下次课咱们来讲评同学们做的二层建筑方案，接下来的四天里，同学们不需要画图，只需要做模型训练即可。

第五章

踟蹰

通过上次设计课的中期答辩，同学们在教学训练中暴露出了一些问题。除了图纸的建筑设计表达等表面性、基础性问题之外，同学们也没有实现观念赋予这一环节的训练目标。针对造成这些问题的原因，笔者与王昀老师进行了探讨。王昀老师认为，他的这套教学方法第一次在建筑学一年级进行教学实验，不同于以往在北京大学、清华大学本科高年级（建筑学三年级）和研究生阶段进行的训练。以往参与教学实验的同学都具备了一定的建筑学知识和设计分析能力，但是，这次在山建建筑学一年级进行的教学实验，参与的同学们刚接触建筑学专业不到一年的时间，还不具备较完整的建筑学知识，更谈不上具备设计分析的能力，因此出现这些问题是可以理解的，从整个教学实验的完整过程来讲，目前还处于可控的状态。接下来便是针对中期答辩暴露出来的问题加以调整，并进行有针对性的训练。

本章将从三个方面概括介绍以上问题的解决策略，以抛砖引玉的方式，为设计基础教学的同仁和设计爱好者提供解决问题的思路。笔者将这三方面的解决思路概括为心声、从模型到真实存在和观念强化。

1. 心声

笔者作为王昀老师的助手，在这次设计作业的中期答辩后，第一时间对同学们在教学实验过程中的想法进行了信息采集。每位同学以不记名的方式提交了个人在这一教学实验中的书面感想，反馈实验参与者的心声。同学们反映的问题概括如下。

（1）使用功能的逻辑无法与空间序列相一致。这是同学们反映的最为普遍的问题。在面对已捕获的复杂空间形式时，如何把建筑师工作室的使用功能按照使用逻辑赋予进去，成了同学们感到困惑的难题。一方面是因为同学们对建筑师工作室的使用功能没有完整的认知，另一方面是因为空间形式的复杂性让同学们难以入手。

（2）训练任务量太大。同学们对在中期答辩的前 4 天时间内做 3 个方案，每个方案做一个 A1 纸大小的模型、7 张图纸的任务量表示不解。同学们认为，面对这样高强度的训练，完全没有足够的时间去思考使用功能逻辑与空间序列的匹配问题，仅完成任务量就已吃力不已。

（3）对空间尺度的心理认知不准确。这次教学实验要求同学们的建筑尺度不能太小，要突破室内设计的狭隘范畴，做具体环境下的建筑师工作室设计。但是一年级的同学们对观念赋予下的空间尺度认知仅是数字层面的模糊概念，仍未具备对这种空间尺度的准确的心理认知能力。

2. 从模型到真实存在

针对同学们在中期答辩环节中暴露出来的问题及反馈，这次教学实验的应对策略是让同学们从模型转到现实中来。具体实施措施是，通过对真实的建筑师工作室进行全面、有针对性的调研，建立同学们对使用功能逻辑、空间序列、空间尺度的心理认知模型。

调研方式主要是专业教师现场讲解（由笔者负责）和同学调研。这两种方式并非完全割裂，而是穿插进行。

（1）对使用功能、空间序列的调研，是由专业教师进行现场讲解，让同学们通过感受真实的场景，建立相对完善的心理认知（图 5.1）。

（2）对空间中光的认知，主要是通过工作室现场有光和无光环境的对比，让同学们理解光对于空间塑造及使用功能的重要性（图 5.2、图 5.3）。

图 5.1　图 5.2（工作室展廊照明关闭状态）　图 5.3（工作室展廊照明开启状态）

（3）同学们通过参观和现场测绘，实现对建筑师工作室的使用功能、空间和家具尺度的直观感受及理性认知（图 5.4~ 图 5.11）。

在现场测绘中，同学们主要以手工测量的方法来记录空间尺寸和家具尺寸，最后的测绘结果要体现在图面上，尽可能地通过图面信息表达与现场感知建立客观物理尺度与心理认知尺度的对应关系（图 5.12~ 图 5.16）。

图 5.4 门厅调研

图 5.5 展廊调研

图 5.6 多功能报告厅调研

图 5.7 休息室调研

图 5.8 吧台调研

图 5.9 会议室调研

图 5.10 开放工作区调研

图 5.11 独立办公室调研

图 5.12 空间竖向尺寸测绘

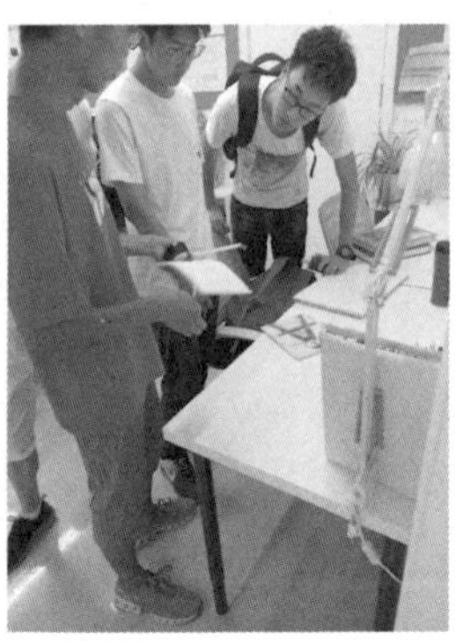

图 5.13 空间平面尺寸测绘

图 5.14 家具测绘

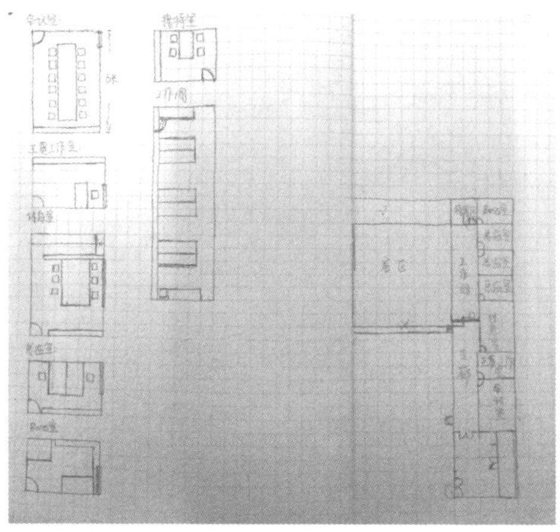

图 5.15 测绘草图（一）

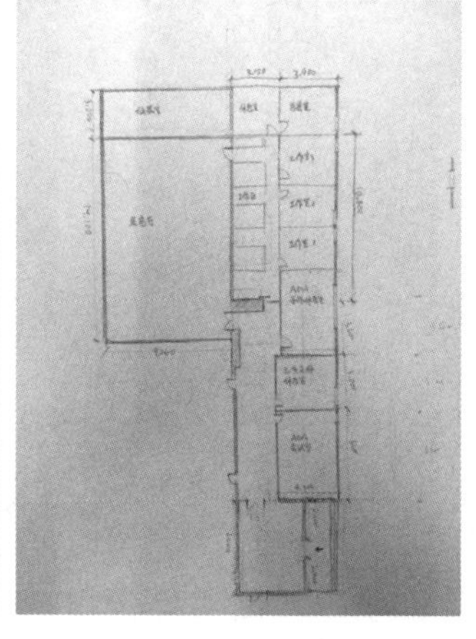

图 5.16 测绘草图（二）

3. 观念强化

观念强化是指同学们通过模型观察、现场体验、草图绘画等形式加强对空间尺度、空间序列、使用功能逻辑的心理认知。这一应对策略需要同学们在制作手工模型和计算机模型时实施，例如，在模型中放置与模型比例一致的人体模型来观察空间，以手绘草图呈现空间使用场景等（图 5.17、图 5.18）。

这一环节仍属于观念赋予的教学实验范畴，之所以进行以上内容的训练，是因为这次参与教学的同学对空间尺度、使用功能、建筑环境的观念尚未完全成熟，其目的是通过现实环境的物理刺激来帮助同学们建立相关心理层面的观念认知。只有这样，同学们才会在接下来的观念赋予的过程中，逐渐形成对观念赋予的内容、方法及空间尺度的准确认知。

图 5.17、图 5.18

第六章

6

空间的生长

之前的空间唤醒训练是在一层空间平面上进行的，接下来的实验是二层空间的唤醒训练，空间从水平方向向竖向维度生长，进而产生更为复杂的空间形式。训练的目的是通过空间的叠加、复合，使同学们对空间丰富性的认知从横向维度向竖向维度发展。需要注意的是，这一环节的训练只涉及空间形式的内容，训练媒介是手工模型，不需要图纸表达。

1. 空间的竖向发展

王老师：在这个方案中，弧形下沉广场的空间效果很棒（图 6.1），但是缺少上下连通的方式，如果给它加个坡道，效果就更好了（图 6.2）。把这个地方切掉，让这条路通过去（图 6.3）。这个地方是室内吗？

田润宜：对。

王老师：室内的话，要给它封上。这个地方可以从室外进入，这样的话就不要用玻璃了(图 6.4)，采用实墙局部开口的方式来连通外部环境和下沉空间(图 6.5）。同学们请注意，不要像田润宜同学这样在这个下沉广场里做架子，建筑一定要靠体块和空间的碰撞产生丰富的空间感受。将这个方案中间的下沉广场里的其他构件都去掉(图 6.6、图 6.7)，这样的话，广场空间就显得纯粹了。因为广场周边的空间形式太丰富了，所以这里的广场空间应该尽量简洁，形成对比效果。

图 6.1、图 6.2

图 6.3

图 6.4

图 6.5

然后，用坡道将一层与负一层的建筑空间联系起来（图 6.8）。在加入坡道的同时，最好在这个角部加上一个旋转楼梯（图 6.9）。中间的下沉广场里，可以做几道起景观雕塑作用的矮墙（图 6.10）。目前这个方案局部二层的位置需要用坡道来连通一层地面（图 6.11）。

图 6.6

图 6.7

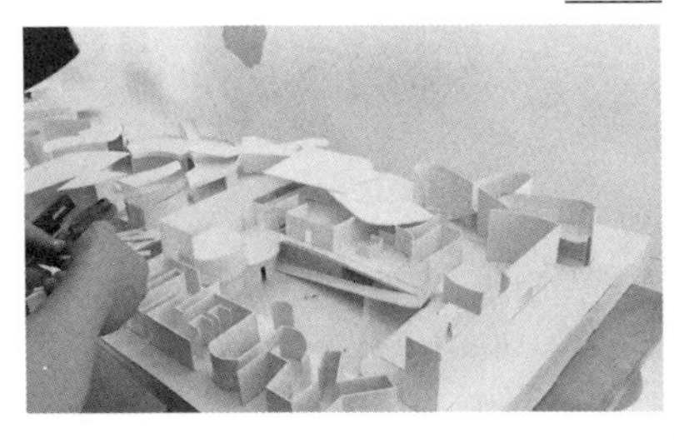

图 6.8

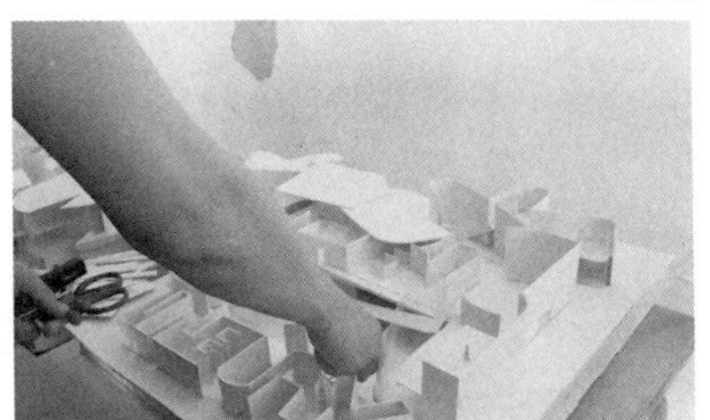

图 6.9

图 6.10

图 6.11

王老师：这个方案的问题在于你把上下层空间颠倒了。你应该把目前较为开敞的二层空间放到一层，把分隔得较为琐碎的一层空间放到二层，这样你在处理一层与地下层的下沉空间以及一、二层之间联系的时候就有余地了（图 6.12）。还有，为了加强二层与地面空间的连续性，可以在边缘的位置加坡道，同时也能丰富建筑形式（图 6.13），还可以在这边加一个联系一、二层的旋转楼梯（图 6.14）。还有问题吗？

张金鹏：还有地下一层的问题。

王老师：目前地下空间做得太保守了，空间效果不够丰富（图 6.15）。可以在一、二层的这个位置对应开洞，这样地下层、一层、二层的空间就贯通起来了，然后在这个上下贯通的空间里加直跑楼梯，人就可以穿行于这三层空间之间了（图 6.16）。这个角部的上下共享空间的处理手法也一样（图 6.17）。

图 6.12

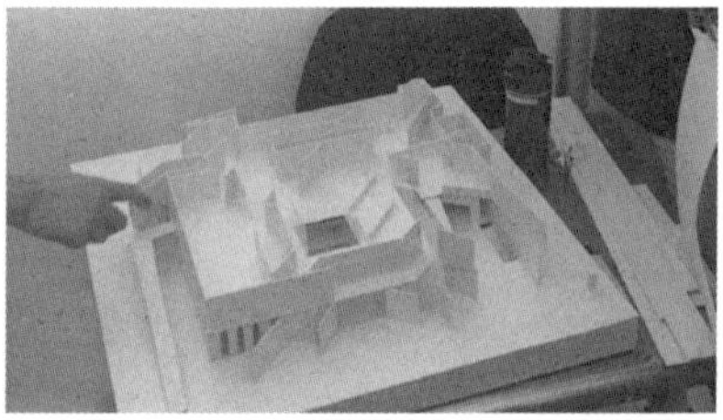

图 6.13

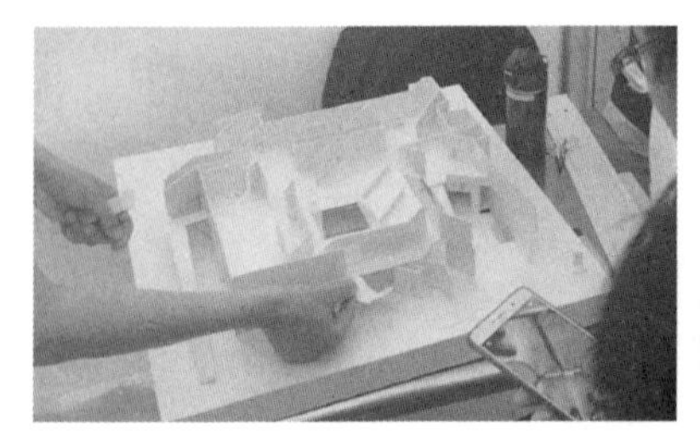

图 6.14

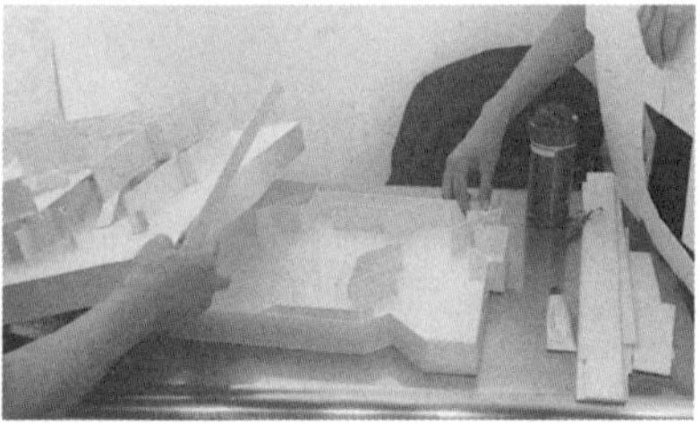

图 6.15

图 6.16

图 6.17

王老师：你的这个方案也有同样的问题，上下层颠倒了，一层应该做开敞空间，二层可以做复杂空间（图 6.18、图 6.19）。

目前，这个方案的空间还是有些封闭，上下层没有联系起来。建筑这一侧的室外空间还可以加一条坡道来连通上下层，这样上下层空间就不那么封闭了（图 6.20），人从地面可以直接上到二层。这个角部的上下层的共享空间里也可以加直跑楼梯，这样的话这个空间就“活泼”了（图 6.21）。

图 6.18

图 6.19

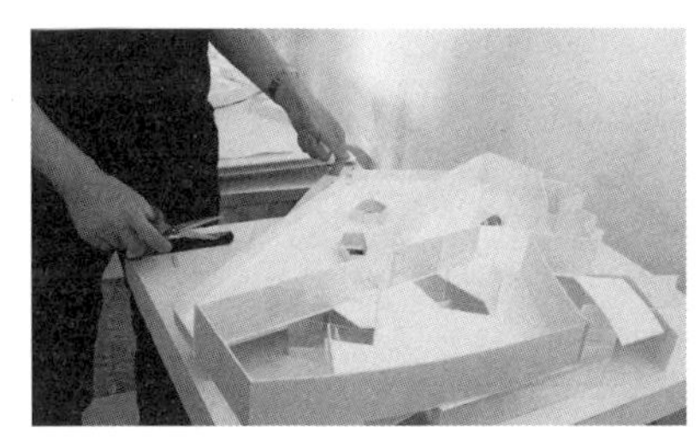

图 6.20

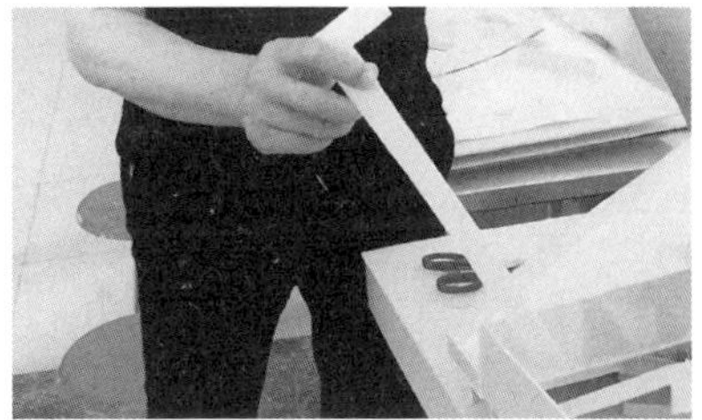

图 6.21

王老师：这个方案，虽然你在紧贴一层墙体的内边缘做了连通一到二层的楼梯，但是上下层的空间感受并没有视觉上的连续性（图 6.22），所以建议在这个楼梯的对应位置做个连通上下层的共享空间（图 6.23），同学们可以看一下，这样改完之后的空间效果就丰富多了（图 6.24）。二层围绕这个空间位置还形成了一圈环廊，人们可以在环廊里行走，顺便把其他空间也联系了起来。

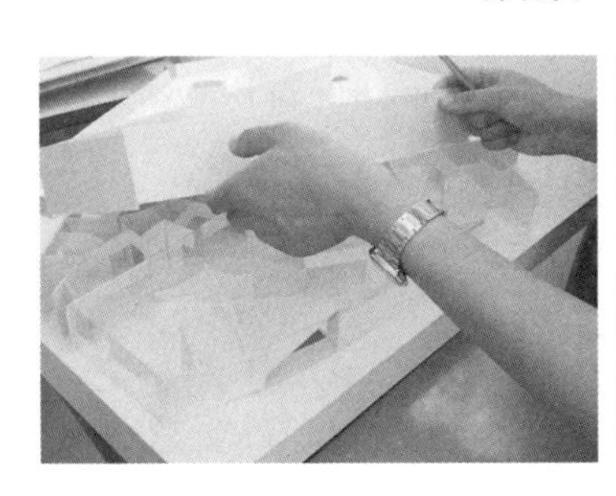

图 6.22

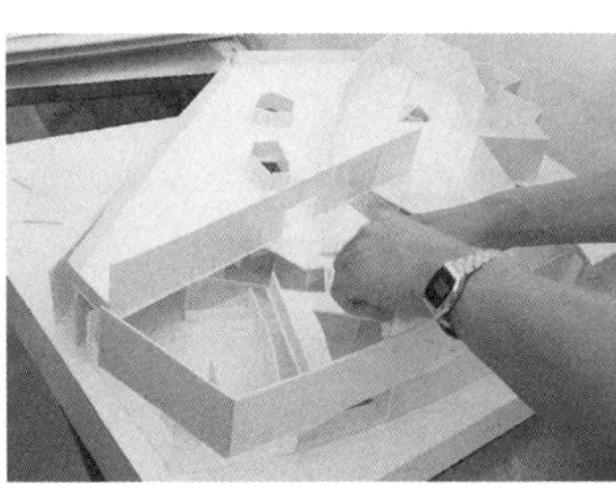

图 6.23

图 6.24

王老师：这个方案的问题是二层与地面缺少连通设施，一层地面的人无法进入二层空间（图 6.25）。虽然你在这个位置放置了楼梯，但是二层楼板的这个开洞太小，人走到这里就碰到头了，因此需要把洞口开大点儿（图 6.26）。

石国庆：明白了。

图 6.25

图 6.26

王老师：这个方案还有一个问题：局部二层空间是个孤立的空间，跟一层空间没有产生联系。

我要是做这个方案的话，会把中间这一条形空间整个做成上下两层空间（图 6.27），然后把二层中间的楼板打断，将一、二层空间打通（图 6.28），这样竖向空间就产生联系，丰富起来了（图 6.29）。在这个共享空间的边缘位置加一个直跑楼梯，人们就能在上下层空间里自由穿行了（图 6.30）。连通一、二层的楼梯还可以这样处理（图 6.31、图 6.32），这种处理方式的好处是不占用共享空间。

图 6.27

图 6.28

图 6.29

图 6.30

图 6.31

图 6.32

石国庆：老师，这个地方可以封起来，只做局部二层吗（图 6.33）？

王老师：如果这样做的话，视觉上感觉不到上下空间的连通，二层空间还是处于封闭状态，因此不建议你这么处理，还是将整个中间部分做成二层空间，然后将局部上下打通比较好（图 6.34）。

图 6.33、图 6.34

这三组独立的体块可以在二层通过连廊连接（图 6.35）。边上这个二层空间的处理也有问题（图 6.36），你要顺着已有的整体空间形式的肌理来做，可以把二层打开，这样空间就理顺了。

图 6.35、图 6.36

你的这个方案也没有顺应整体的空间肌理，二层空间被拦腰截断了（图 6.37）。如果把二层的这个墙体打开，边缘墙体再顺着形体延展出来，空间效果就好多了（图 6.38）。

图 6.37、图 6.38

王老师：同学们刚才看到了，在处理空间模型的时候，需要不同的尝试，可变空间的可能性要经常动手去操作才能发现。这个位置是怎么考虑的（图 6.39）？

马司琪：这里是一层与二层的共享空间。

王老师：这个空间处理得不好，太局促了。你在这个位置做个连通一、二层的共享空间会更好（图 6.40），然后在这里面加个弧形楼梯，让人可以上下穿行（图 6.41），这样空间趣味感就出来了。一、二层开敞空间的位置也可以做个上下贯通的共享空间，同时做个直跑楼梯连通上下层空间。你应该对上下空间的连通处理得再大胆一些，这样竖向空间就有意思了。

图 6.39 ～图 6.41

王老师：我觉得这个方案还蛮有意思的（图 6.42），但是你这里的共享空间缺少上下连通的交通设施，可以加个坡道（图 6.43）。二层模型这里多余的板片应该裁掉，否则会影响空间效果（图 6.44），板片裁掉之后才能露出空间来（图 6.45）。还有上下层的连通问题，目前这个位置的上下层是不连通的（图 6.46），所以这个位置也应该做共享空间，利用楼梯将上下层连通起来。

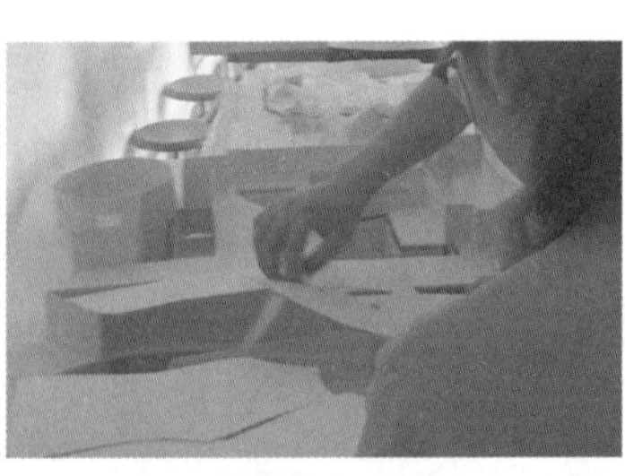
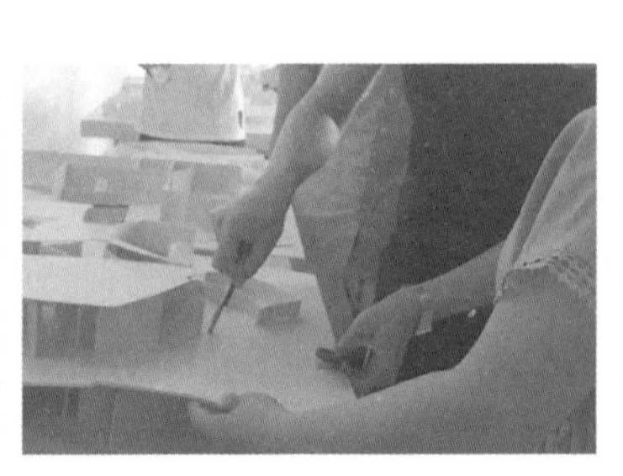

图 6.42 ～图 6.46

王老师：你这个二层空间的端头位置可以做上下层的共享空间，可以把这一块裁掉（图 6.47），露出一层空间来，然后用楼梯将上下层连通起来（图 6.48、图 6.49），注意楼梯的方向应该顺着空间的走向布置。还可以在端头与中间位置做上下贯通的共享空间（图 6.50），这种空间效果也是很不错的。总之，上下层要有共享空间，否则各层空间缺乏视觉和行为联系，会显得单调。

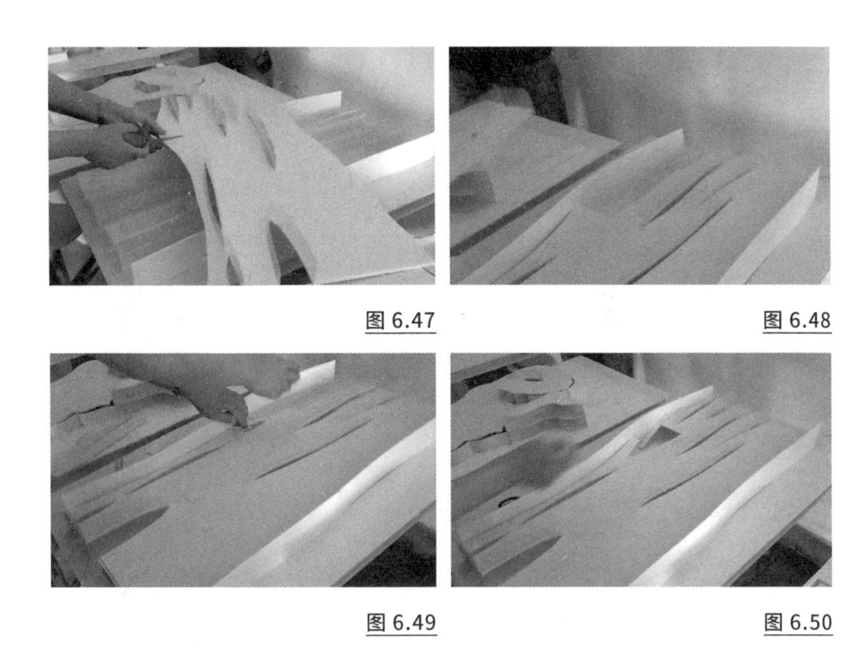

图 6.47　图 6.48

图 6.49　图 6.50

王老师：目前这个方案的二层屋顶平台的空间太单一了，就是一个开敞平台，跟下面一层空间没有连通起来（图 6.51）。

一方面你可以在这些对应位置开设上下贯通的共享空间和庭院空间，另一方面可以在屋顶平台开天窗，解决室内采光问题，这样一来，你这个方案就有趣起来了（图 6.52）。

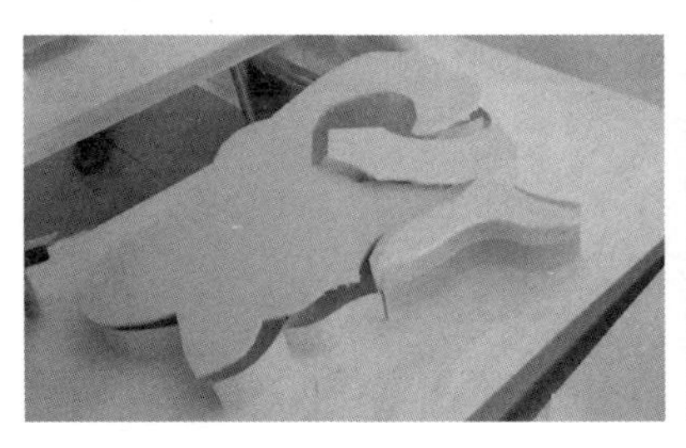

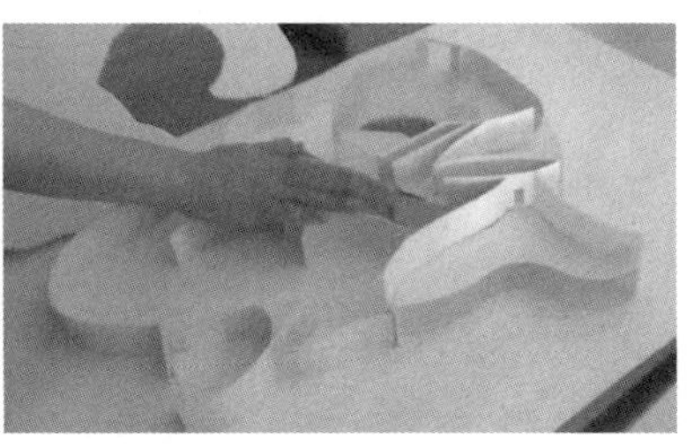

图 6.51、图 6.52

王老师： 这是谁的方案（图 6.53）？

林泽宇： 我的。

王老师： 你这个方案目前来看空间比较明了，建议你在中间院落的角部位置加个旋转楼梯（图 6.54）。

一层走廊的位置可以做个楼梯通向二层屋顶平台（图 6.55）。这边的室外地面可以加个坡道直通二层平台（图 6.56）。

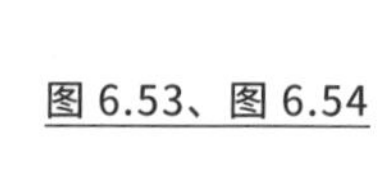

图 6.53、图 6.54

图 6.55、图 6.56

王老师： 我感觉这个方案还可以（图 6.57），但是这个空间不完整，还没做完，上下层空间也存在没有连通的问题，各层都是独立的。在这个室外地面可以沿着建筑边缘加个坡道通向二层，这样空间会联系得更紧密一些（图 6.58、图 6.59）。

图 6.57

图 6.58

图 6.59

王老师： 这个方案中的这个位置的空间处理得还是蛮有趣的，使上下层空间有了联系。但是二层的廊道没连到一层当中，建议在这个位置加个直跑楼梯(图 6.60）。

这个位置的上下层共享空间也应该沿弧形墙体布置楼梯，将上下层连通起来（图 6.61）。这个弧形空间的外侧是上下层贯通的共享空间，但是这里的弧形墙体被封死了，这个空间与外侧的共享空间就没有联系了，建议在这片弧形墙体上开连续洞口（图 6.62），使这个空间跟共享空间产生联系。

图 6.60

图 6.61

图 6.62

谢安童： 我之前一直在考虑门是加在这个边界位置好（图 6.63），还是加在里面这个位置更好（图 6.64）。

王老师： 我建议加在这个位置（图 6.65），这样左边这个空间就围合成了半室外庭院了（图 6.66）。另外，出于安全考虑，庭院沿墙位置与地下一层的共享空间边缘应该做护栏。

图 6.63、图 6.64

图 6.65、图 6.66

王老师： 这个方案其实也蛮好的。在这个广场边缘内加上连通上下层的坡道，上下层的空间就能流动起来了（图 6.67）。再把二层 U 形屋顶的右上角切开，二层对应的位置就形成了一个庭院空间（图 6.68）。

图 6.67、图 6.68

这个庭院空间上边的中间条形空间可以做成公共走廊，连通方案中的上下两大部分空间（图 6.69）。

这个方案还可以做个曲尺形的连续坡道，将上下两部分空间联系起来，人们可以穿行其中，空间会变得更生动（图 6.70）。上面这一部分的左上角室外空间的边界位置，可以加一道矮墙，形成一个尺度适宜的封闭院落（图 6.71）。

这个圆形空间目前处理得不错。前面做的这个曲尺形坡道可以继续往前延伸，连接到对面二层空间的位置（图 6.72）。

图 6.69、图 6.70

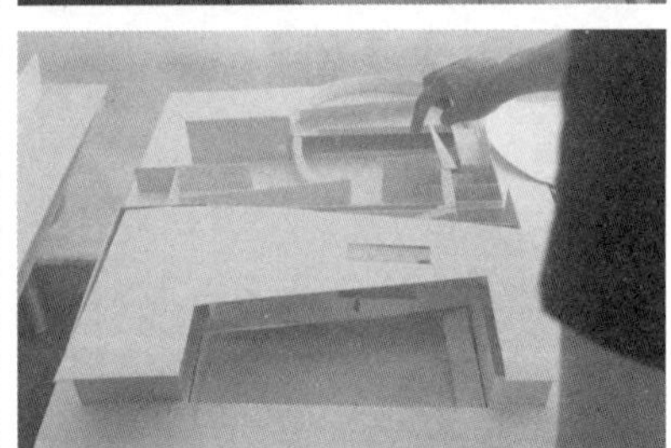

图 6.71、图 6.72

王老师： 这个方案中，二层平面的改动破坏了原来的空间形态，尤其是这边，改得有些过了（图 6.73）。

这个方案的问题还是空间不够连续，封闭感太强了。这个位置可以从地面加个室外坡道，让人可以上到二层去，这就有点趣味性了（图 6.74）。然后从这边的室外地面再加个直跑楼梯连接到二层，这边的空间就激活了（图 6.75）。

这里连通地下一层跟一层的共享空间做的是对的（图 6.76），还做了连通的楼梯，值得肯定。但是模型制作得有些粗糙，需要精致一些。

图 6.73、图 6.74

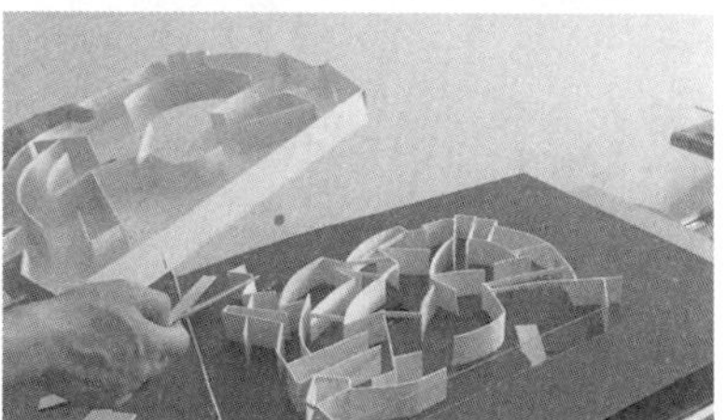

图 6.75、图 6.76

王老师： 这个空间不能这样处理，加个透明顶棚就把这个上下层的共享空间给封上了，这里需要做个开敞的下沉广场（图 6.77）。

沿着下沉广场侧边缘的位置做个通往广场的大台阶（图 6.78），这里就成了连通城市与建筑的公共场所了。

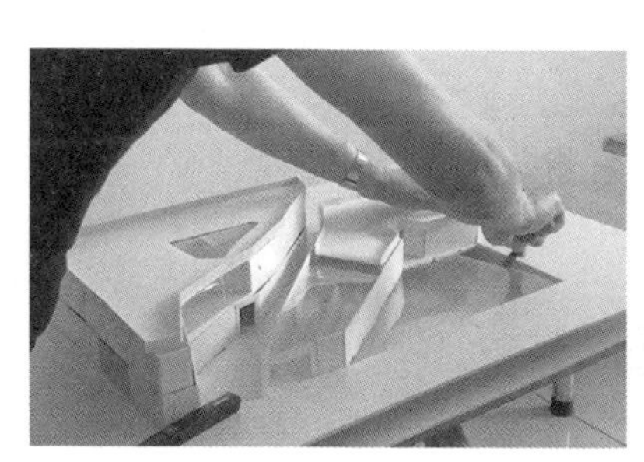
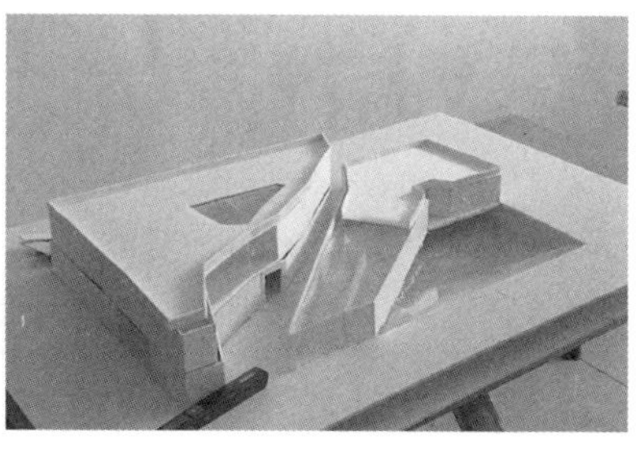

图 6.77、图 6.78

这个台阶还可以沿广场的短边布置，空间效果也不错（图 6.79）。除了布置台阶外，还可以利用坡道来连通上下层空间。也可以利用旋转楼梯和坡道结合的方式连通下沉广场和地面空间，这样人流可以从不同位置上下（图 6.80）。虽然这个角部位置做了共享空间，但是缺少连通设施（图 6.81）。

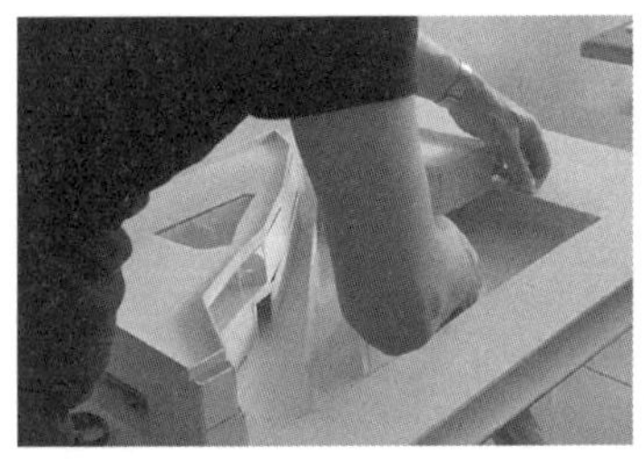

图 6.79

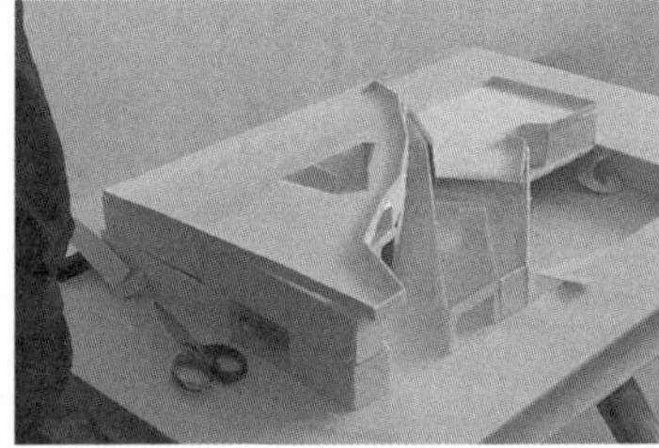

图 6.80

图 6.81

王老师： 这个方案的问题是虽然上下层连通的共享空间有了，但同样缺少供人上下的建筑设施，可以在这个中庭位置加一条坡道来解决上下空间的连通问题（图 6.82）。

这个位置的门建议不要，打通后，中庭空间跟这个内部共享空间的连续性会更好（图 6.83、图 6.84）。

图 6.82

图 6.83

图 6.84

王老师：这个方案的二层空间是铺满的吗（图 6.85）？

崔传稳：不是全部铺满的。

王老师：目前来看这处空间被处理得有些琐碎（图 6.86）。

崔传稳：我是想把这里做成一个内部小花园。

王老师：但是这个空间感不强，导致它的造型意图太明显，不是太巧妙。目前来看一层空间处理得还不错（图 6.87），但是加上二层后就处理得不太好。

图 6.85

图 6.86

图 6.87

王老师：这个方案中，下面这些小空间处理起来难度比较大，因为这些空间太琐碎了（图 6.88），可以在这个位置加个连通地面到二层的直跑楼梯（图 6.89）。

这个方案中部上下层的共享空间要好处理一些，可以加条连通上下的坡道（图 6.90），或者沿着建筑外墙加一条坡道。

图 6.88

图 6.89

图 6.90

王老师：这个位置的二层可以用连廊连接起来，这样人们就可以在前后两部分的空间中自由穿行了（图 6.91、图 6.92），而且这两部分空间形成了整体。

上半部分的二层广场地面还可以再打开一些，形成连通一层跟二层的共享空间（图 6.93、图 6.94），人们可以沿着一个大台阶走到地下空间，这样的话，这里的上下层空间就通透了。

图 6.91、图 6.92

图 6.93、图 6.94

王老师：这个方案的问题在于上下层空间缺少联系。二层模型中多余的板材要裁掉，否则上下层空间的关系就不清楚了（图 6.95、图 6.96）。

图 6.95、图 6.96

王老师：二层不必要的空间也都去掉，要学会观察哪部分空间是精彩的，哪部分是多余的（图 6.97、图 6.98）。去掉之后，剩下的精彩的空间就显露出来了（图 6.99）。

图 6.97

图 6.98

图 6.99

模型左下角的二层露天位置还可做个连通上下层的三角形通高空间（图 6.100、图 6.101），然后在里面布置楼梯，让人可以上下穿行。大家可以看一下，经过这几下改动，这个方案里的空间就“活泼”起来了。

图 6.100、图 6.101

图 6.102~ 图 6.104

王老师：你的这个方案，我只能说目前还没有被赋予建筑空间的观念（图 6.102），它还是个“盒子”空间。

这三个高出来的圆筒形空间应该去掉，目前显得有些累赘（图 6.103）。为了加强上下层空间的联系，还可以在室外地面分别加上通往二层空间和二层屋顶露台的直跑楼梯（图 6.104）。

王老师：这个方案中，哪部分是地下一层？

赵林清：这里是地下一层（图 6.105）。

王老师：那你的模型没做地面部分，需要做出来。这个地方将来可以做个下沉广场，用一个直跑楼梯将上下层空间联系起来（图 6.106、图 6.107）。

下沉广场的这个位置可以用坡道来连通上下层（图 6.108）。这个角部可以用旋转楼梯联系上下层空间，增加空间的趣味性（图 6.109）。还有一个问题是，你的方案中，上下层空间没有联系，各层都是独立的（图 6.110）。

图 6.105

图 6.106、图 6.107

图 6.108~ 图 6.110

王老师：这个方案是谁的？

赵林清：也是我的。

王老师：这个空间里的这些装饰没必要，因为做多了的话，空间就显得累赘了（图 6.111），所以要把这些透明板去掉。这个方案中，上下层空间也缺少联系，比如，这个地方可以加条坡道，连通室外地面和二层平台（图 6.112）。这个上下层共享空间里还可以加个旋转楼梯，这样这个方体空间就“活泼”起来了（图 6.113），或者在角部的这个圆形空间里加旋转楼梯也可以。

课后你需要把这个方案的空间继续解读和修改，结合我刚才讲的，再仔细想想空间的上下关系。将中间突出的这片弧墙削成和其他墙一样高，否则太突兀了（图 6.114）。

图 6.111

图 6.112

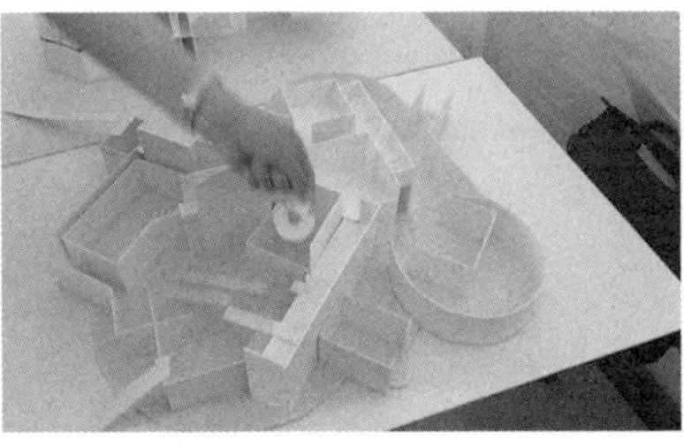

图 6.113

图 6.114

王老师：这个方案的空间本身很有意思，但是在空间的细节处理上，你思考得不够深入。比如，这个二层过街桥的位置（图 6.115），通过过街桥来到这个平台之后的空间目前是被封死的，应该把这里打开，做个一层和二层通高的共享空间（图 6.116、图 6.117），然后在里面加楼梯进行连通，这样一个完整的局部空间序列就完成了。从开始到小的高潮部分，空间的对比、收合就精彩了（图 6.118）。

图 6.115

图 6.116

图 6.117

图 6.118

人们还可以从这个共享空间里走到中间的大中庭，这样空间就流畅起来了（图 6.119）。

图 6.119

同学们在处理空间的关系时，可以大胆地去尝试。这个二层位置也可以做个连通一层的共享空间（图6.120、图6.121）。同学们可以看一下改完之后的空间效果（图6.122）。

这个共享空间还可以加一个连通上下层空间的楼梯，让人从二层下去，再加上一层侧边通往地下一层的楼梯，这个空间就丰富起来了（图6.123）。

还可以根据这个位置的一层空间的形式，在对应的二层平台上切开，做连通上下层的共享空间（图6.124）。

这个共享空间里可以不设楼梯，因为一层的这个位置是条狭窄的走廊，共享空间可以起到连通空间的视觉效果（图6.125）。

当然，如果从整个一、二层空间的连续性来考虑的话，也可以加楼梯，比如，加在这个位置（图6.126）。

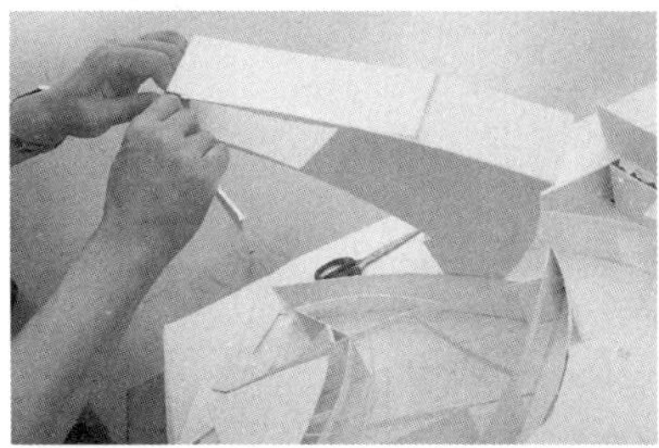

6.120~6.122

图 6.123

图 6.124

图 6.125

图 6.126

王老师：这个方案中，二层空间缺少和地面的联系，可以在建筑周围合适的位置加坡道、楼梯（图6.127），这样建筑就与周边环境产生互动关系了。

图 6.127

这个二层位置的连桥与整个空间肌理不协调，建议将连桥的方向换个角度，这样修改后，整个空间效果就顺畅了（图 6.128、图 6.129）。

图 6.128、图 6.129

在这个方案里，圆形共享空间做得不错，但是缺少上下连通的楼梯，因此我建议在里面沿着墙面加一段弧形楼梯，人可以沿着楼梯上下穿行，这样空间会更有趣（图 6.130、图 6.131）。

图 6.130、图 6.131

当然，这个弧形楼梯也可以做成坡道。总之，我们做设计的时候就是要把人引到想要到达的空间中去。还有，现在这个圆形共享空间的外墙围合得太封闭了，人们从外面看不到里面，可以在外墙上开洞，让人的视线贯通内外（图 6.132、图 6.133）。

这些空间处理的手法需要同学们以后不断地去体会，慢慢总结。二层空间的问题是空间序列缺少逻辑性，空间缺少主次关系（图 6.134）。但是从整体来看，你做的这个方案还是不错的，有中心空间和次要空间的关系在里面，也具有一定的空间趣味性。

图 6.132~ 图 6.134

王老师：目前这个方案的问题在于空间普遍琐碎。建议在左边这个长条形空间做二层通高空间，从而跟右边的小空间形成一定的大小空间的变化（图 6.135）。

图 6.135

王老师：二层空间的问题是不仅琐碎，而且与一层空间没有联系。建议在二层的这个位置做联系上下层的共享空间，当然，同样需要加入供人上下的楼梯，这样上下层的空间就能够变得连续，趣味性也自然而然地产生了（图 6.136、图 6.137）。

为了在二层形成连续的空间序列，还可以在二层的端头位置再做一个连通上下层的共享空间，这样整个一、二层空间就畅通了（图 6.138、图 6.139）。

图 6.136、图 6.137

图 6.138、图 6.139

王老师：这个方案的问题和前面同学的问题差不多，上下层空间没有连通起来（图 6.140）。

建议在这个二层大空间的位置开一个连通上下层的共享空间（图 6.141）。建筑的左边角部还可以加个连通地面和二层的露天旋转楼梯（图 6.142），这样整体空间就变得丰富了。为了加强建筑与场地的联系，可以在建筑的这个角部加一条通往二层的坡道（图 6.143）。

图 6.140

图 6.141

图 6.142

图 6.143

王老师：这个二层露台的景观墙做得有点多了，建议将左边这段墙去掉一部分，这样景观墙的雕塑感会更强（图 6.144）。

图 6.144

王老师：这个方案的空间还是不错的（图 6.145）。

但是为了加强建筑与周边环境的联系，建筑的这个边缘位置可以加一条坡道，这样地面的人可以上到二层大露台，空间会更加生动（图 6.146）。但是这个二层楼梯目前太空旷了，缺乏趣味性（图 6.147），可以让其与一层空间产生一定的联系，打破这种单调感。

这个方案有一个明显的问题是室内外空间划分得不明确，这可能是由于你还没对这个方案里的空间完全解读清楚，接下来你还需要继续改进这个方案。

图 6.145~ 图 6.147

2. 问题的浮现

通过这次空间生长的模型训练，对同学们暴露出来的主要问题概括如下。

（1）对空间的解读不完整。同学们的模型仍然暴露出很多问题，如室内外空间边界不清晰、空间序列的逻辑关系混乱等。

（2）建筑与周边环境的关联度不够。同学们在模型操作的过程中，仅围绕建筑本体的空间去努力，但是建筑与周边环境缺少互动性，这样就造成了建筑独立于环境之外的弊病。

（3）竖向空间缺乏联系。虽然同学们按照训练要求将单层空间向上叠加了二层空间，向下叠加了地下层空间，但是各层空间缺少必要的联系，包括人的视觉、心理和行为层面的空间连续性，各层空间依然保持独立和封闭。

（4）对连续空间的认知存在误解。在大多数方案中，即便有联系上下层空间的楼梯、坡道，同学们也仅把这种交通设施产生的上下行为方式视作空间的联系方式，而对空间在视觉、心理层面的连续性认知存在较严重的缺失。

3. 解决问题的“钥匙”

针对同学们在模型训练中出现的这些问题，笔者根据王昀老师的课上点评和现场修改模型的过程，将解决问题的“钥匙”总结如下。

（1）空间的解读。在模型操作的过程中，操作者只有设想自己置身于模型空间当中，在其中进行多次理解、操作、修改等，对空间的解读才会趋于完整和清晰。

（2）建筑与周边环境的互动。通过在建筑的室外地面增加通往二层的坡道和楼梯，以及在通往室外地下一层的广场设置台阶（或坡道）的方式增加建筑与周边环境的连续性，打破建筑的封闭、单一感。

（3）三件“法宝”。坡道、直跑楼梯、旋转楼梯——这三件联系上下层空间的“法宝”适用于建筑室内外空间的竖向连通。

（4）共享空间的应用。在加强上下层空间在视觉、心理层面的连续性认知方面，王昀老师在修改同学们的模型过程中普遍采用共享空间这一处理手法。上下层的共享空间与三件“法宝”的综合运用不仅可以使空间在视觉上产生连续和丰富的效果，而且还方便人们在物理空间中上下穿行，大大增加了空间的趣味性。

第七章

7

二次质变

在上一环节空间的生长训练结束后，该教学实验进入空间的二次质变环节。本章将为读者呈现这一环节的训练范畴、训练过程及训练中浮现出的问题。

1. 质变范畴

这一教学环节以空间的二次质变为训练核心，是在上一训练环节的基础上再一次进行观念赋予。本次训练要求同学们从之前的两个空间模型中选出其中空间较为丰富的一个作为质变对象，并从两方面进行具体操作，即模型制作和图纸表达。模型制作的重点不再是模型制作的精细度，而是要求同学们以表现模型的标准来制作空间模型，此外还需要制作带有环境规划的总平面模型。图纸表达要求同学们按照方案图的制图标准绘制平、立、剖、轴测、透视、屋顶平面等图纸。

2. 图上的对话

王老师：今天我大概看了一下同学们这次的成果，感觉还不错，但问题还是有的。先说一下这个方案的平面图的问题。第一个问题是线型区分不明显，如果你 CAD 用得不熟练，线型区分不好的话，可以采用细线，然后打印出来，用手描的方法来区分线型。第二个问题是这个位置的直跑楼梯的休息平台进深不够，进深至少要等于楼梯宽度（图 7.1）。第三个问题是平面图里的家具都太具象了，你可能是把 CAD 软件里的家具插件直接放进来用了，但是它们与这个平面图的抽象程度不统一，建议你在布置家具的时候根据方案中的空间形式自己设计（图 7.2）。第四个问题是屋顶平面图上的女儿墙没有表达出来，应该用双线表示。

图 7.1、图 7.2

这个剖面图的问题比较明显。首先，地下一层空间的底板被剖到的位置应该用粗实线表示，但是你用的是看线（图 7.3、图 7.4）。

图 7.3、图 7.4

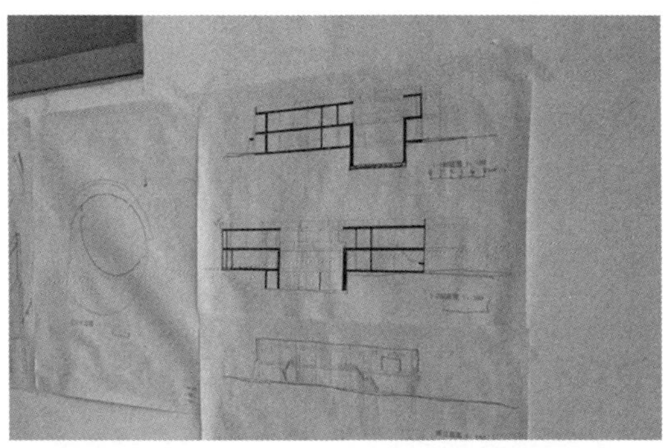

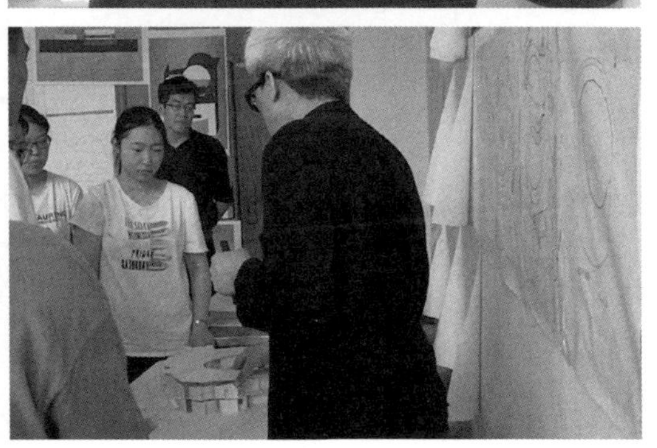

还有，同学们在所有的图中不但要标注图纸比例，还要把比例尺画出来，这样便于我们读图的时候理解空间尺度（图 7.5）。

所有同学还需要注意，平面图中的楼梯除了要画得准确之外，楼梯的上下箭头也要标清楚，方便别人来解读你的空间。标注的时候，可以假设人在楼层的某个位置看楼梯的上下通道，这样楼梯箭头的标注就容易理解了（图 7.6）。同理，坡道上下关系的标注方法也是一样的。

目前同学们对平面图和剖面图中被剖到的墙线的表达方式不够统一。咱们在这里统一一下，被剖到的墙线部分统一用双实线表示。同学们的模型存在的普遍问题是都没做女儿墙（图 7.7），咱们上节课说过，从这节课开始进入表现模型阶段，所以模型要表现完整。

图 7.5～图 7.7

王老师：你的这个空间的功能是什么?

张树鑫：是个健身房。

王老师：这个功能考虑得很周到，建筑师脑力劳动过度的时候可以去健身房释放一下压力。但是，目前这个大空间的问题是有些空，建议你再布置一下（图7.8、图7.9）。

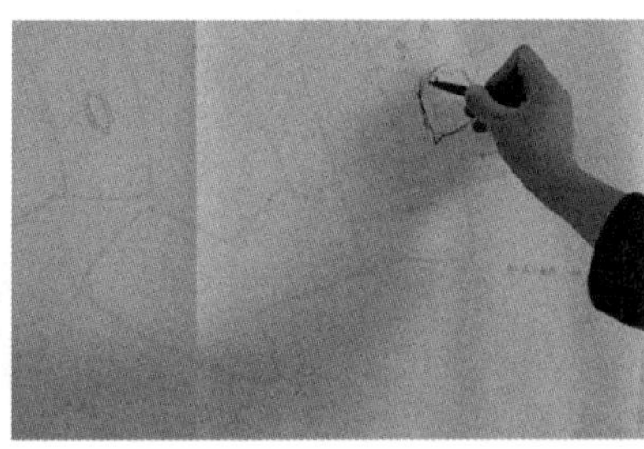

图 7.8、图 7.9

这个平面图里的坡道太宽了，不美观，建议减小到常用宽度。坡道是有一定的导向性的，一旦它的宽度过大，其导向性就会减弱，所以一定不能设计得太宽（图 7.10）。同样，在模型中坡道宽度也不能太大（图 7.11）。

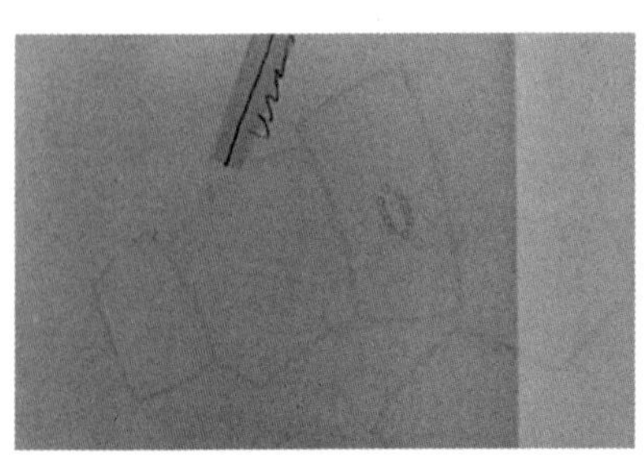

图 7.10、图 7.11

在平面图中进行空间的功能赋予的时候，家具的布置与空间尺度一定要相适应。比如，这个大空间的会议室，里面的会议桌完全可以设置成长条形，桌子四周布置座椅，会议室短边墙面可以布置成投影墙，这样这个空间的功能就生动了（图7.12）。

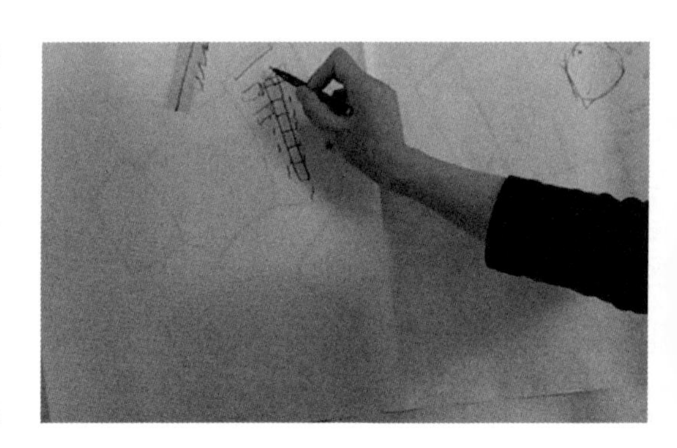

图 7.12

方案中对应模型里的室外院落的这片外墙，建议不要用玻璃来分隔空间，用玻璃会导致院落空间的围合感不够（图 7.13），因此，当你还没有完全想清楚这个空间功能的时候，建议你用实墙来界定这一空间。

还有这个模型中的所有楼梯、坡道，你都没有把栏板做出来，到了现在的表现模型阶段，这个是需要表达出来的（图 7.14）。

图 7.13、图 7.14

这个屋顶平面图的问题是，屋顶女儿墙没有用双线表示出来（图 7.15）。

这个剖面图的地面线要用粗实线，地下层空间被剖到的墙线也要用粗实线（图 7.16）。

这个平面图中卫生间的布置有问题，卫生设施一定要布置完整，如卫生间蹲位、小便池的排布都要表示出来（图 7.17），这些洁具的布置反映了卫生间功能流线的逻辑。

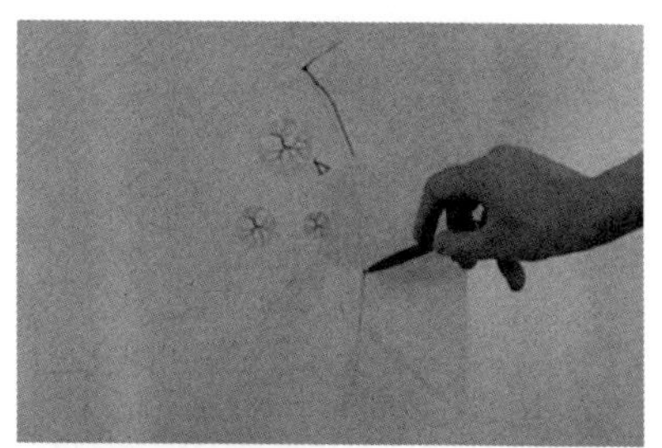

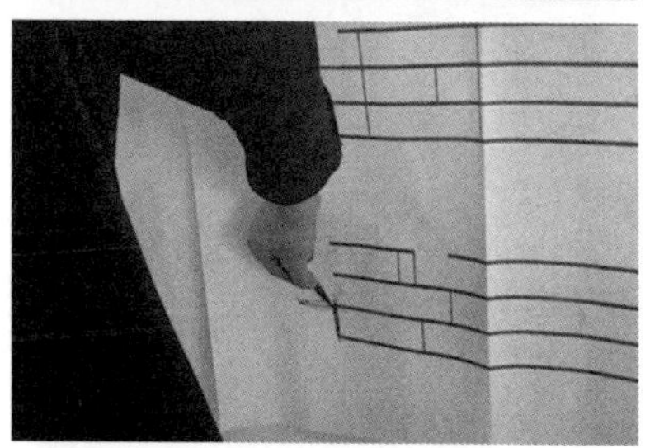

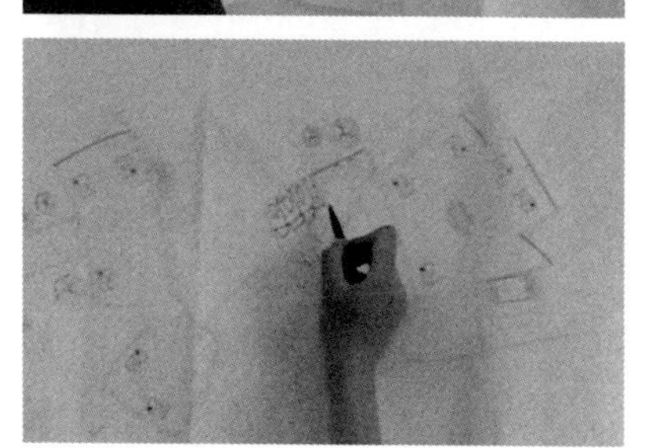

图 7.15 ～图 7.17

王老师：这个平面图中通往地下一层的直跑楼梯的表达方式不准确，楼梯没有画完整。首先，楼梯缺少向下的指向箭头（图 7.18）。其次，楼梯洞口位置缺少防止人坠落的护栏图示（图 7.19）。

还有，空间边界界定不清楚。比如，这个位置缺少门的图示（图 7.20），加上门之后这个空间才完整。

这个位置从室外到室内的空间边界同样缺少门的图示，导致这个位置的空间界定不清（图 7.21）。

想要解决空间边界的问题，需要设想自己走进这组空间当中，只有对空间完全解读之后才能把空间界定清楚。

图 7.18

图 7.19

图 7.20

图 7.21

你的这个位置是什么功能空间？

张金鹏：一、二层的共享大厅。

王老师：这个方案同样是二层平面的问题。第一个问题，这个共享空间中的直跑楼梯的表达不准确，既然上面的楼梯是从一层通往地下一层的，那么应该在投影图中挡住二层平台（图 7.22、图 7.23）。同学们在画平面图的时候，可以结合剖面草图来理解空间，这样空间的图示表达会更加准确（图 7.24）。

图 7.22

图 7.23

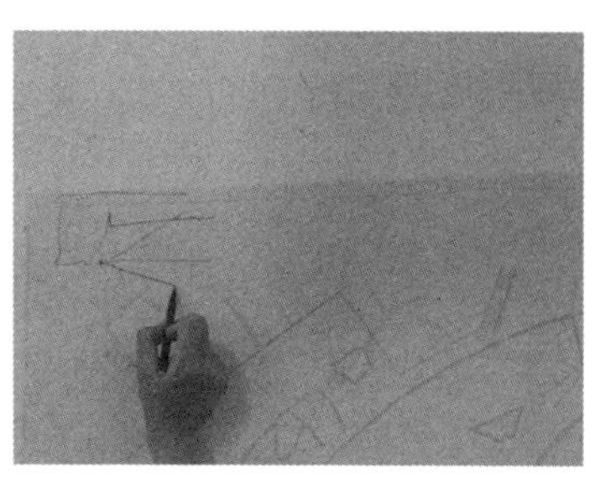

图 7.24

王老师：你的这张平面图中这个位置的墙体的交接画法不准确。你现在的表达图示是这样的（图 7.25），如果这个墙角交接位置的墙体是在一个平面上，两个空间墙体的交接位置的短线应该是没有的（图 7.26）。

第二个问题是这个位置的楼梯表达不准确（图 7.27），楼梯踏面太宽，比目前的宽度小一半就可以了。所有平面图中楼梯的图示需要同学们自己课下对照标准制图去检查。

这个位置的墙线、玻璃线、门的表达图示是正确的，同学们可以借鉴一下（图 7.28）。

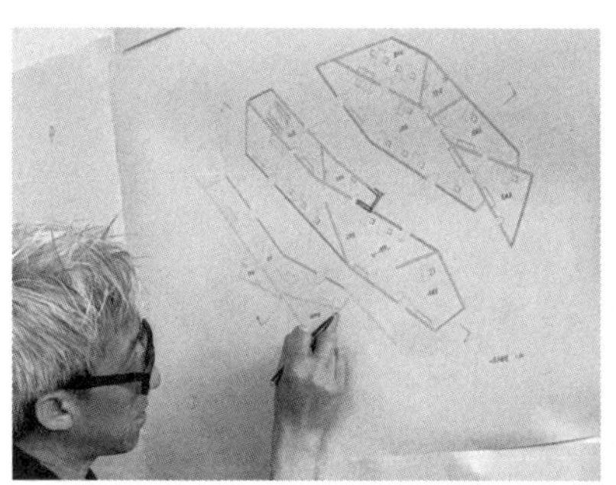

图 7.25

图 7.26

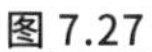

图 7.27

图 7.28

平面图中这个工作区里布置了办公桌，但是没有布置椅子（图 7.29），需要在图上表示出来。还有，平面图上不要忘了画比例尺，因为它是读图的标尺，需要画出来（图 7.30）。

图 7.29、图 7.30

这个建筑剖面图的问题是没画女儿墙（图 7.31），女儿墙是建筑屋面很重要的组成部分，需要在剖面图上表示出来。

第二个问题是剖面图里剖到的门洞没有表示清楚，门洞的表达图示应该这样画（图 7.32）。

图 7.31、图 7.32

第三个问题是地下一层空间界面没有交圈，目前这样的表达不准确，需要把它画完整（图 7.33、图 7.34）。

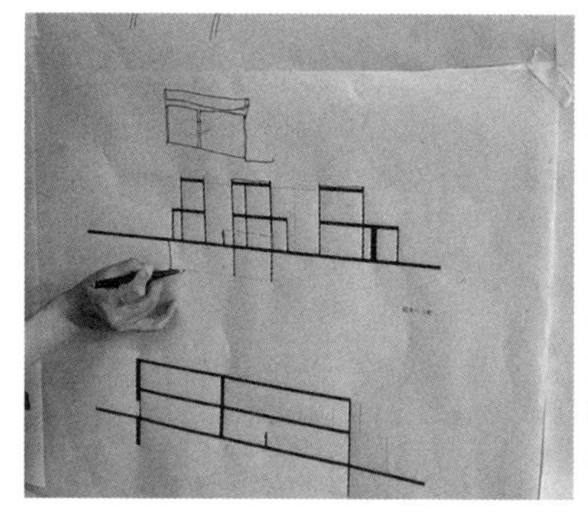

图 7.33、图 7.34

这个剖面图里门洞的正投影图要表达出来（图 7.35），只画这样的空白墙体就把空间堵死了。

一层建筑平面图周边环境里的树画得有些简单（图 7.36），需要表达得更生动一些（图 7.37）。

这个立面图的问题是没有区分线型，立面图里建筑的外轮廓线、门窗线是要分粗细不同线型的（图 7.38）。

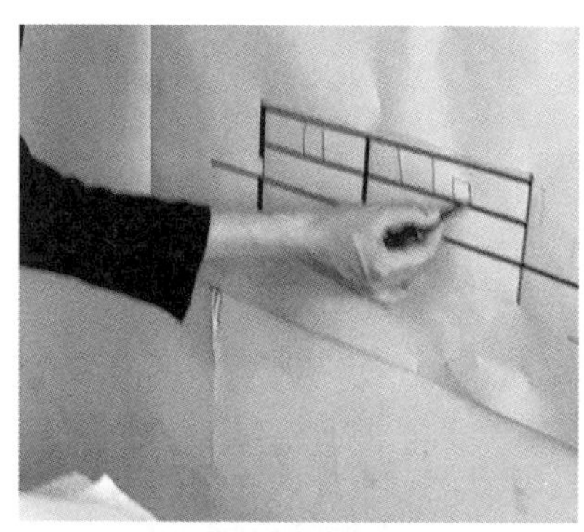

图 7.35、图 7.36

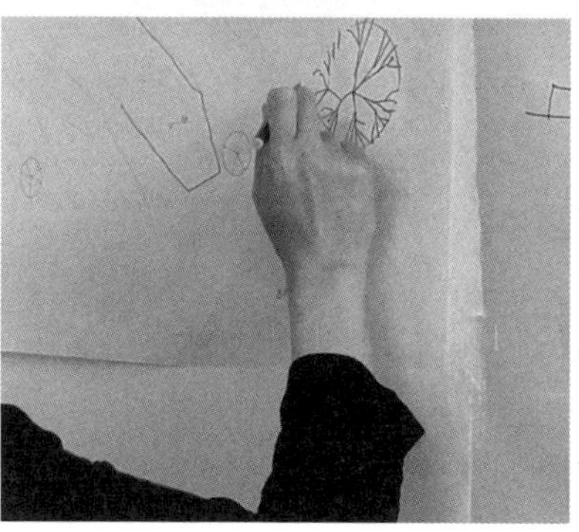

图 7.37、图 7.38

这张剖面图里的问题，一是没有区分线型，如地面线、墙线、门窗线；二是女儿墙没有表示出来（图 7.39）；三是楼梯的侧投影图的表达方法不够简洁，只需要把楼梯包括栏板的外轮廓表示出来即可（图 7.40）。

这张平面图里的楼梯太宽了，尺度要适中（图 7.41），宽度在 1.5m 左右就可以了。

图 7.39

图 7.40

图 7.41

平面图里工作区的布置可以用你原来采用的这种线性布置方式，但是需要沿着空间再延伸一下（图 7.42、图 7.43）。

还有，平面图里卫生间的设施布置没有表达清楚（图 7.44），课下需要对照《建筑设计资料集》仔细修改一下。

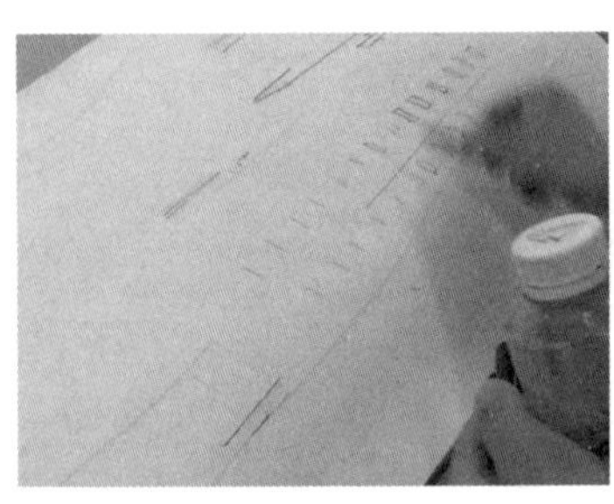

图 7.42

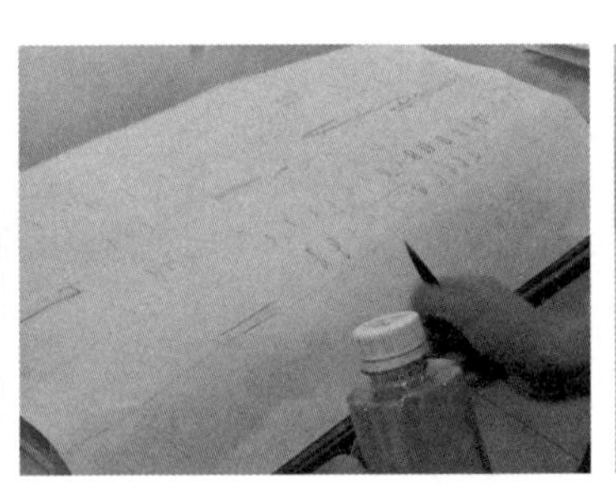

图 7.43

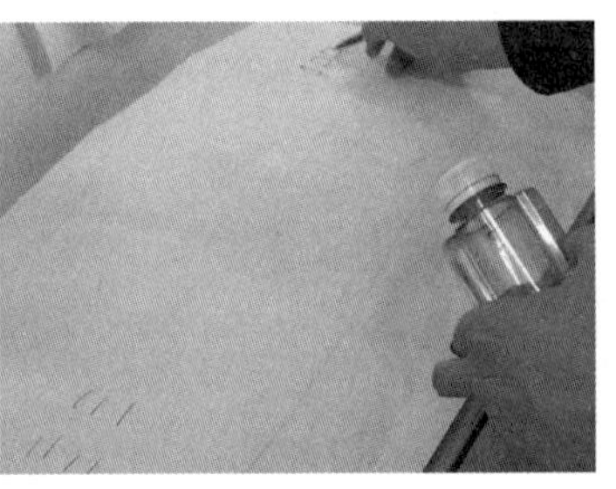

图 7.44

这张屋顶平面图画得不错，空间关系交代得蛮清楚的（图 7.45）。这张图是如何画出来的?

谢安童：就是用 SketchUp 软件画完，直接导出的图片。

王老师：这种方法其实蛮讨巧的，这很像建筑师表现图的感觉，更接近于建筑方案图的状态。这种图纸的表达方式能比较明确地表示这是方案图，因此，别人在读图的时候会在心理上暗示自己以方案图的标准来读图，这样的话读取的目的就会更加明确。

这个屋顶平面图的问题是，女儿墙没有表示出来（图 7.46）。

再就是这座建筑的平面图里的问题相对较多，比如，平面图里没有把门和窗表示出来（图 7.47），门洞的位置需要用虚线来区分墙体（图 7.48）。

图 7.45

图 7.46

图 7.47

图 7.48

另一个较为明显的问题是空间边界没有交代清楚，目前这个平面图仅是模型的平面图，还不能算作建筑平面图，需要继续完善。还有一个问题是各个空间的功能没有被赋予进去，图上没有体现出来。这里圆形空间里的共享空间的表达方式也有问题，应该用折线符号来表示（图 7.49）。

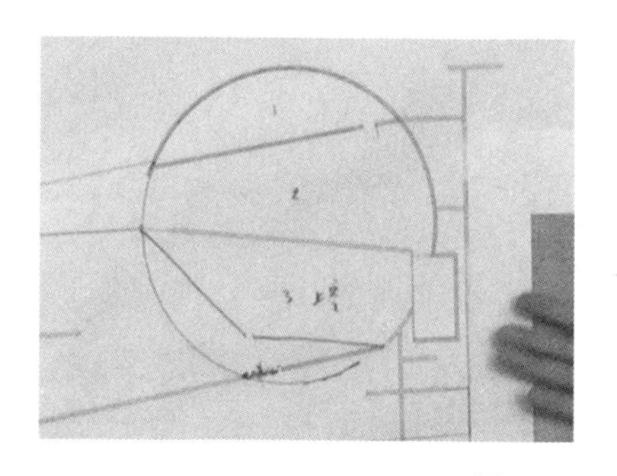

图 7.49

这个屋顶平面图的问题是女儿墙没有表示出来，需要用双线表示清楚（图7.50、图7.51），女儿墙的平面厚度在150~200mm之间即可。

图7.50、图7.51

这张平面图中，楼梯的上下关系没有表达清楚（图7.52、图7.53），需要画出表达楼梯上下关系的箭头来。

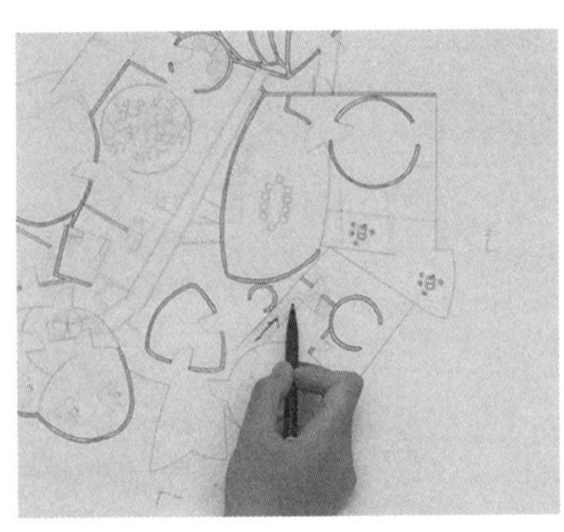
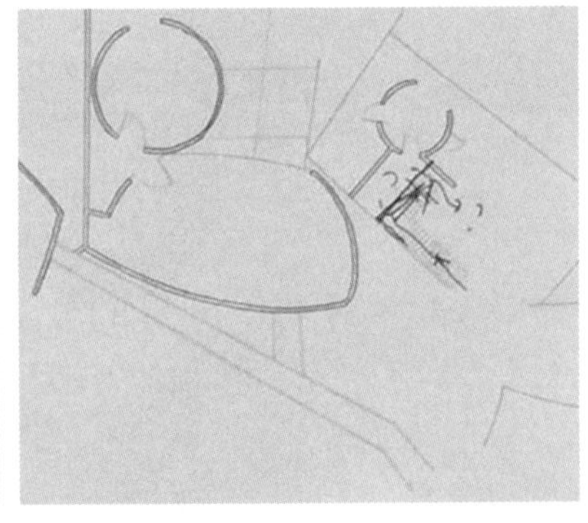

图7.52、图7.53

如果楼梯的上下关系想不清楚，建议你们观察模型里的楼梯，然后把其对应的平面剖切后的投影图画出来，这对理解楼梯的上下关系会有帮助（图7.54）。

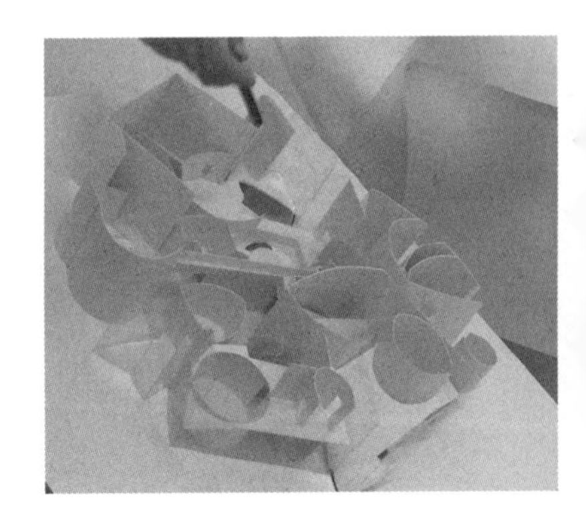

图7.54

你的这个方案里的空间很丰富，但是在模型里没有体现出来，比如，这个位置是贯通地下层、一层、二层的共享空间（图 7.55），但是屋顶被做平了，这么精彩的空间从外面却看不到，有些被埋没了（图 7.56）。

建议你在对应的位置把屋顶部分开洞，将共享空间露出来，这样的话这个共享空间成了庭院空间，空间的丰富性就体现出来了。就这个方案的模型而言，问题在于尺寸做小了。现在由于比例的限制，我们要想观察这座建筑里面的空间比较困难。

图 7.55、图 7.56

这个立面图中存在错误，比如，地下空间的部分在立面图中是投影不出来的，应该去掉地下部分的图示（图 7.57）。

这个空间里的弧形坡道应该沿墙布置，这样的话，这个共享空间才能变得开敞（图 7.58）。

图 7.57、图 7.58

室内的这条连通两个空间的廊道处理得不够巧妙，建议你把廊下的空间空出来，现在是封死的，这样导致廊道失去了轻盈的漂浮感（图 7.59）。

对于这个平面图里的圆形院落，你应该画出界定室内外的边界，并在边界上开个门，连通院落内外（图 7.60）。

对于这个圆形空间里的办公桌椅，采用最简单的平行布置方式就可以，不需要在里面做太多的变化（图 7.61、图 7.62）。

图 7.59、图 7.60

图 7.61、图 7.62

王老师：这是你做的方案（图 7.63）？对之前的方案不满意吗？

赵林清：是新做的。

图 7.63

王老师：这个方案确实比之前做得要好，而且你的这几张图的表达也有进步（图 7.64）。你的这个平面图的问题与谢安童同学的问题非常相似，就是还没有把这组空间以建筑的观念组织起来，每个空间缺少功能说明，墙上缺少门窗图示等。这个平面里没有标注表示楼梯上下关系的箭头（图 7.65），导致别人在解读你的方案的时候比较困难。

图 7.64、图 7.65

其实这还是由于你对方案的解读不清楚，你一定要设想自己走进去，把各个空间的关系理清楚，才能在图纸上表达清楚。一层平面中，共享空间的上空平台应该用虚线表示（图 7.66），现在你是用实线表示的，把空间给封死了。

从各层平面图的表达来看，空间序列不连续，而且较为混乱，由此也可以看出你对这个方案中的空间解读不清楚。一层平面图中建筑边界的入口要表示清楚，包括入口符号、门的图示等（图 7.67）。这个空间里布置了会议桌，但是没有布置相应的椅子（图 7.68）。当然，这么大的会议桌也可以作为评图桌，建筑师需要一个共同讨论的案台。

看完你的这个方案的模型和图纸后，我感觉目前的空间变得丰富了，但是空间序列的逻辑还处于混乱状态，以至于图纸表达不清楚，你需要课下再努力去把空间解读清楚。

图 7.66

图 7.67

图 7.68

这个模型还有一个问题是地下一层空间外的部分没有做出来，应该把周边封闭起来，否则这个模型缺少地面部分（图 7.69）。还有，二层平面的屋顶部分也需要做出来，这样整个模型空间才算完整（图 7.70）。

图 7.69、图 7.70

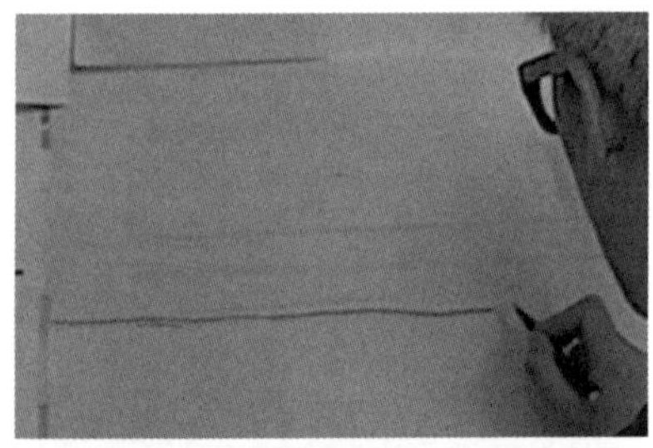

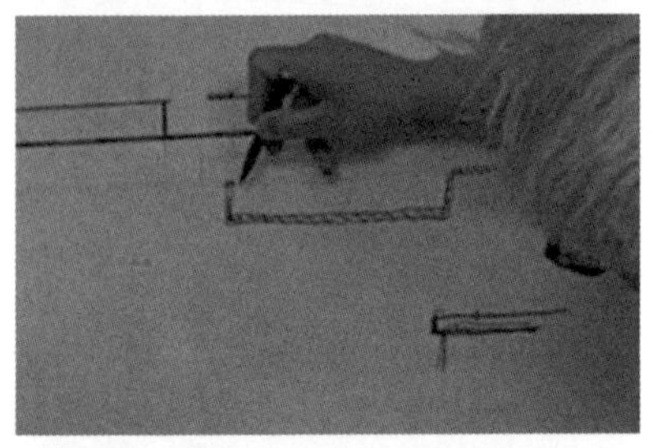

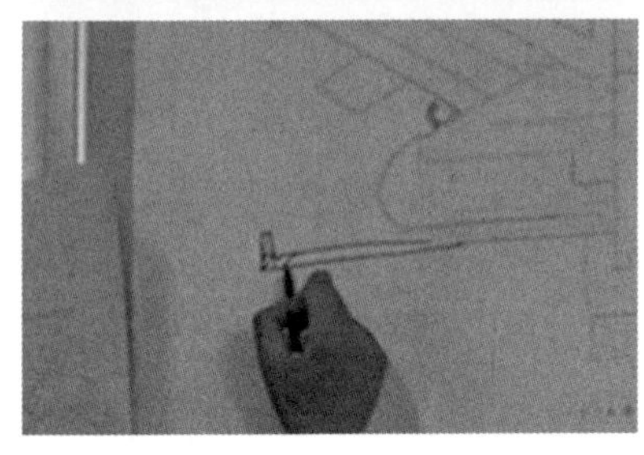

图 7.71 ～图 7.73

王老师：你的方案中这个立面图的明显问题是没有区分线型，比如，地面线要用最粗的线表示（图 7.71），剖面图中地下空间被剖到的部分的墙线要用粗实线表示（图 7.72）。剖面图中的女儿墙也没有表示出来，一般女儿墙高出屋面 500mm 就可以了（图 7.73）。这套图中，没有区分线型是最大的问题，课下一定要把这个问题给解决了。

从这个方案的模型来看，空间十分丰富。但是，比较明显的问题是这个坡道的尺度与建筑主体有些不协调（图 7.74），过于细长了，建议你这么斜着放，让坡道深入周边环境里，这样坡道起到了连接外部环境与建筑空间的作用，人们就不会觉得它太长了（图 7.75）。

图 7.74

图 7.75

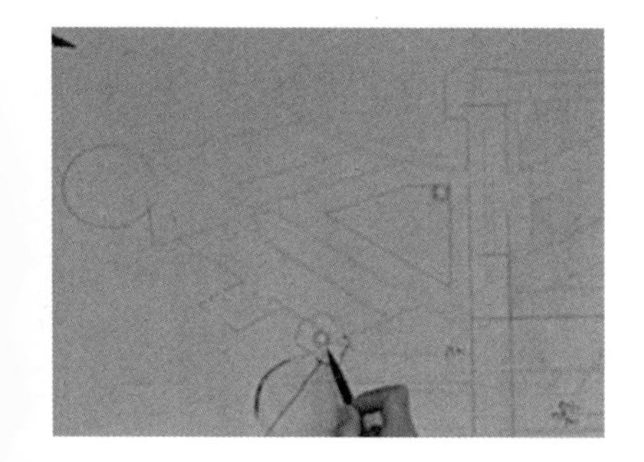

图 7.76

这个方案的平面图中，第一个问题是旋转楼梯的尺度不对（图 7.76），你现在画得太小了。同时，这个旋转楼梯放在这里不合适，建议你换个位置。

3. 问题的浮现

相较于上一次的质变训练，同学们对空间的建筑尺度和功能的观念赋予的把握更为成熟了，原本单纯的空间形式在这一环节的二次质变训练中更接近于建筑空间了。这一进步是在第一次质变训练的基础上取得的，由此可以看出建筑的观念赋予（尺度和功能）是随着同学们对建筑观念和空间理解的深入而不断成熟起来的。

第二个进步之处体现在空间的处理手法方面。同学们对空间的解读更为开放，对空间的理解逐渐由单一、封闭转变为多种空间形态并存。在空间处理方面，连续、流动的空间处理手法不仅被运用于同一层空间序列当中，在上下层空间序列当中的运用也逐渐熟练起来。

同学们虽然取得了一些进步，但是仍存在诸多问题，包括之前一直存在但仍未解决的和最新暴露出来的问题。

首先，二次质变是在三层空间（包括地下层）叠加之后进行的观念赋予的训练。同学们对空间的解读仍然暴露出力不从心的状态，这可能是由这一训练环节的时间限制所致。一方面，大部分同学在空间序列的梳理方面依然存在层次不清、逻辑略为混乱的问题；另一方面，观念赋予下的空间解读仍存在概念模糊的状况，当具体的空间形式遇到观念赋予时，会出现两者不匹配的情形。空间模型和图纸表达都暴露出了以上两方面的问题。

其次，建筑功能的观念赋予不够合理。这一问题主要是在图纸表达中室内家具的布置方面体现出来的，包括家具尺寸、布置方式、家具形式等表面问题。这一问题的内在原因是同学们对空间使用观念的情景设定不熟练，尤其是在三层空间叠加、空间更为丰富的情况下，这一问题显得尤为突出。

再次，图纸表达的问题依然最为明显，包括图形线型的区分、剖面图女儿墙的图示、剖面图地下层的表达、平面图建筑细节的表达等，这需要同学们在课下和下一训练环节中继续改进。

王昀老师认为同学们在这一环节中的表现状态，是在整个“空间的唤醒”教学实验的设想之内的。可喜之处是同学们对空间认知的开放性逐渐被激发出来，但是毕竟建筑学一年级的同学们的专业能力有限，对建筑观念的认知不足，以上问题的暴露是理所当然的。这需要同学们在今后的学习和生活中不断地完善，因为建筑观念的成熟是一个较长的过程。

第八章

观念演绎

在二次质变训练环节之后，按照王昀老师布置的训练任务，同学们进入了观念演绎训练环节。

1. 演绎范畴

观念演绎是指空间模型在经过二次质变后，被赋予了尺度和使用观念。本次训练要求同学们以完整的建筑观念来处理空间形式和功能。功能观念的深化和外延是本次训练的重点。此外，这一训练环节中增加了建筑环境观念赋予的训练。按照“空间的唤醒”的总体教学实验步骤，建筑观念在此环节应该达到趋于整体、完善的训练阶段。

2. 图上的对话

王老师：同学们，我们现实生活中的建筑场地可能都是方形地块，城市规划已经把建筑用地划分成小方格了，仅有少数情况下才会有不规则地块的存在。不管地块形式如何，建筑在里面都应该能适应。但是，你需要通过对建筑周边进行环境设计，将建筑融入场地里，比如，通过道路设计，将建筑与周边已有的城市道路相连接（图 8.1），这样建筑以外的人才能沿着这些道路进入你的场地，然后再进入建筑当中。

这个方案中的空间需要按照使用功能来布置家具，比如，这个空间如果是个会议室的话，里面需要布置会议桌和椅子（图 8.2），这个评图室的空间可以布置大的评图桌（图 8.3），这个空间的角落里可以布置沙发之类的休闲家具（图 8.4）。还有，空间一定要表达完整，比如，上层连廊在这一层上的投影要用虚线表示出来（图 8.5）。

图 8.1、图 8.2

目前来看，这个空间里的家具布置与空间形式不协调，建议你在垂直于空间平面的长边进行布置，桌子用简单的长条形表示即可（图 8.6）。这张平面图中的家具的普遍问题是过于具象，在我们这次的方案图中都用抽象的矩形代替就可以了。

图 8.3、图 8.4

图 8.5、图 8.6

在这张平面图中，卫生间内的洗手池缺少洗手台的图示（图 8.7），现在的洗手池是直接立在地面上的。卫生间的小便池之间应该有隔挡板，你这里也没画出来（图 8.8）。

这个展示空间里的长条形桌和曲线的空间形式有些冲突（图 8.9）。

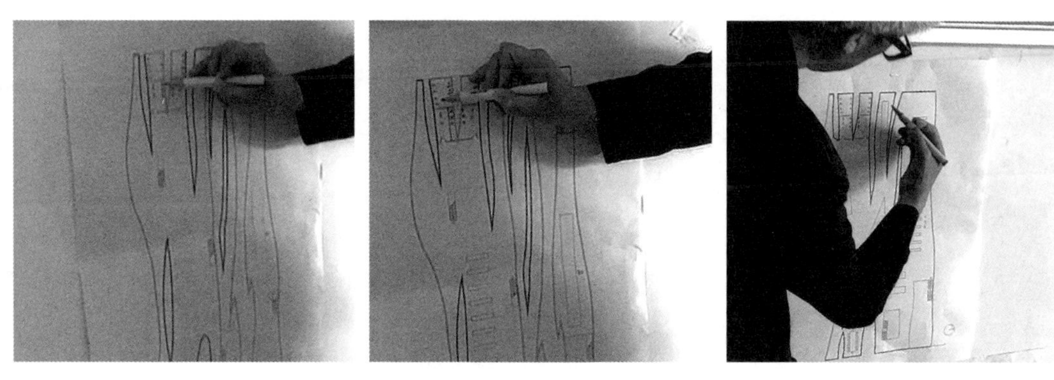

图 8.7　图 8.8　图 8.9

这个展示桌的四边不一定要做成直线，可以根据空间形式设计成曲线形（图 8.10）。

这里共享空间边沿的护栏应该用双线表示出来（图 8.11），如果你不画的话，就表示这里没有护栏，那么人在使用过程中就可能从这里坠落，造成伤害。

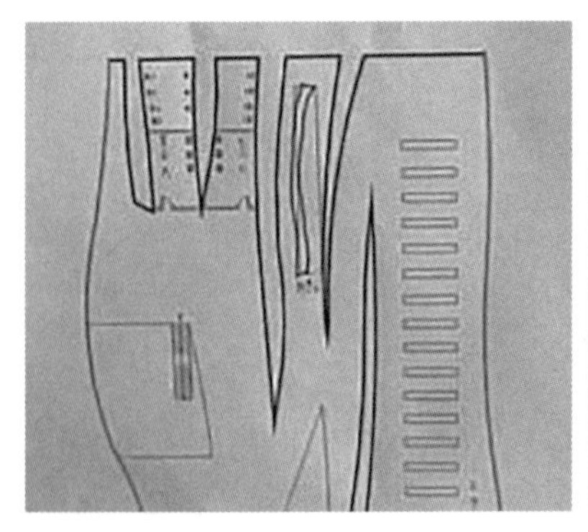

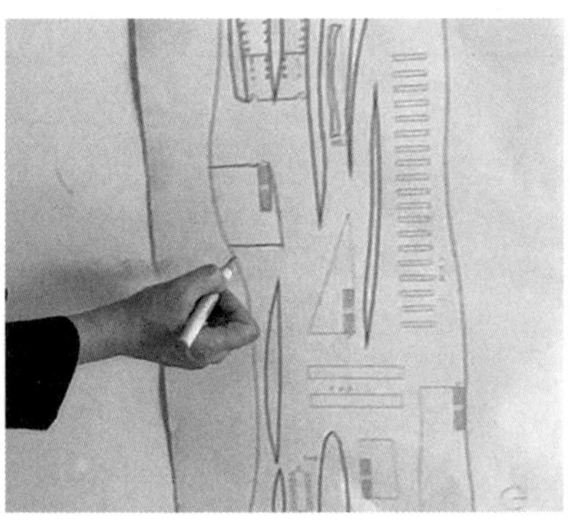

8.10、8.11

这个方案的平面图整体感觉是对的，但是图中楼梯的上下箭头一定要标注出来（图 8.12），楼梯平台进深的最小数值不能小于楼梯宽度（图 8.13）。空间中的家具布置不能太局促了，否则空间会显得拥挤，像这个空间中家具的布置就太局促了（图 8.14），这张图中的家具布置就比较合理（图 8.15），值得表扬。

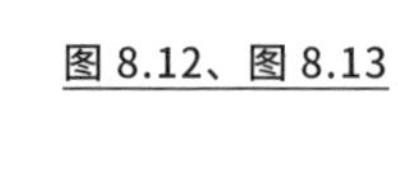

图 8.12、图 8.13

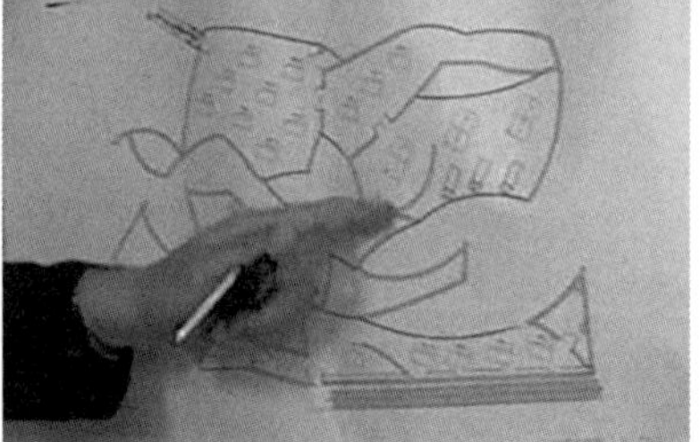

图 8.14、图 8.15

这张剖面图中剖到的墙线、楼板线还是没有用粗线表示（图 8.16），在这一阶段不应该再重复出现这样的错误了。这个地下空间没有根据功能布置家具（图 8.17），需要布置出来。

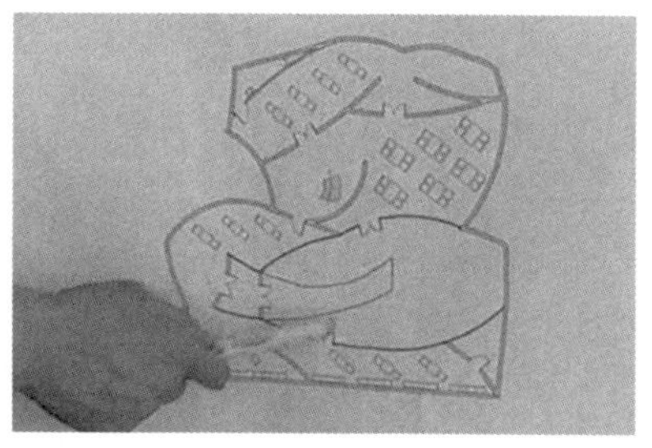

图 8.16、图 8.17

这张建筑总平面图中，没有建筑周围的道路设计，人无法从周边环境进入你的建筑当中（图 8.18）。你需要把通往建筑的道路设计出来，这样你的建筑跟周围环境才是连通的（图 8.19）。

图 8.18、图 8.19

你的这个方案的模型还存在一定的问题，一层和二层的外墙不能分层做，否则二层的楼板就会暴露在外面（图 8.20）。同时，对应的图纸部分的表达逻辑也应该相应地纠正（图 8.21）。

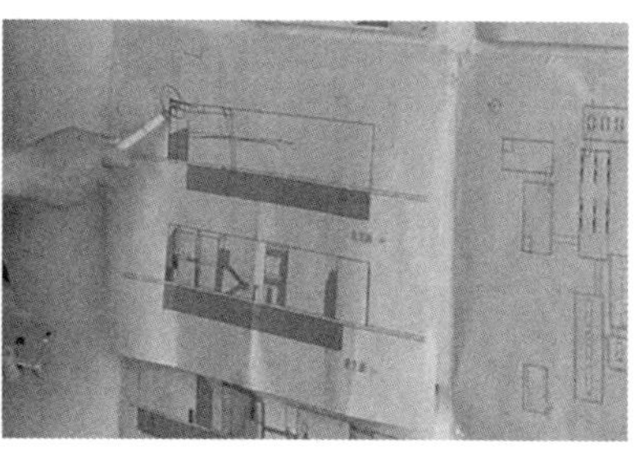

图 8.20、图 8.21

这个建筑平面图中的室内空间虽然布置了桌子，但是没有布置椅子，从这里可以看出你对这个空间的使用观念还是不够清楚（图 8.22）。这个空间的边界界定不清，到底有没有用门来分隔空间需要表达清楚（图 8.23）。

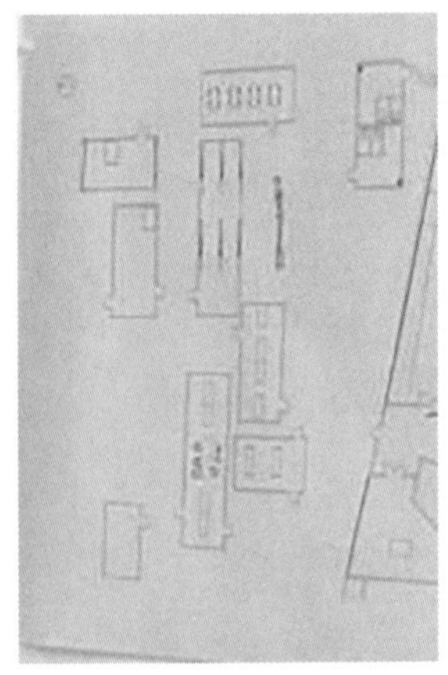

图 8.22、图 8.23

这个方案的平面图功能布置得还不错（图 8.24），但是在这张总平面图里，从周边环境通往建筑的道路依然没有表达出来（图 8.25）。

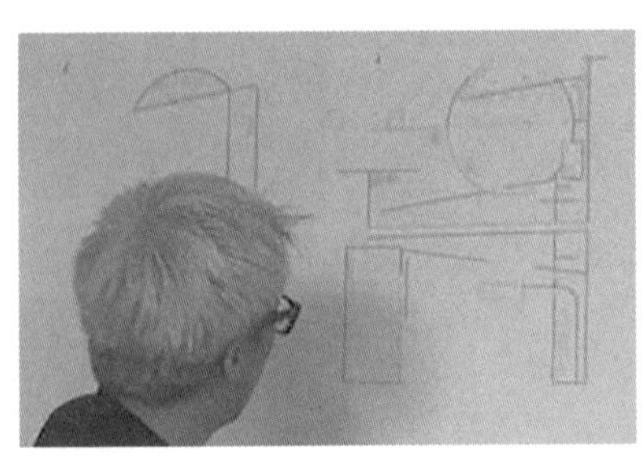
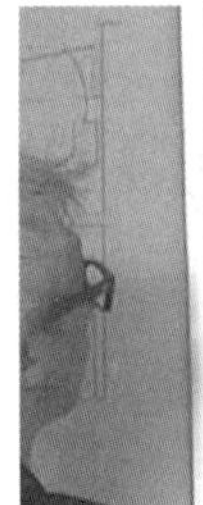

图 8.24、图 8.25

在平面图中这个多功能展览空间的入口位置，可以设计一道与室内墙高度相等的推拉门，它可以起到灵活分隔空间的作用（图 8.26）。

图 8.26

图 8.27

同学们的模型总体感觉还不错，可以看出同学们用心做了（8.27）。

所有同学都需要注意，在模型当中，楼梯、坡道的栏板需要做出来，目前大部分同学都没做（图 8.28、图 8.29）。建筑屋顶的女儿墙也需要做出来，这个模型就没做女儿墙（图 8.30）。这个地下层空间的边界墙体的表达应该用双实线（图 8.31）。还有，这个空间没有开门，入口的位置表达不清（图 8.32）。

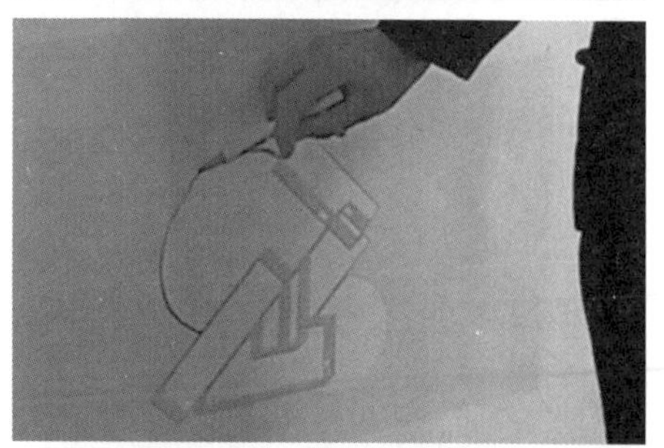

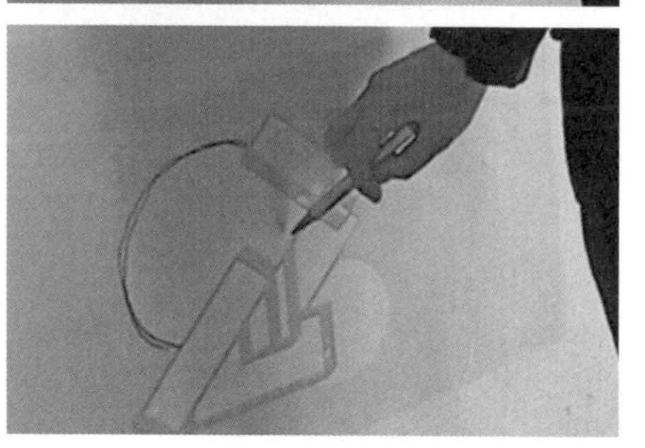

图 8.28～图 8.32

在你的这个方案中，空间的功能赋予有些局促，这个空间的功能是什么?

逄新伟：是休闲餐饮区。

王老师：那这里的桌椅布置得有些拘谨，建议再自由灵活一些，否则休闲的氛围体现不出来（图 8.33）。这个空间边界的墙上没开门，这些细节一定要注意（图 8.34）。

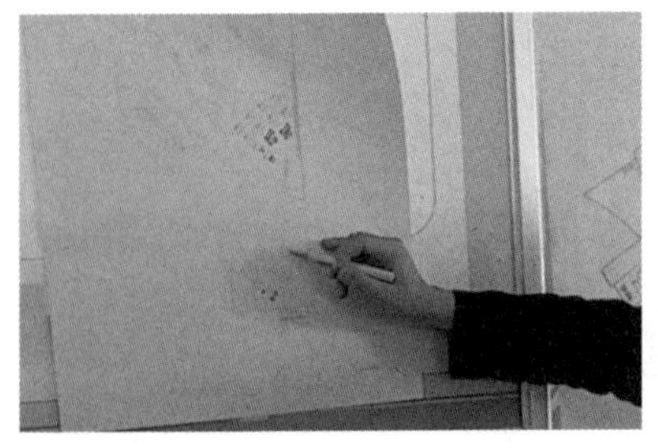

图 8.33、图 8.34

这里讨论区的桌椅布置可以顺着空间平面形式布置成长条形（图 8.35）。这么大的办公区，家具布置一定不能太琐碎了，可以统一布置条形办公桌（图 8.36）。办公区通往室外平台外墙的位置要用门来界定空间（图 8.37）。

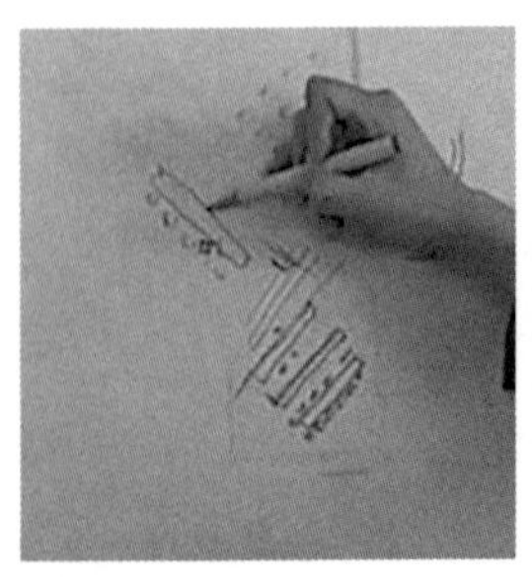

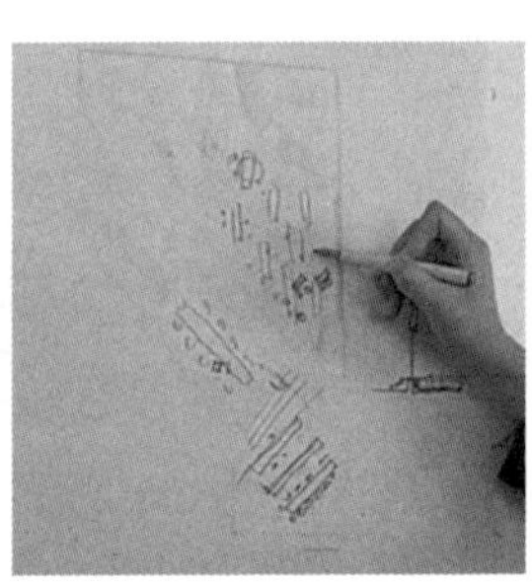

图 8.35 ～图 3.37

王老师：总平面图的表达一定要明确，室内外空间的高低变化、开敞程度可以通过建筑阴影表现出来（图 8.38）。在总平面图里，建筑与周边环境连接的道路也要设计出来，包括建筑周围的环境（图 8.39）。

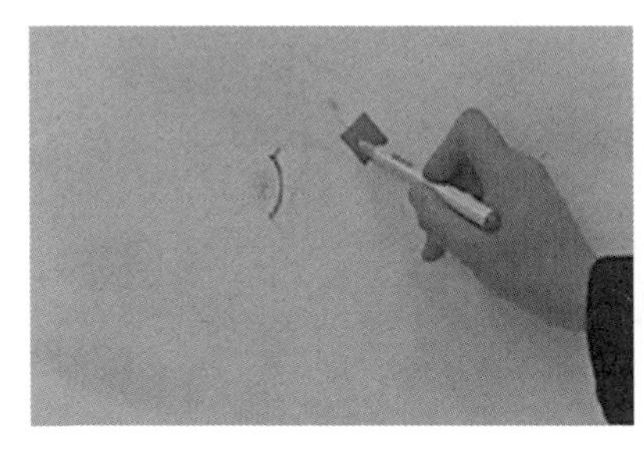

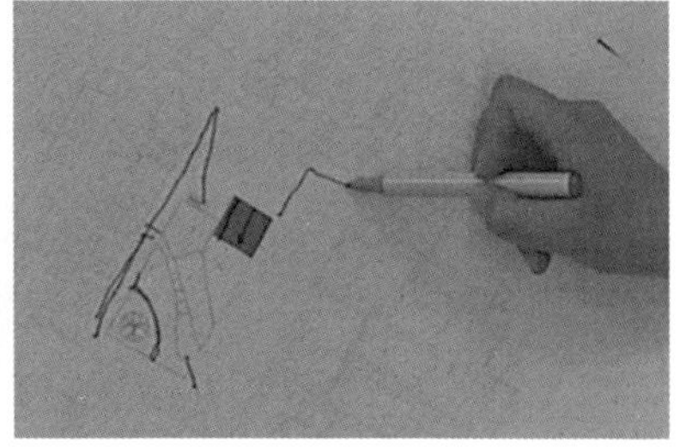

8.38、8.39

王老师：地下一层平面中的这个下沉广场与室内空间的分隔应该有边界，从室内到广场也应该有门（图 8.40）。

这里通往下沉广场的弧形楼梯应该有休息平台和标注楼梯上下的箭头符号（图 8.41），这些细节要注意表达清楚。这个空间里的家具布置有些具象了，建议还是像之前讲到的，用长条形桌子配合椅子来布置（图 8.42）。

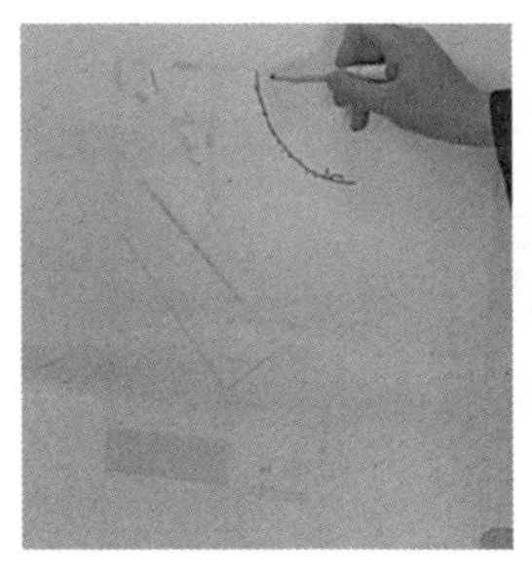

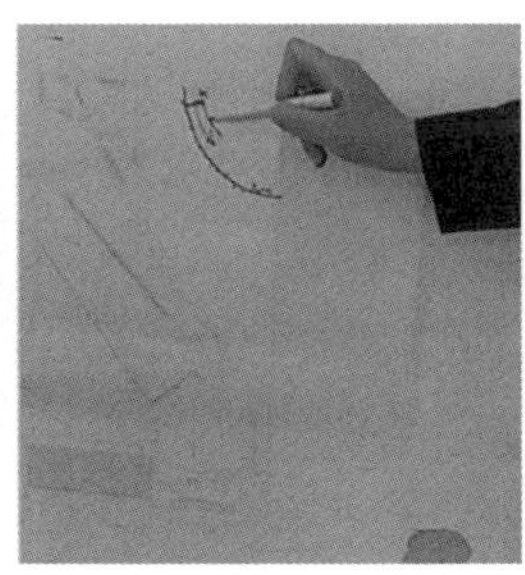

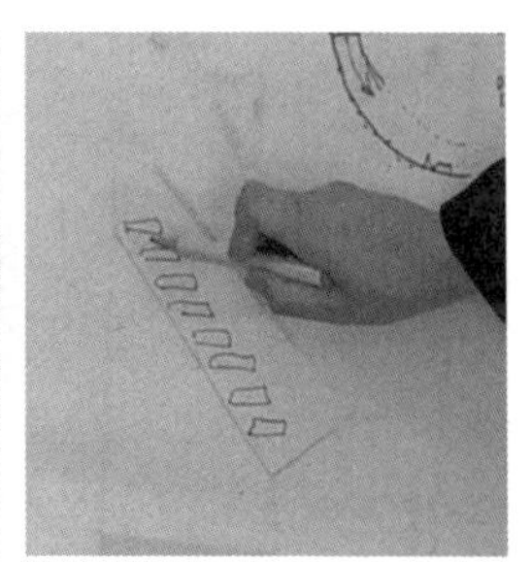

图 8.40 ～图 8.42

吧台的布置不应该靠墙，需要跟墙面留出一定的空间来，以便让服务人员在这里操作（图 8.43）。这个大的咖啡厅空间需要布置相应的座椅，否则功能体现不出来，这里的桌椅可以布置得自由一些（图 8.44）。

对于酒吧、咖啡厅的室内功能布置，建议同学们去找专门的室内设计资料参考一下，否则同学们凭想象画出来的图仅仅是图示而已。

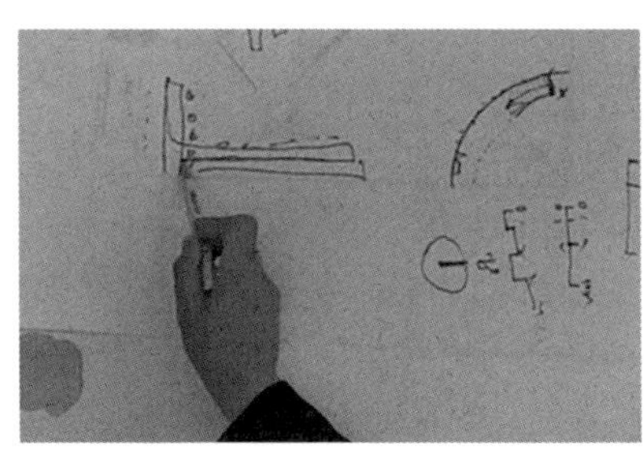

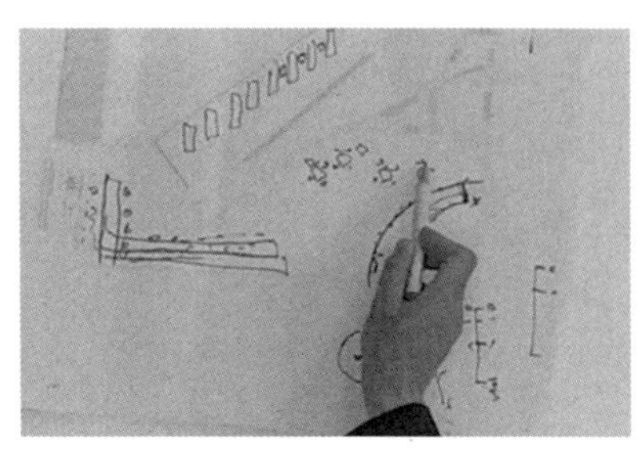

图 8.43、图 8.44

我给同学们讲一下在不同使用功能的空间内应如何布置家具。同学们面对的空间形式大多是不规则的，目前同学们布置家具的时候往往是靠墙平行布置桌椅（图 8.45）。

但是这样布置的话，桌椅会跟随墙体的走向而变化，空间给人的感觉是越来越乱。**我推荐的方法是制订统一方向的辅助线，沿着辅助线平行布置家具**（图 8.46），**通过家具的这种布置将建筑的空间统一起来**（图 8.47），**这样空间就不会因家具的布置而变得杂乱了。**

这种多组空间的室内家具的布置方法也是相似的，但是辅助线的方向不要横平竖直，尽量找一个与这组空间平面方向相似的角度来制订（图 8.48）。

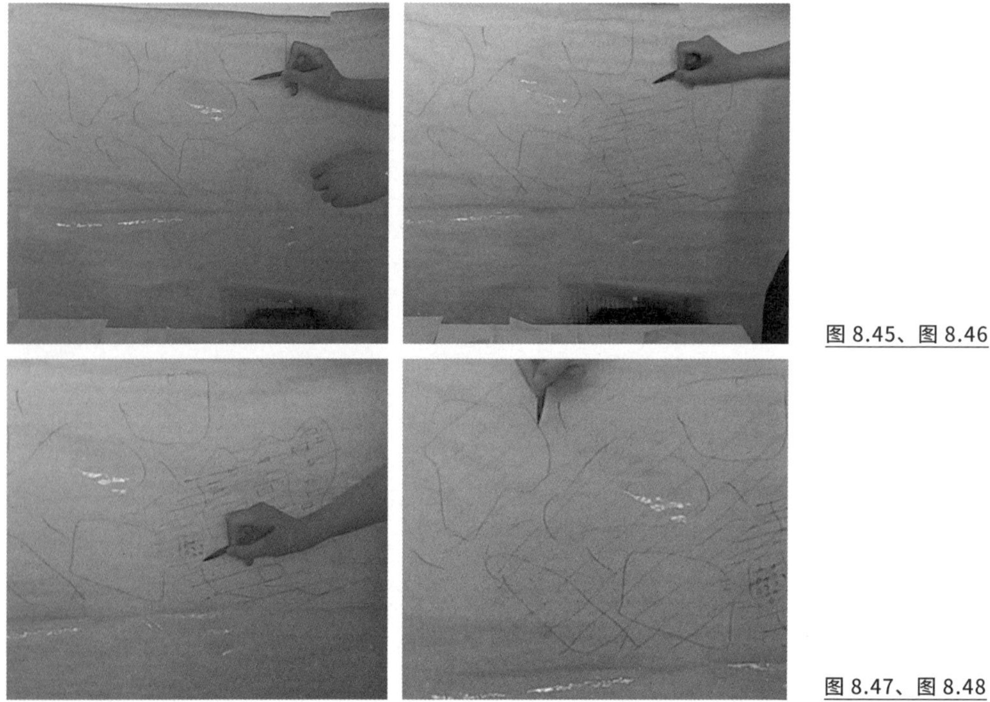

图 8.45、图 8.46

图 8.47、图 8.48

以这个空间里的家具布置为例，可以沿着辅助线布置长条形桌椅、圆形桌椅、方形桌椅，虽然形式不同，但是它们都是在整体的辅助线的控制之下布置的，所以就显得有一定的秩序性（图 8.49），甚至室内外地面的铺装布置都可以根据这条辅助线来设计（图 8.50）。

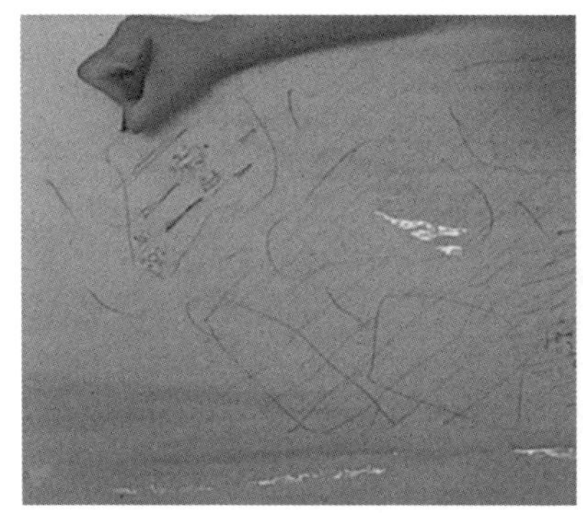
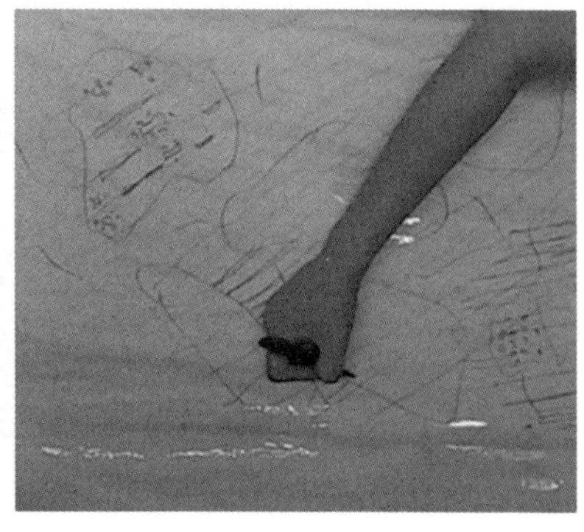

图 8.49、图 8.50

建筑周边环境的设计也可以在这条辅助线的控制下来完成，这样整个室内外的空间形式就统一了（图 8.51）。

在这种统一的辅助线控制下，即便是不同空间的家具布置，也会呈现出统一的秩序性，这样整个建筑空间的功能秩序性就显现出来了（图 8.52）。

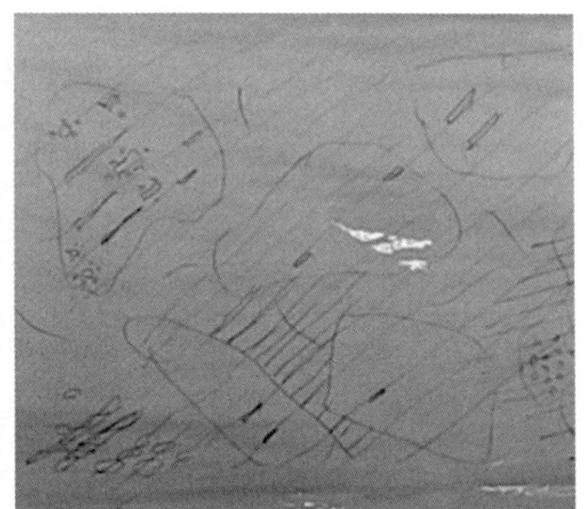

图 8.51、图 8.52

当你面对一个空间，却不知道该设计什么形式的桌椅时，我建议在平面图里布置这种长条形桌子，然后配上椅子（图 8.53）。

图 8.53

现在公共场所的许多使用功能都可以使用这种长条形家具来实现，包括办公、就餐、展示等，但是所有家具尺寸都应该符合人体尺度的使用要求。还有卫生间里的卫生设施的布置问题，在同学们的建筑模型里，卫生间大都是不规则的空间，这种情况下需要同学们对空间进行一定的细化处理。例如，如果将这个三角形空间用作卫生间的话（图 8.54），这三个角部可以封闭成管道井之类的设备空间，然后再布置卫生洁具（图 8.55），卫生洁具的布置要参考《建筑设计资料集》里的相应要求去设计。

图 8.54、图 8.55

3. 问题的浮现

进步之处

图纸表达：同学们在制图方面的进步十分明显，图纸规范度越来越高，这得益于王昀老师对细节的细致讲解和严格要求。无论空间形式表现得如何丰富，建筑制图的基本规范一定要严格遵守。

空间序列：同学们在空间序列方面呈现出的逻辑性相较于之前也大有进步，从空间捕捉到这一环节的训练，同学们对空间序列的理解能力逐步提高，为空间赋予建筑观念的操作也逐渐熟练，空间序列越来越接近人的使用要求。

使用观念：同学们对空间使用功能观念的赋予能力越来越强，甚至能够结合调研、参考资料等去扩展建筑师工作室的功能布置。

存在的问题

室内家具布置：在家具布置方面，同学们虽然逐渐不再使用具象的家具图示，学会运用更为抽象的家具图示，但是在布置方式上依然显得稚拙，往往在布置完家具后，建筑空间显得局促、杂乱。王昀老师针对这一问题在训练的最后进行了详细的讲解，辅助线方法成为解决这一问题的重要途径。

建筑总平面图：在这一阶段的图纸表达中，同学们仍然没有解决好建筑周边环境及道路的设计问题，由此暴露出同学们环境观念的不足。

模型制作：这个问题在整个训练过程中一直存在，尤其是在制作二层模型的时候。有些同学采用逐层制作、叠加的方式，但是对外墙而言，这样做会暴露二层楼板，因此外墙需要整体制作，这是同学们在模型制作中需要注意的。另外，模型中的楼梯、坡道等处都没有制作栏板，需要同学们在接下来的模型当中去完善。

第九章

最终呈现

图 9.1

同学们在经历了 7 周的高强度教学实验之后，终于到了将最终成果呈现给大家的时候。在这一环节中，黄居正和王昀两位老师对同学们的设计作品进行了最终点评（图 9.1）。

1. 呈现

黄老师：这些图是电脑制图还是手绘图（图 9.2）？

王老师：是用电脑出底图，然后再在底图上手工描图。我的这个课程离了 CAD 和 SketchUp 这两个软件没法进行。

黄老师：他们一年级就用电脑出图了？

王老师：是我这个课要求他们突击学习的。

黄老师：也就是先用细线打印出底稿，再通过描图来表现和区分线型？

王老师：对的。

图 9.2

黄老师：建筑师笔下的每一根线都一定是表示建筑的某一部分，那同学们在描图的时候有没有这种观念呢？

赵林清：还没有，时间太仓促，来不及想，就是赶紧描线。

王老师：跟他们抄图是一回事。无论用哪种出图方式，我一直要求他们把图画正确，这是原则！

黄老师：从图面表现来看，比中期答辩的时候要好很多，比如，门窗画得准确了，共享空间上空也知道如何表达了。

王老师：咱们刚才看了一圈，那先请黄老师做一下整体评价吧。

黄老师：我这次点评的范畴包括两个方面：一是山建原有的教学法；二是王老师不设限的教学方法。在原有教学方法下，同学们是在 12m × 12m 的空间内进行建筑师工作室设计的，呈现出来的设计作品具有一定的程式化特点，风格比较统一，而王老师的学生的设计作品则各式各样。我想表达的意思不是这两种方法谁好谁坏的问题，原有的教学方法是在极端限制的条件下做设计，这是一种训练思路，而王老师的这种方法是让同学们在没有任何限制的条件下做设计，这是另外一种思路。

中期答辩的时候，我记得每位同学都做了三个不同的一层建筑师工作室方案，这次同学们最终呈现出来的是将一个方案进行深化，并发展到二层的建筑方案（还有地下空间）。从方案设计来看，虽然层数和空间变化很大，但是整体风格并没有太大改变。这个建筑层数的变化的优点在于，同学们在刚开始接触设计的时候，就建立起了一种立体的空间序列关系。如果只在一层建筑空间里做设计的话，同学们的空间思维可能会被限制在同一层空间里进行操作，这种空间操作相对简单，但如果加入地下层、二层空间，就演变为立体空间下的操作了。

在同学们的这种立体空间的方案中，出现最多的建筑设施就是楼梯。楼梯是建筑空间中非常重要的组成要素，将来你们会在外国建筑史的课程中学习楼梯或者坡道在建筑中的发展，它不仅是功能性设施，更是营造空间丰富性的重要设计要素。在中期答辩之后，同学们的方案从一层发展到带有地下一层的二层建筑方案，我个人认为这种训练是非常有意义的。

但是从图纸表达方面来看，咱们跟原有设计教学方法下的同学们的作业成果还是有差别的。在咱们这个作业中，王老师要求同学们每个图按照 1 ∶ 50 的比例来画，并且画在一张 A2 图纸上，这样的要求其实是训练同学们空间表达的精准度。因此，建筑方案中的细部要更加精细地表达出来，否则图纸会显得大而空。在这样的比例下画图，同学们每一笔下去都要表示建筑的一个部分或一个构件，这种要求其实蛮高的！如果从图面的漂亮程度来看，咱们不如原有设计教学方法下的同学们的作品，毕竟表现深度不同。

但是，我认为在建筑学一年级，这样的教学训练对大家空间思维的拓展非常有帮助，等到以后的学习中再解决图面排版等问题，这也是一种学习的路径。再有，同学们的图纸表达应该与模型对应起来，即图纸上的每一根线都对应模型的一部分。

刚才是从整体上说了一下我对同学们这次设计成果的个人见解，接下来就同学们具体的图纸来谈一谈我的看法。比如，这张建筑立面图画得有些潦草，不够讲究，线型区分不清晰（图 9.3）。

图纸表现虽然不是我们建筑方案设计的核心，但也是表达设计意图的手段，所以同学们在绘制图纸的时候，应当思考用什么样的表现方法能最好地展现你的设计思想，比如，这张剖透视图的钢笔渲染的表现效果就不错（图 9.4）。

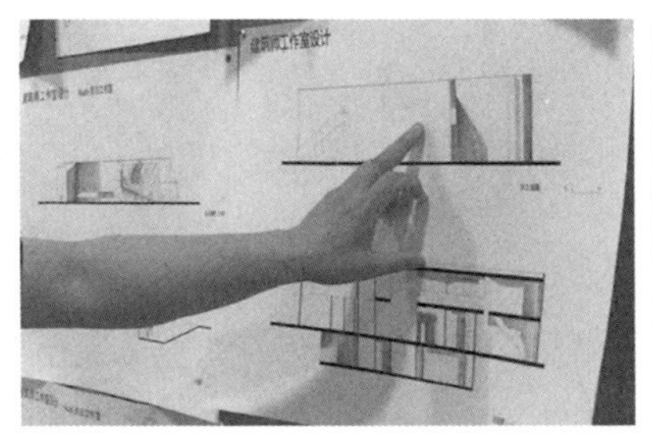

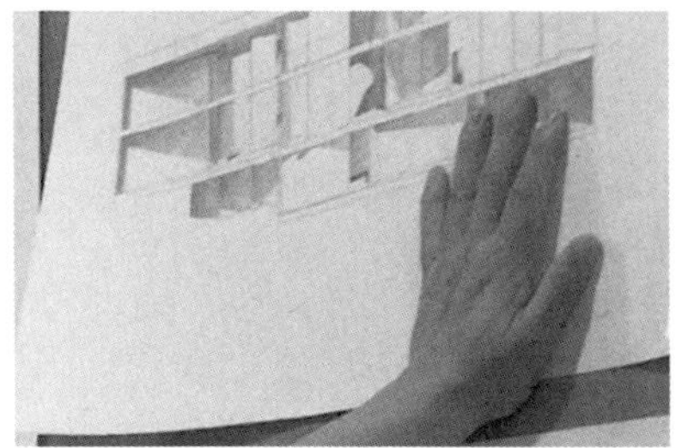

图 9.3、图 9.4

但是这张剖透视图中用阴影表现的空间效果就稍微弱一些，用纯线图表现的话可能会更好（图 9.5）。

有的同学在平面图里用到阴影表现空间的手法，但是如果技法掌握得不好，对空间的表达反而会减分（图 9.6）。

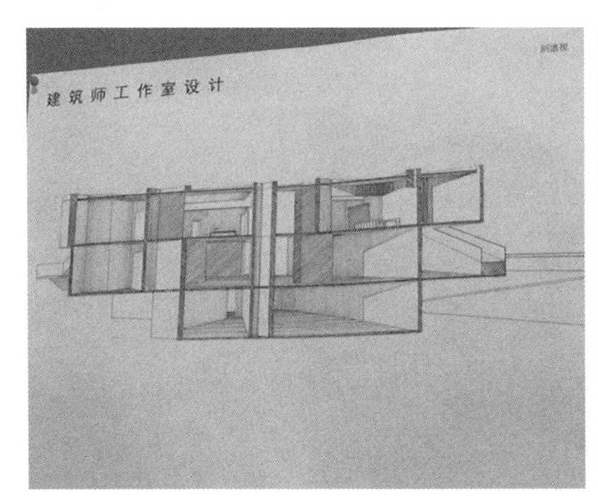

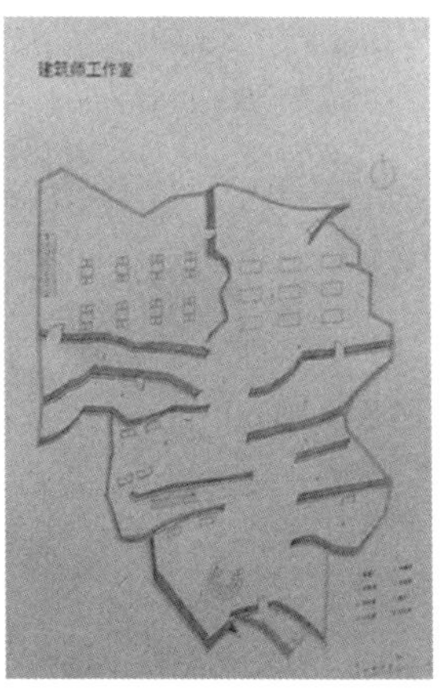

图 9.5、图 9.6

由于王老师让大家在这次建筑师工作室设计当中充分地自由发挥，因此建筑形式各式各样，甚至有的同学将方案中的空间分为几个部分，这时候同学们就需要解决这几部分的空间序列的问题。王老师的这套教学方法的目的是训练同学们对空间形式的处理。谈及形式，必然要涉及美的问题，而美的问题又包含了空间形式关系的问题，对应到同学们的设计当中，就需要注意整个建筑各部分的形式是否体现出了美的关系。

还有一个问题需要同学们注意，大家方案中的空间形式变化多样，目前看来，这种看似自由的形式是随机的。但是同学们在以后的建筑设计学习中还得注意，除了自由的空间形式之外，还有高度严格的、理性的空间形式，比如，一道墙的平面看似是曲折的，那么它的曲折角度是多少时才会美观或者更符合某种使用需求，这也是需要同学们在今后的学习中努力钻研的部分。以后，同学们可能会接触到世界建筑设计大师的作品，到时候你们就会发现他们在建筑设计当中运用的理性思维，如葡萄牙建筑大师阿尔瓦罗·西扎的设计作品，他的建筑平面里的每道墙都与基地有着一定的呼应关系。虽然同学们的设计作品中的空间形式多是源于感性，但是在今后的学习中需要慢慢向理性形式过渡，也就是说，同学们需要掌握感性和理性思维在空间形式设计当中的运用。

对于同学们的方案，我个人比较喜欢这个，可能是由于我比较偏爱几何形的空间形式（图 9.7）。

这个方案的平面图中，方形、圆形、矩形空间关系的交接处理都比较合理（图 9.8），刚才看了模型，发现这三层空间之间的关系处理也比较清楚。

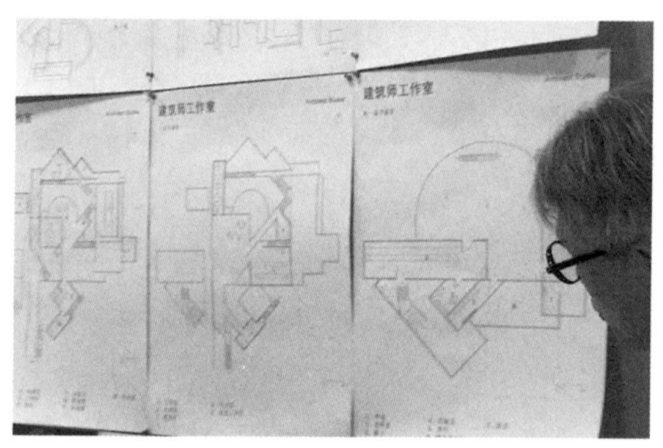

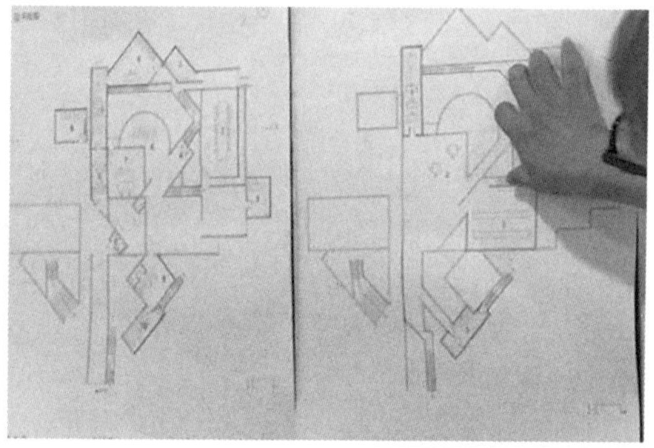

图 9.7、图 9.8

但是，这张图我要批评一下（图 9.9）。首先是这张图的表现技法的问题，我在这里不多讲了，这跟同学们的绘画能力有关。我想要重点说的是这张图要表现什么，这是问题的关键。目前这张图的表现意图非常不明确，图面中心是沙发等家具组合，对空间表现没有发挥应有的作用，所以从空间表现来看，这张室内透视图是失败的。

图 9.9

这张图表现得也不好，有些费力不讨好，目前的空间表现效果太弱，所以同学们在图纸表现的时候一定要采用合适的表现技法（图 9.10）。

王老师：模型照片不需要用彩色表现，用单纯的黑白色更能强调出空间感（图 9.11）。

这位同学的剖面图中阴影的表现太粗糙了，应该是刚开始想慢慢画，但是后来发现没时间了，就拿铅笔快速表现而造成的（图 9.12）。不过这种在剖面图里加阴影来表现空间的方式还是值得同学们学习的。

黄老师：这个方案的平面布局比较合理，包括将卫生间放在角落里，空间形式与功能的呼应都比较好，图面表达比较准确。还有流线型的共享空间跟整个建筑的空间形式非常协调，这也是值得肯定的（图 9.13）。

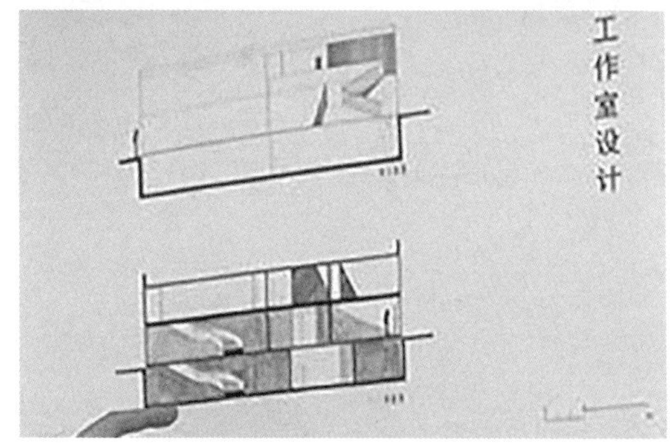

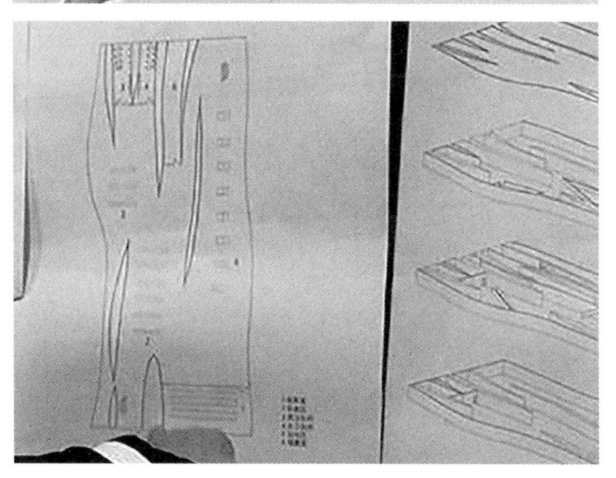

图 9.10 ～图 9.13

黄老师：你的这个方案中，建筑空间被分为两个部分，那这两部分的空间是如何联系的呢（图 9.14）？

逄新伟：我是想让这两部分之间具有一定的呼应关系。

王老师：其实对同学们而言，你们目前需要解决的问题是空间组织和图纸表达，这两方面要表达清晰，达到概念明确的程度，这就需要同学们在训练过程中设想自己走进模型空间，不过把空间组织关系建立起来是需要经过长期练习的（图 9.15）。

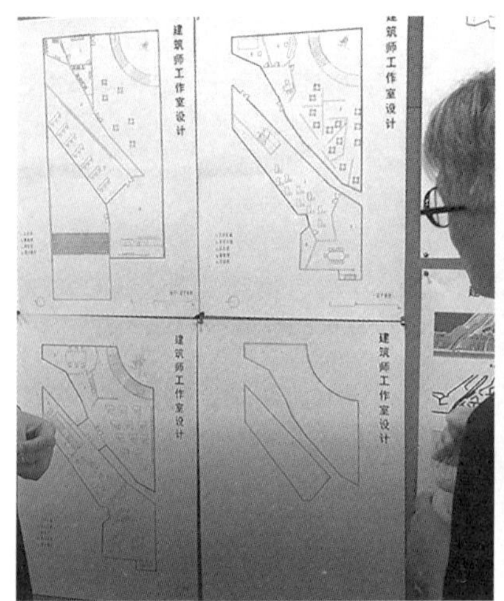

图 9.14、图 9.15

黄老师：目前王老师的这套训练方法，让同学们建立起了地下层、一层、二层的整体空间关系，但是，我还是要强调在同一层空间当中的空间序列问题，这也是不能忽视的问题。这就涉及图上每一根线所表示的空间关系要如何确定的问题，这是一个理性优化的过程，当然，这是同学们以后需要去学习的。

王老师：目前这个方案的图纸表达还有不少问题。通过这次教学训练，我发现逄新伟同学有一个很大的优点，就是对自己的要求特别高，而且有自己的标准，但是呈现出来的模型和图纸距离你的标准还有不小的差距，也就是想得很多，但做得不够。多思是你的优点，但是你在学习过程中更需要用手去操作，包括做模型、画图，通过操作磨炼，你就会提高了。目前，你思考的时间太多，操作的时间太少，在以后的学习中需要平衡一下。

黄老师：这位同学的方案还是很不错的，他在这里围绕一个核心空间来组织其他空间，这样的话，空间组织关系就要清晰很多（图 9.16）。所以，这个方案看起来空间不会那么杂乱，而且空间关系主次分明。

王老师：这个平面图上的阴影采用钢笔渲染的效果并不理想，如果换作铅笔表现就会好很多（图 9.17）。

用铅笔表现阴影的优点是更容易掌控，包括阴影的渐变、深浅效果，现在这张图上的阴影有些僵硬，不够生动。虽然这位同学很努力，但是在图纸表现的时候一定要选择合适的表现技法来扬长避短。

图 9.16

图 9.17

黄老师：我建议同学们在用室内透视图表现空间的时候，直接用相机或手机选取模型里比较有特点的空间拍照，毕竟同学们的模型做到了 1 ： 30，甚至 1 ： 20，这么大的模型，空间是很容易观察的，所以直接用照相的方式去捕捉空间，然后将这些相片放大到图纸上进行线描，出来的效果会很理想。但是这位同学自己画的这张室内透视图，空间的丰富性并不理想（图 9.18）。

图 9.18

王老师：还有这张分层轴测图，每个图的轮廓线都太粗，这样轴测图要表现的空间效果反而被它抢镜了（图 9.19）。

图 9.19

2. 探讨

王老师：这是教学实验课程的最后一次课了，我想给大家做一个总结，谈一下对这个课的想法。先请黄老师给大家讲一讲。

黄老师：首先，如果不看图，只看模型表现，我个人认为建筑学一年级的最后一份作业做到这种程度，已经非常好了。在我读书的时候，大学一年级的学生是不可能做出这样复杂的设计来的，甚至都接触不到空间的模型操作，可能到了三、四年级才会涉及较为复杂的设计。模型操作的最大优点就是帮助同学们建立空间认知，这个训练非常重要。但建筑学的学习不仅包括模型训练，还会涉及材料、色彩等，而且即便是模型也会有分类，包括过程模型、表现模型，因为这些模型的用途是不一样的。

其次，图纸表达很重要。比如，我负责主编《建筑学报》，对于实践性项目的稿件，审稿的时候靠什么来评判这个作品呢？我不太可能去现场看建筑或者去看这个作品的实际模型，那么，我评判的途径就是图纸，包括平面图、总平面图、剖面图、轴测图等。在建筑学习的过程中，你们的建筑表达很大程度上是依托于图纸的，实际落地建成的可能性比较小。所以，正如刚才王老师所讲，在今后的学习中，你们还是要多做模型、多画图。另外，我建议同学们最好临摹一些优秀的建筑方案，甚至熟记一些经典的建筑平面图，我认为这个是非常重要的学习手段。

最后，我还是要强调图纸表达一定要准确，只有图画得准确，你才能真正理解这个空间。如果图画得错误百出，说明你根本没建立起一个准确的空间概念。我建议同学们课余时间多去看一些经典的、流传至今的建筑作品，这些作品之所以成为经典，是有一定道理的。

王老师：黄老师刚才讲了要同学们去看一些经典建筑作品，我非常赞同。但是，同学们在看的时候，一定要学习这些作品的精妙之处。当然，我也有一点个人建议，就是同学们在学习这些作品的过程中，不要被带进去，因为创造经典的大师浑身都带“剧毒”[①]。如果同学们不明所以地吸入了这些作品的“剧毒”，对同学们的学习而言是既有利，也有弊：利是同学们很快就会照猫画虎地做设计了；弊是同学们迷失了自己。如何才能既学到经典作品的精髓，同时又保持自己独立的设计思考，这个平衡很难把控，我想所有建筑学专业的老师、同学都需要去深思这个问题。即便是我所讲的这些内容，除了把模型做好，图纸画准确之外，其他内容你们也都要辩证地去听，因为这也是“剧毒”！同学们今后要学会批判地学习，一定要有这种批判精神，不是老师告诉你们的所有东西都要原封不动地吸收，设计师需要有独立思考的能力，批判性思考对设计专业的同学们而言非常重要。

黄老师：既然讲到批判性思考的话题，那么有没有哪位同学想对王老师的这个教学实验课进行批判呢?

赵林清：我们一直在讲空间是有魅力的，但是我认为老师没有告诉我什么样的空间是有魅力的。我在这个课的学习过程中，听到老师说张树鑫同学的空间模型很不错，说他的空间具有流动性，走进去之后空间是畅通的，我就照着他的那个模型的感觉去做，然后下节课拿给王老师看的时候，老师说这个有点感觉了。课下我也跟一位学姐交流了，她说审美能力是需要培养的，而我可能还没有一个判断美的标准。问题是当我们自身没有空间审美能力的时候，我们都是按照王老师的评判标准来做的，但有时候我觉得美的东西您认为不美，而您认为美的我也感觉一点儿都不美。

---

① “剧毒”在此应理解为经典作品所呈现出来的程式化设计思维。如果同学们不假思索地去模仿这种设计思维，必然会禁锢他们与生俱来的设计天赋。此处用“剧毒”来表达，以便引起同学们的思考。

王老师：你提的问题特别好。但是，我认为你漏了一点，所谓我的标准，是一种感觉，是特别虚的，其实我是想让同学们通过不断的模型操作去尝试着寻找自己的标准。

赵林清：但是我尝试了一下跟随您的标准，您也确实夸奖我新做的模型了。

王老师：因为你们现在还没有空间审美的判断力，所以需要根据我的指导来学习。你能提出这个问题说明你课上确实是认真听讲，并且认真思考了。所谓独立的判断不是说你要跟王老师较劲，而是当你真正能独立思考的时候，如果你不认可王老师的观点，可以说出你自己的观点，咱们来共同讨论，我认为这才是一种自由、开放的探讨方式。

我还需要再补充一点，同学们一定要学会培养建筑师的语言表达能力，比如，在介绍自己方案的时候，要说我的设计是从什么地方获得的灵感，而不能说我是参照什么原型去做的设计。

我想问一下，这次参加实验的16位同学的专业课成绩，之前在班里一直是优秀的吗？

笔者：王老师，这16位同学之前的专业课成绩分布在班里的各个分数段。

王老师：其实，咱们这次的教学实验，我认为结果是令人满意的。这说明只要方法得当，你们肯努力，就一定可以学会做设计。我之前在清华本科三年级、北大研究生班中也进行过这套教学实验，都取得了不错的效果。这次在咱们山建一年级同学的身上又看到了满意的实验效果，这让我感到很欣慰。

学习建筑学的同学们，将来毕业之后，面对的不是班里的这些同学，而是社会上各行各业的人，所以同学们需要不断地努力，才能逐渐参与到整个设计中去。这个专业虽然辛苦，但当你对这个专业达到喜欢的层面的时候，你就会发自内心地去钻研，只要这样坚持下去，我想同学们未来在这个行业里一定会有竞争力的！

通过这次教学实验，同学们逐步打破了现实蔽障之下封闭的空间观，初步建立起了现代性建筑空间观念（包括单层和多层的丰富空间观）。在空间操作层面，同学们初步掌握了在变化丰富的空间内建立空间序列的基本手法（即共享空间、楼梯、坡道、院落、空中廊道等空间要素的应用）。通过教学实验，同学们的空间尺度观念在这一学习过程中逐步建立了起来，同时，同学们也逐渐学会了建筑方案制图的准确表达。

但是，就教学实验中的表现和最终设计成果的呈现而言，同学们仍然存在不足之处：对空间审美的判断，依然处于朦胧、尚未开化阶段，当然，这与同学们目前处在专业学习入门阶段有很大关系；在建筑与周边环境的认知层面也存在较大问题，目前仅建立了初步的建筑环境观念，但是在建筑场地的设计方面依然存在很大的提升空间；在建筑制图表现方面的问题，也是最为直观的问题，就是同学们目前对空间表现技法的掌握尚显稚拙，需要同学们在今后的学习过程中不断地去练习和提高。

笔者通过跟王昀老师的探讨，认为关于该教学实验对同学们的影响无法在这次实验结束后立即得出结论。此次教学实验的目的是在设计学习之初激发出同学们近乎本能的空间形式感知，这种感知是不受现实生活浸染的，是一种生理本能，是“物我同构”的空间观。因此，这次教学实验的结论是开放性的，是要经过实验对象长期的发展才能验证的。作为建筑学设计基础的教师，笔者也期待这一教学实验能够在不同学校、不同年级的建筑学专业教学中得以尝试，甚至推广，让更多的同学接受这一教学方法，让更庞大的实验群体在未来广泛地验证这一教学实验结论。

附录

崔传稳同学设计作品

空间的捕捉模型

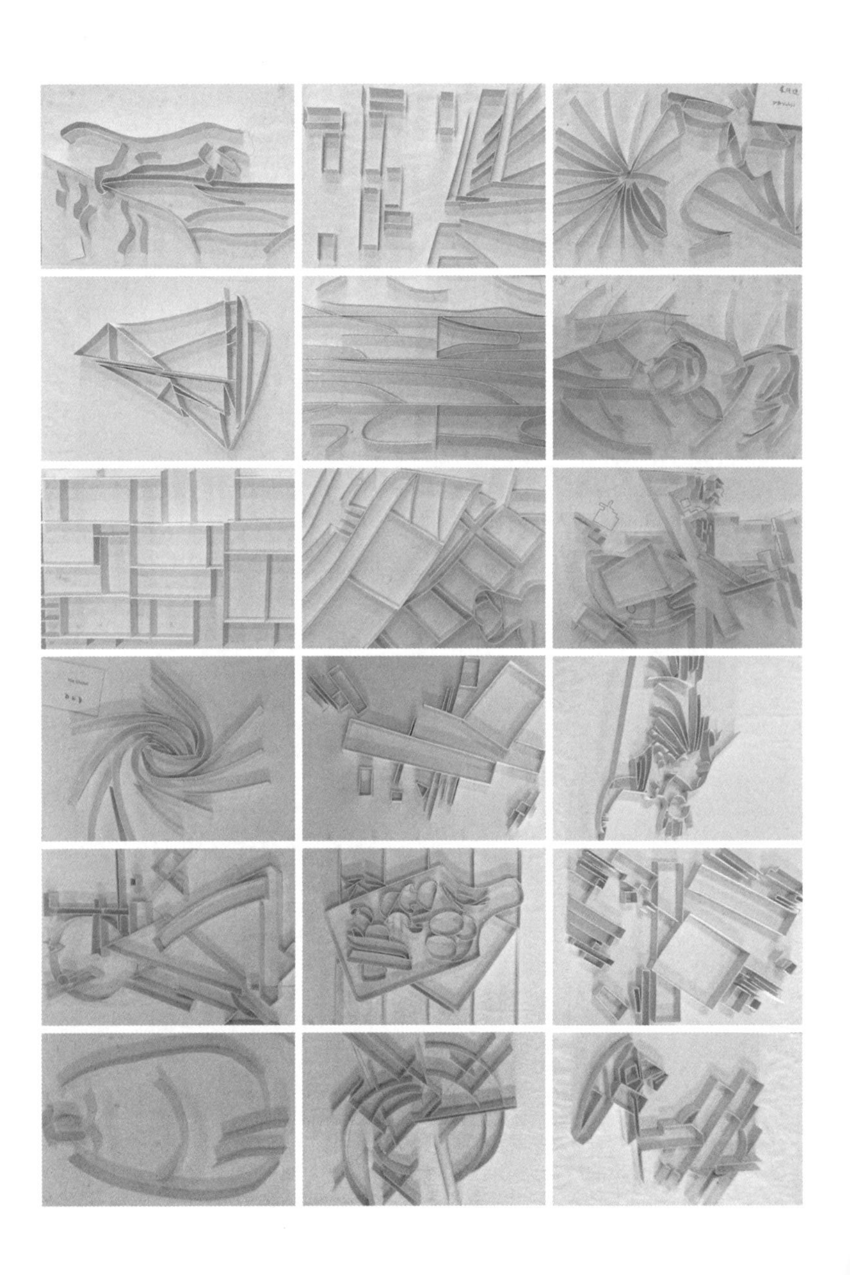

量变模型

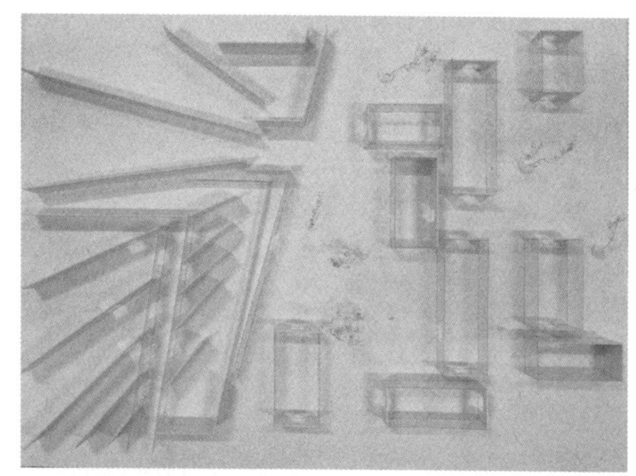

空间的生长模型

最终方案设计及模型图

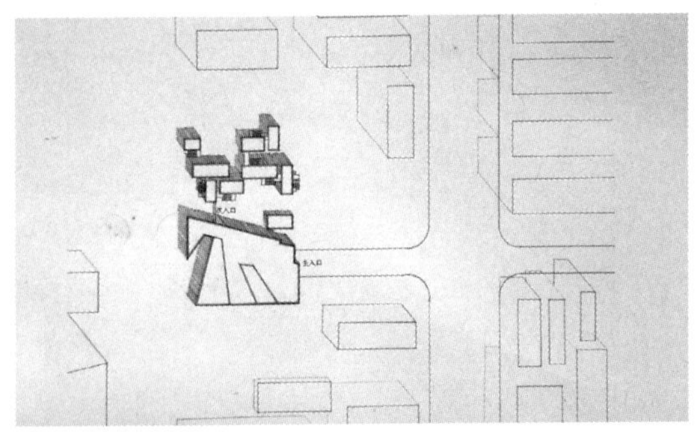

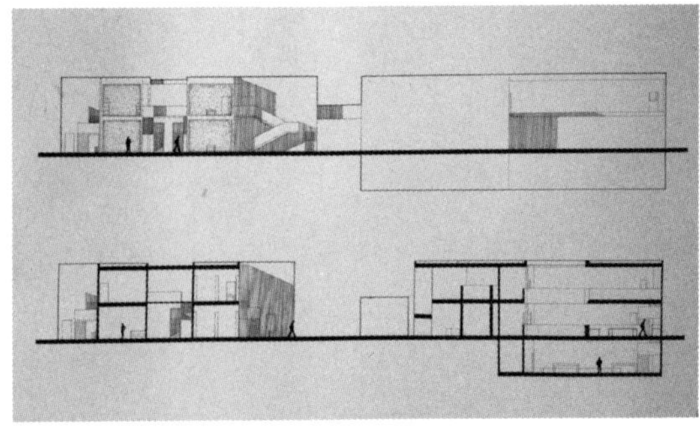

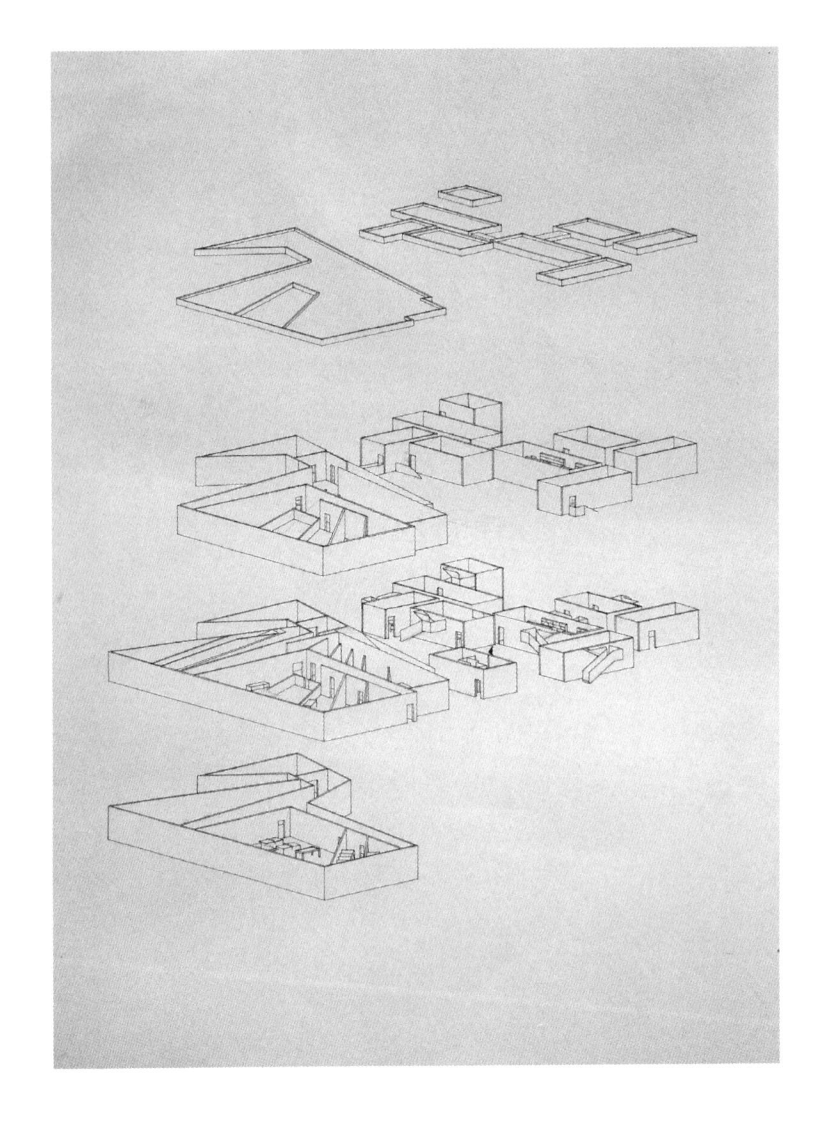

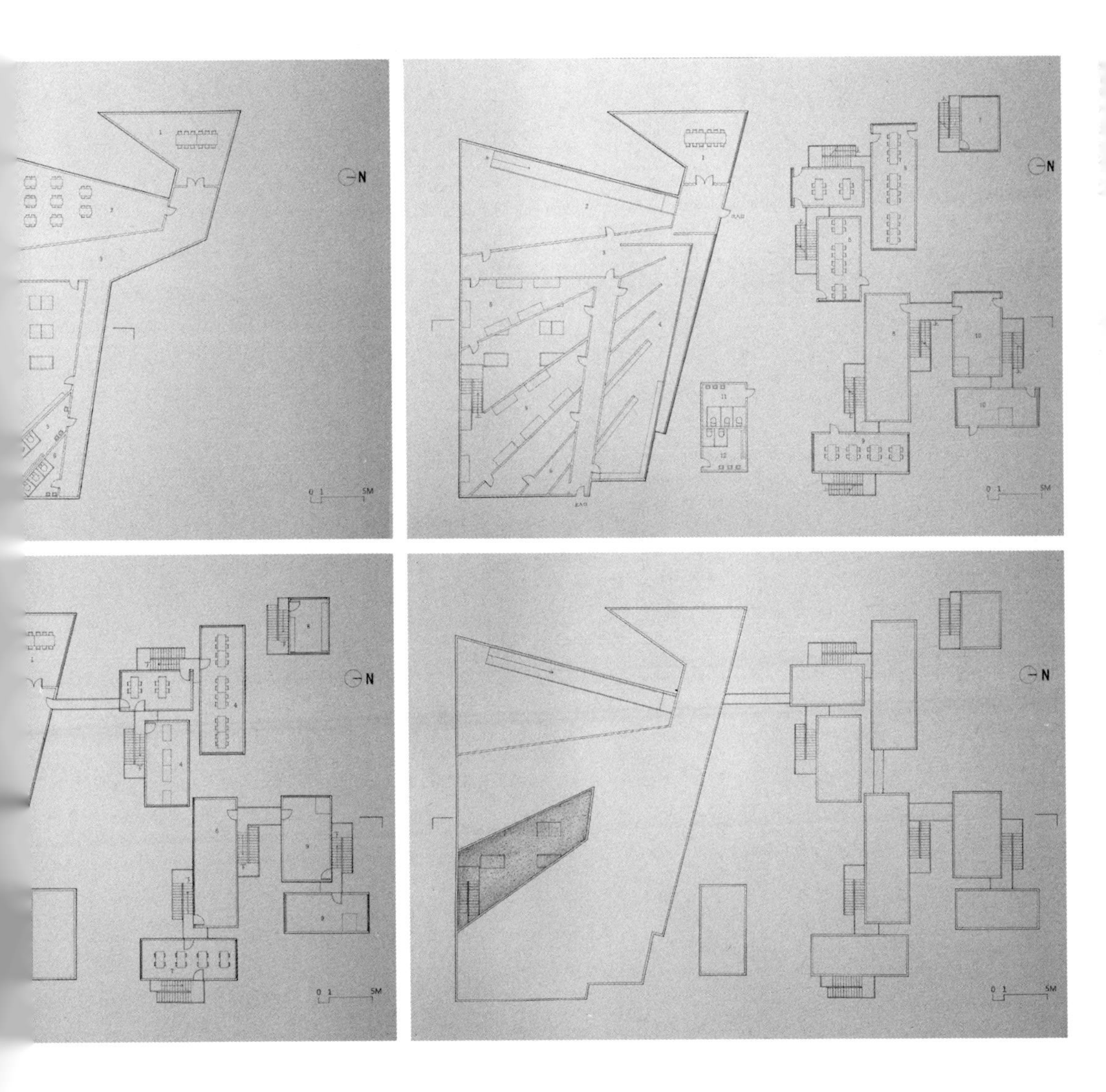

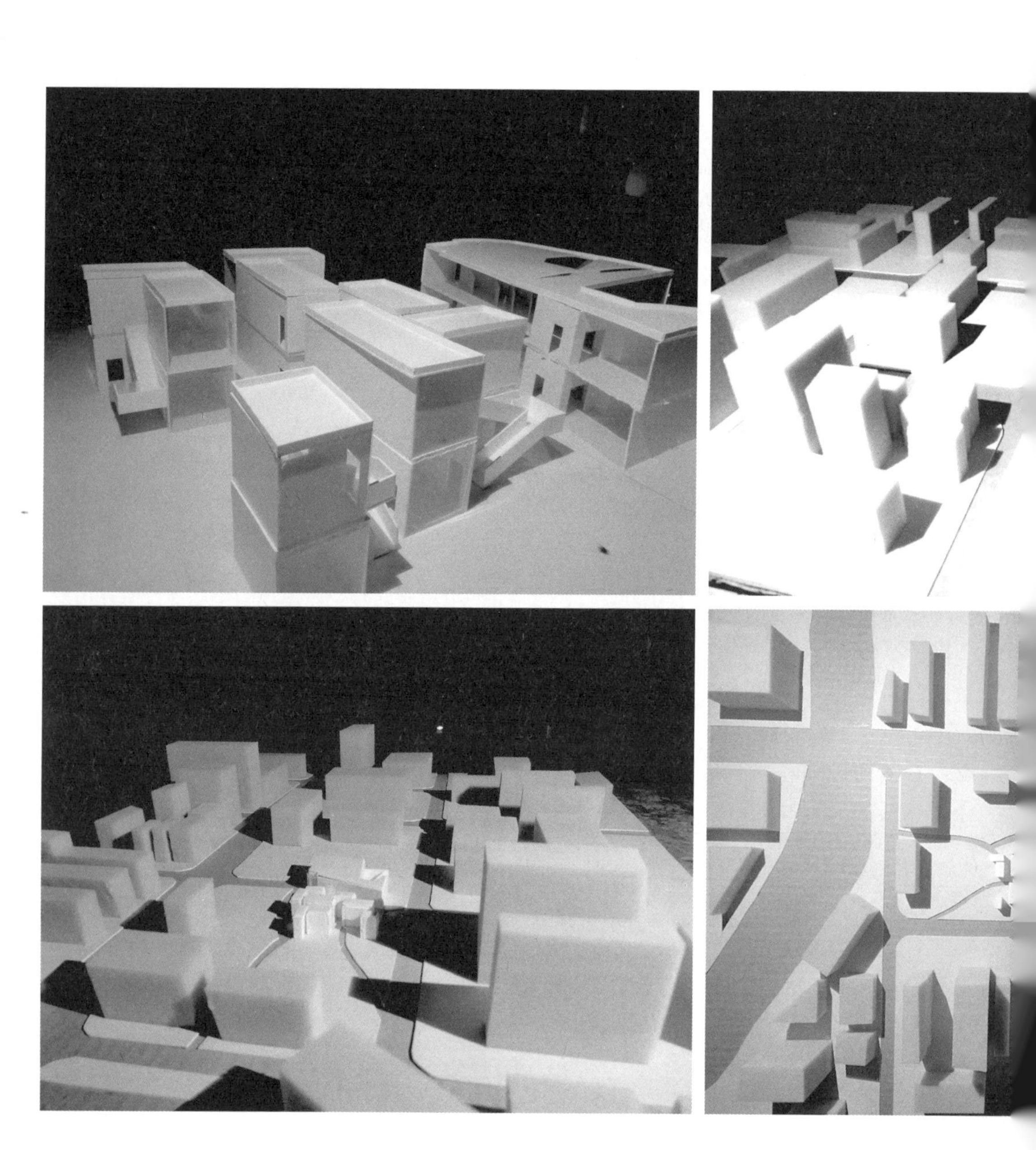

崔薰尹同学设计作品

空间的捕捉模型

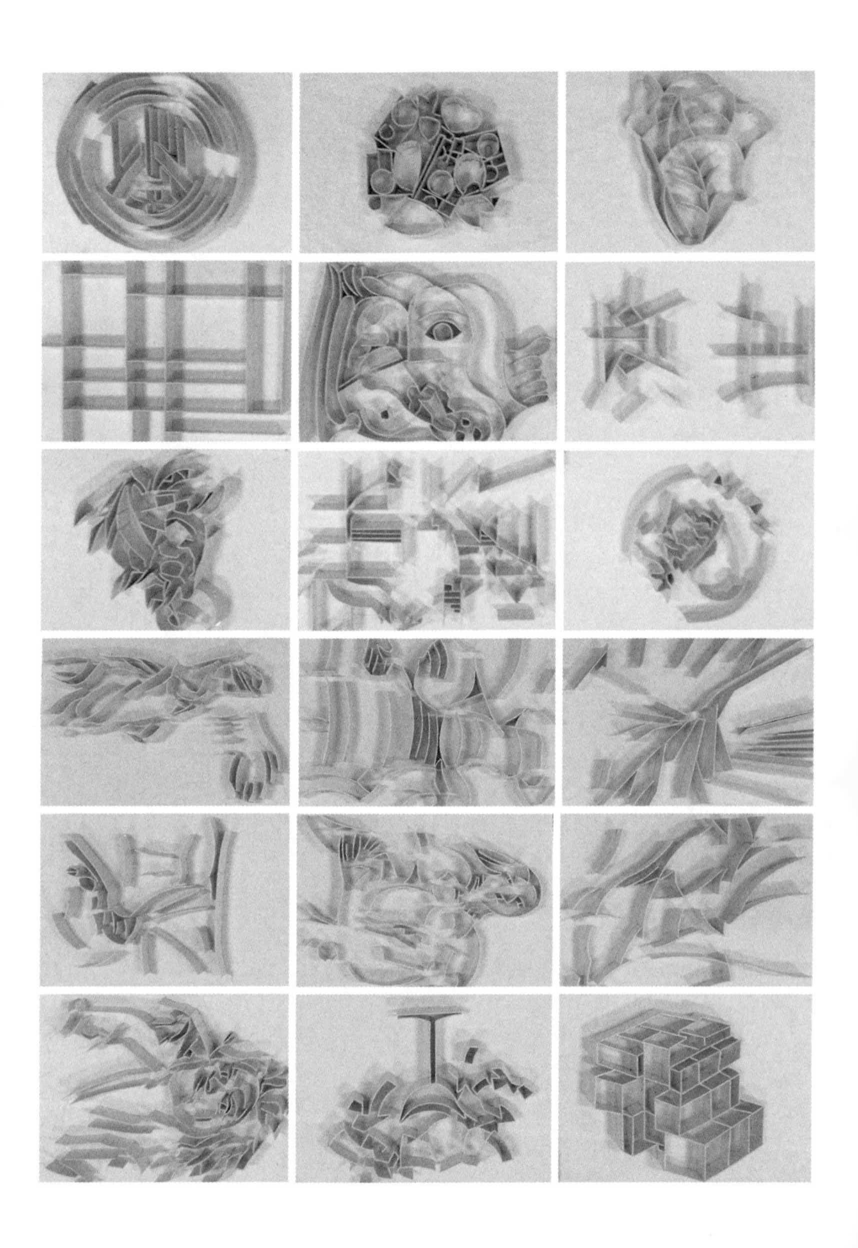

量变模型

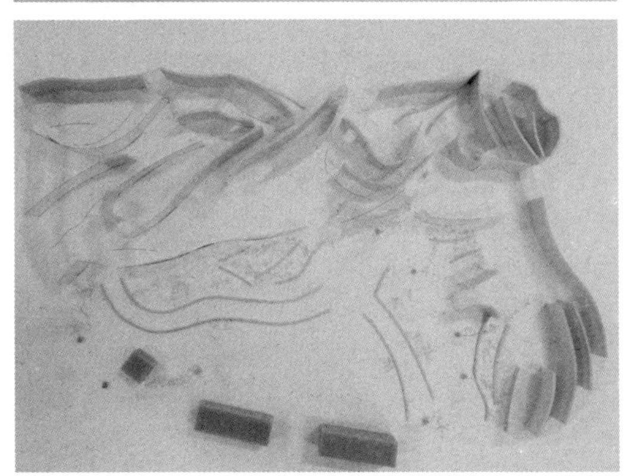

空间的生长模型

最终方案设计及模型图

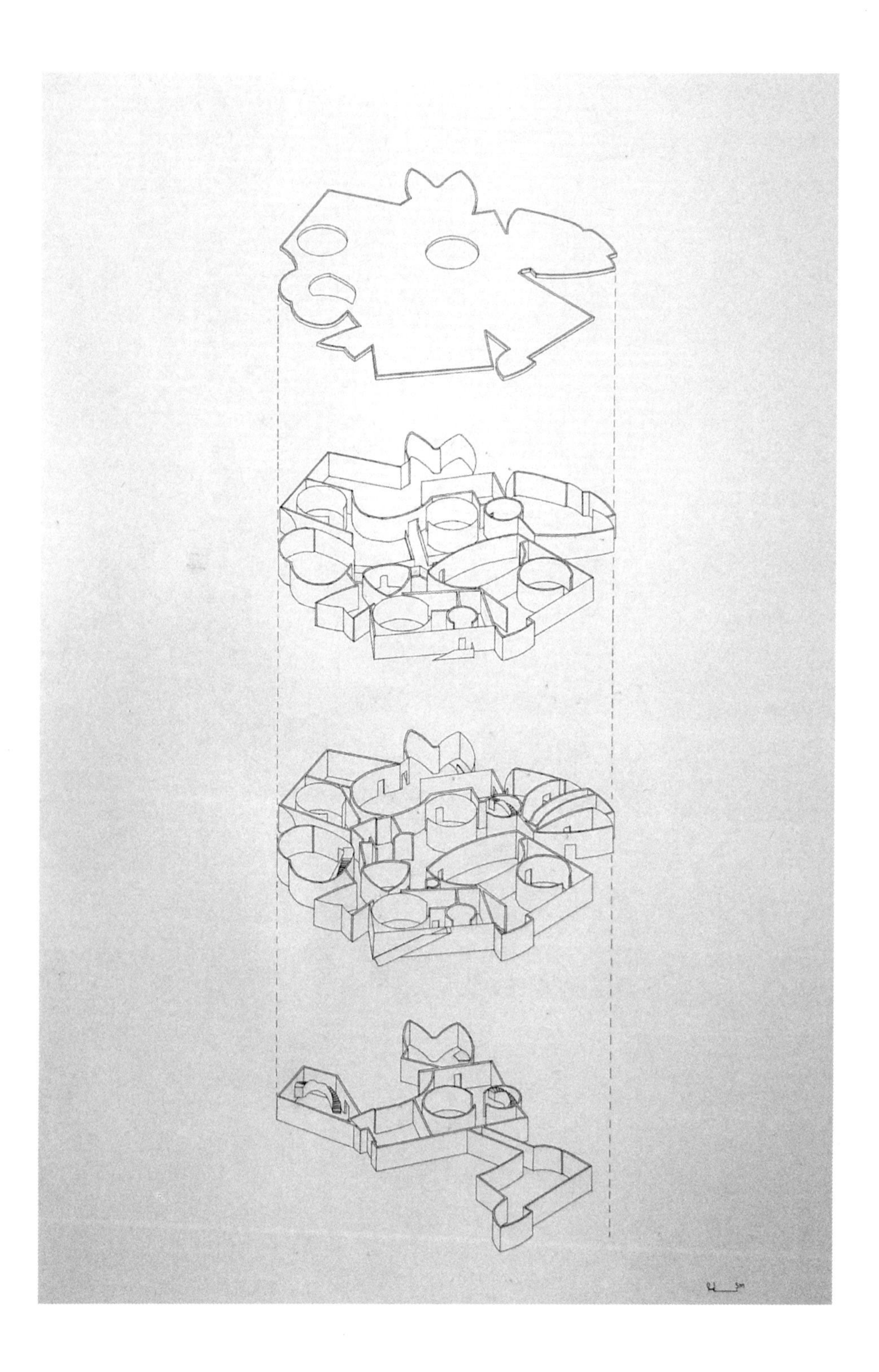

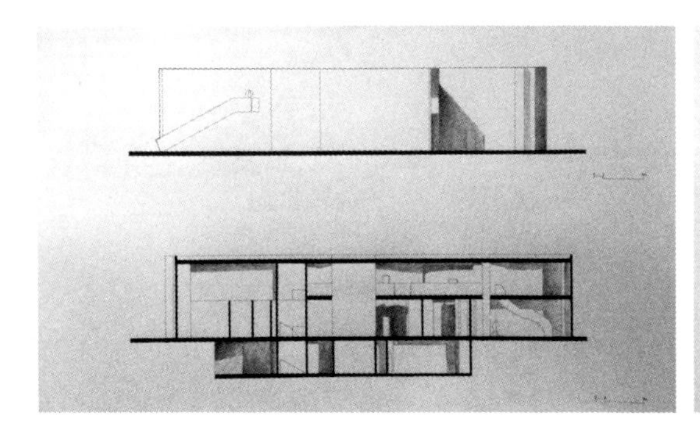

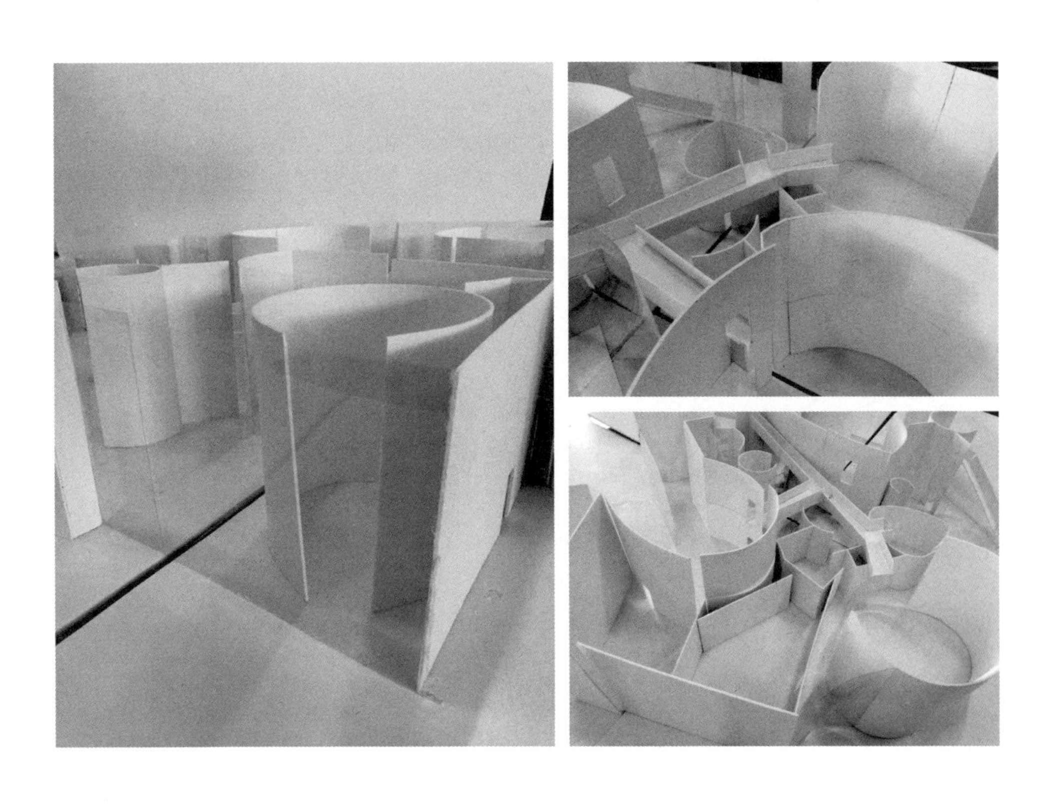

黄俊峰同学设计作品

空间的捕捉模型

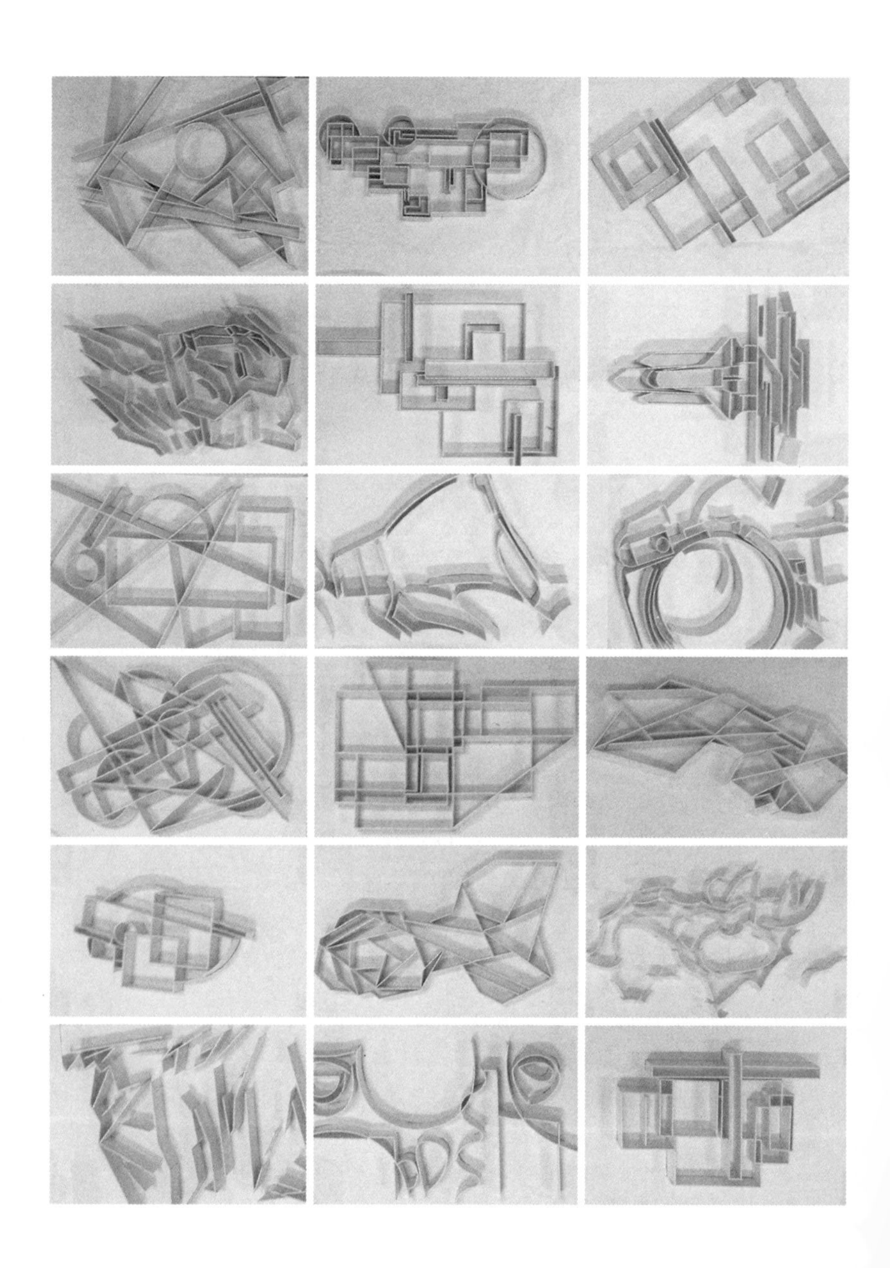

量变模型

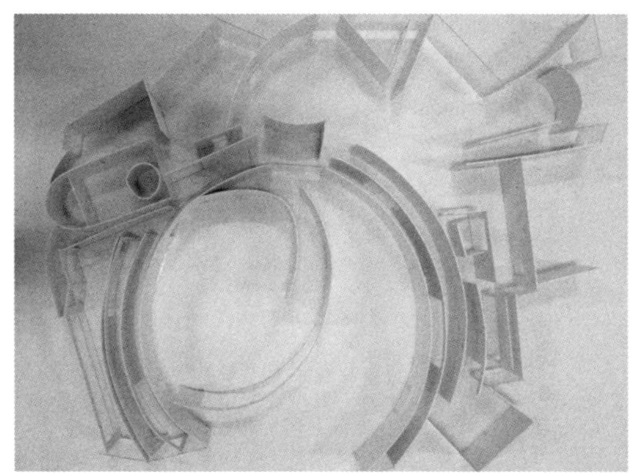

空间的生长模型

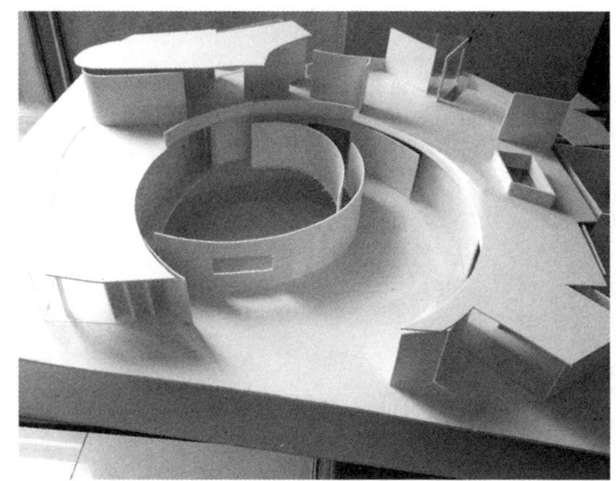
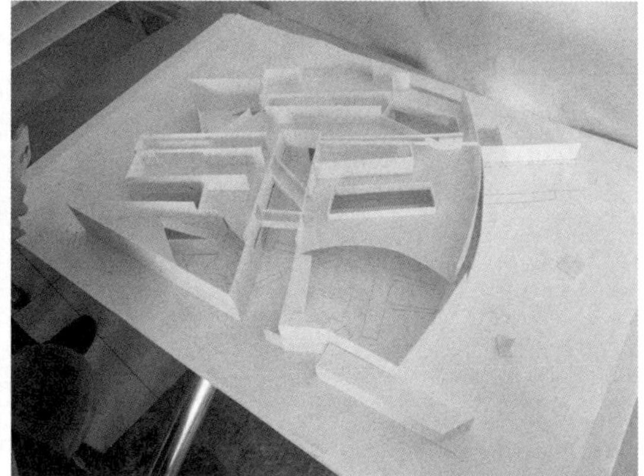

质变模型

最终方案设计及模型图

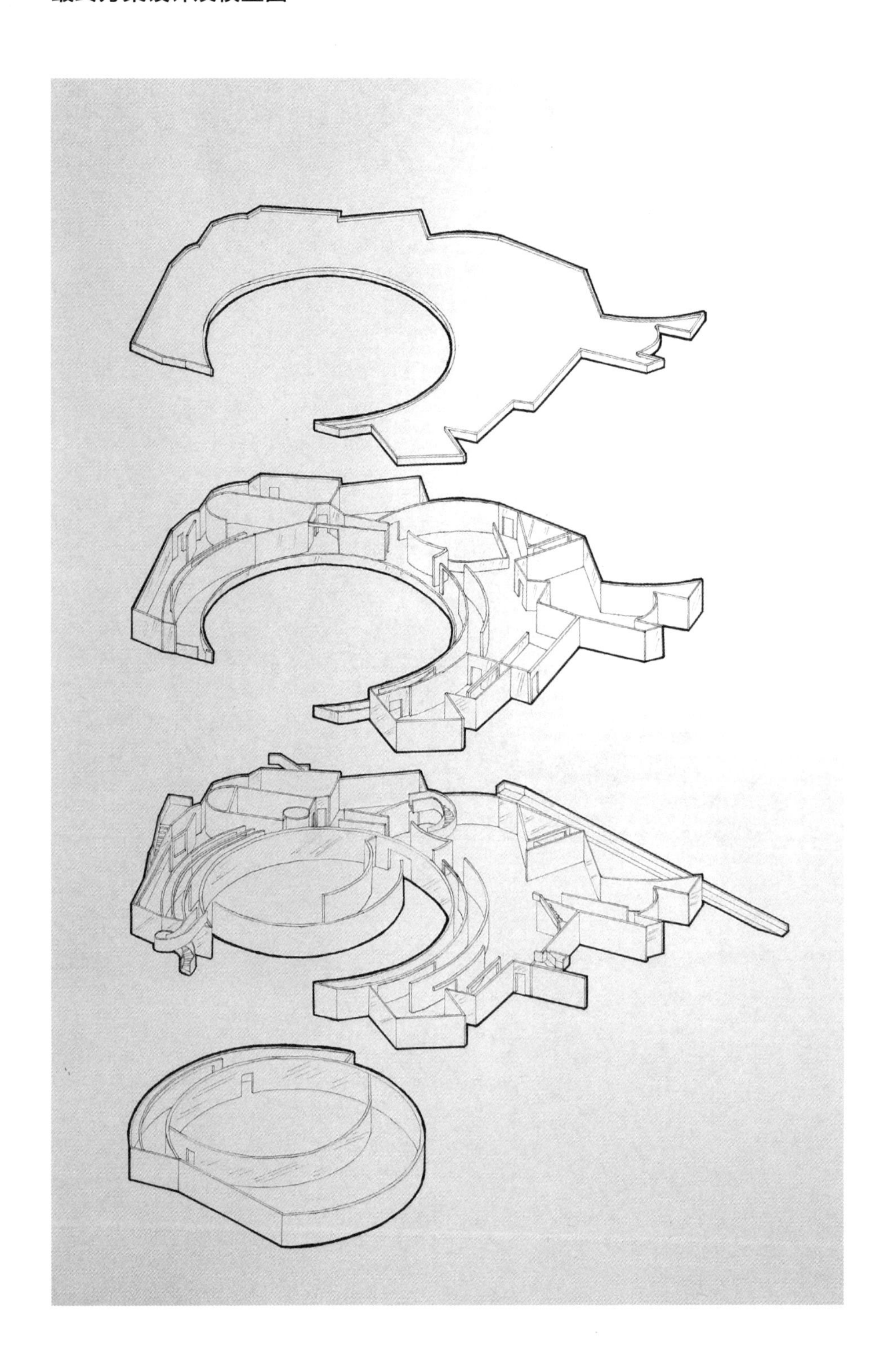

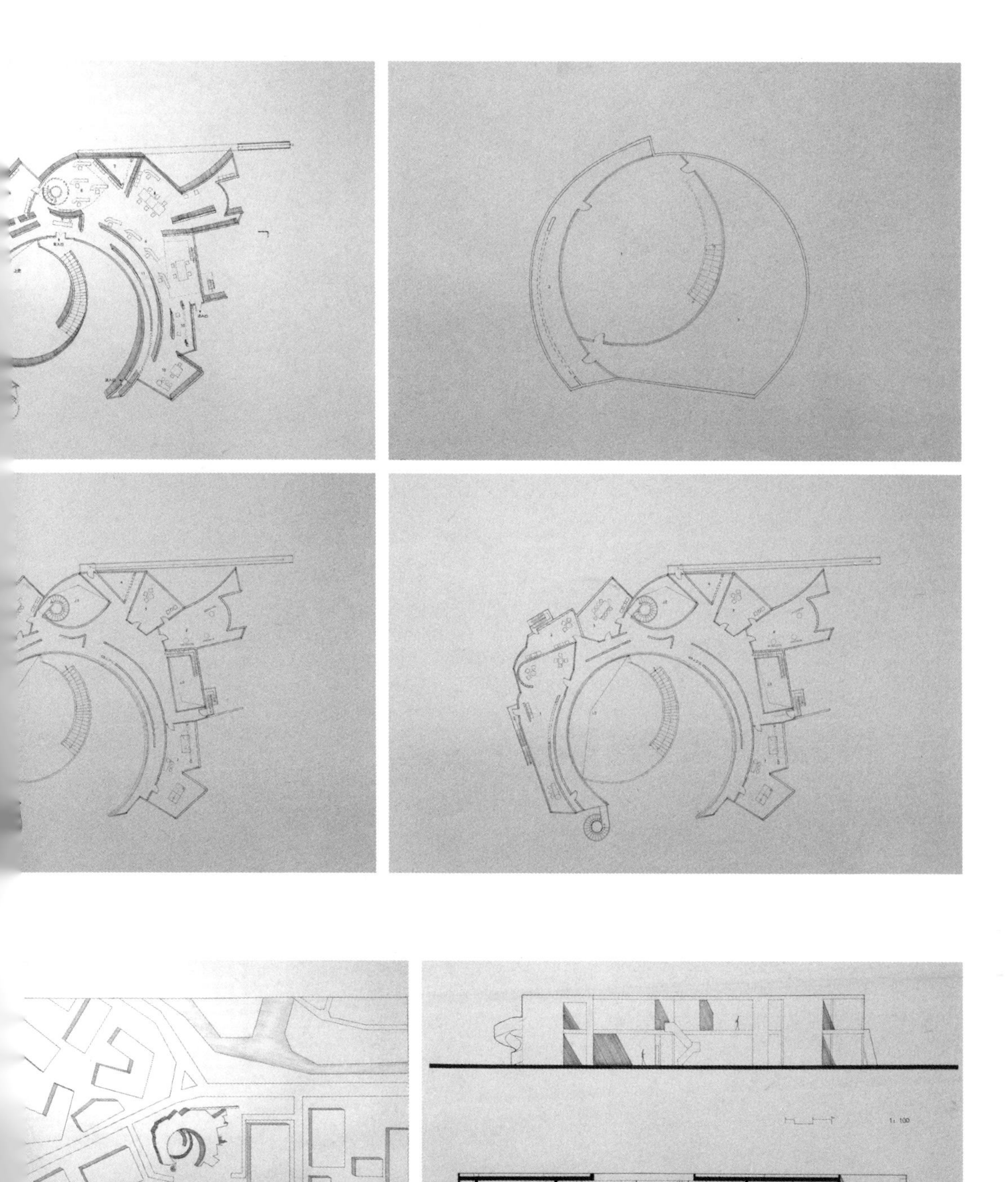
1: 100
1: 500

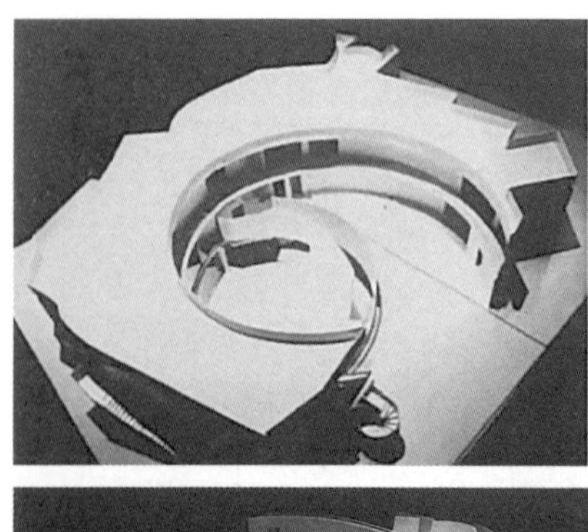

林泽宇同学设计作品

空间的捕捉模型

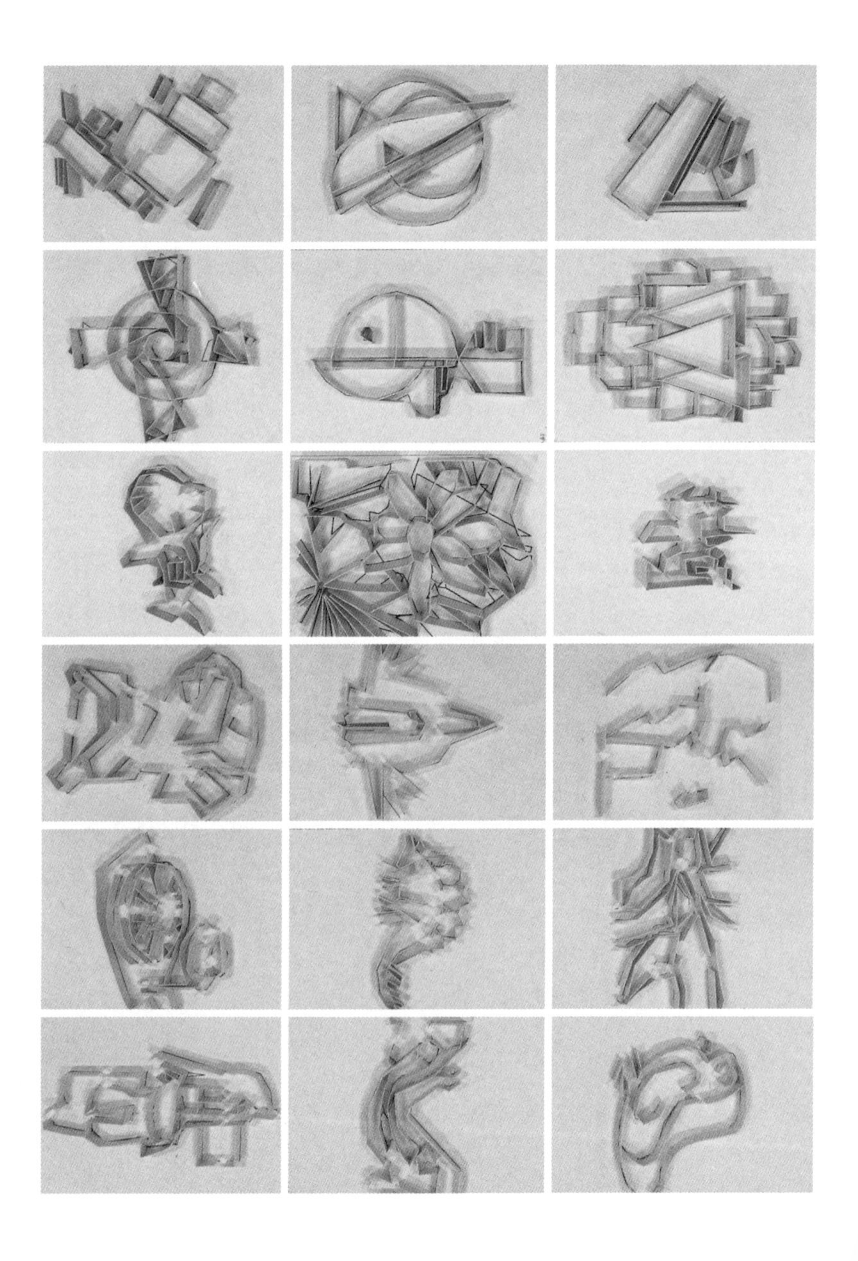

量变模型

最终方案设计及模型图

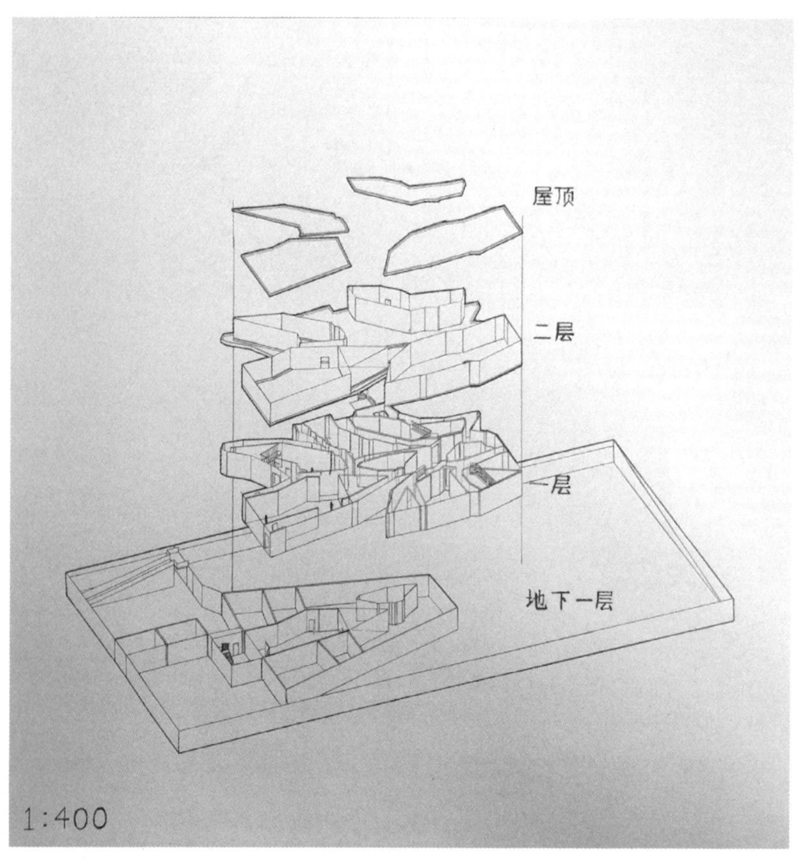

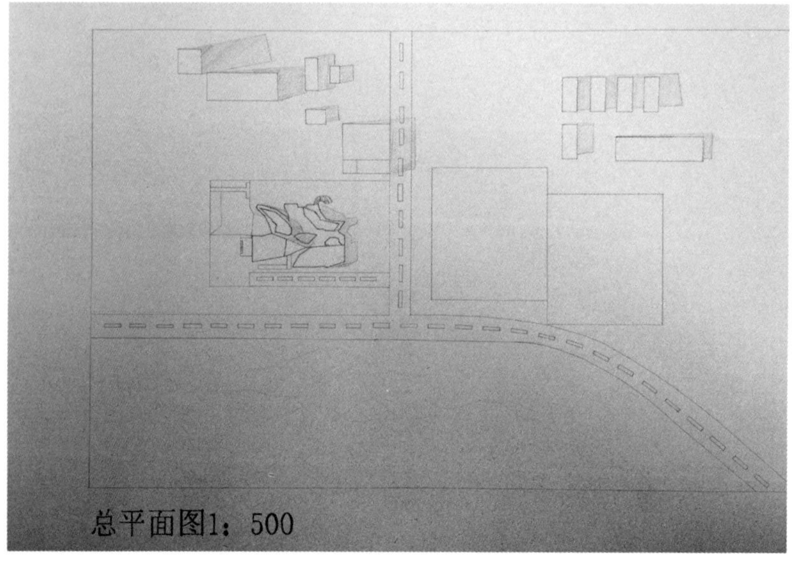

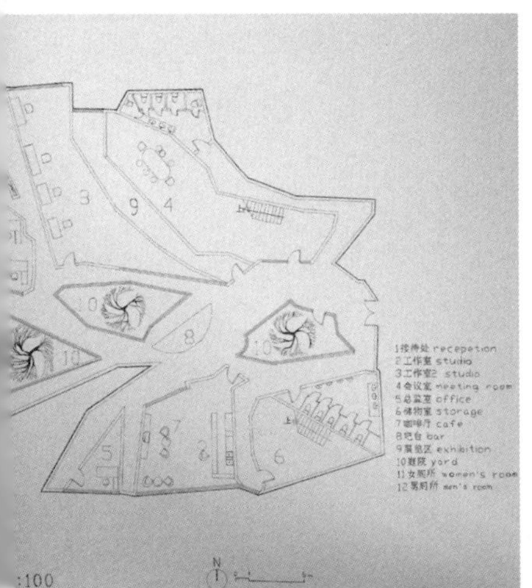
1接待处 recepetion
2工作室 studio
3工作室2 studio
4会议室 meeting room
5总监室 office
6储物室 storage
7咖啡厅 cafe
8吧台 bar
9展览区 exhibition
10庭院 yard
11女厕所 women's room
12男厕所 men's room
:100

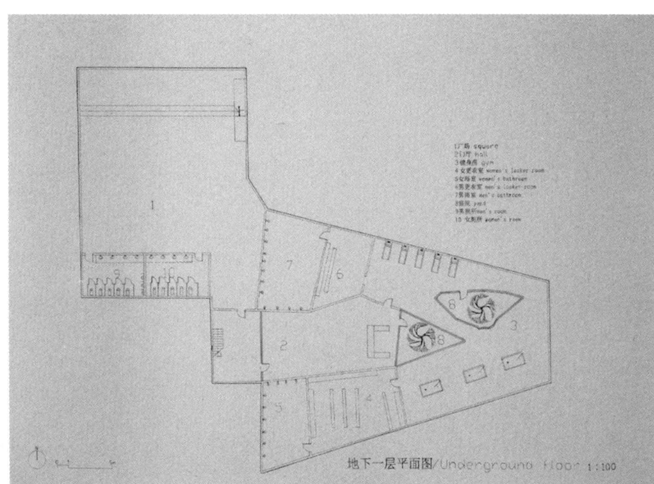
1广场 square
2门厅 hall
3健身房 gym
地下一层平面图/Underground floor 1:100

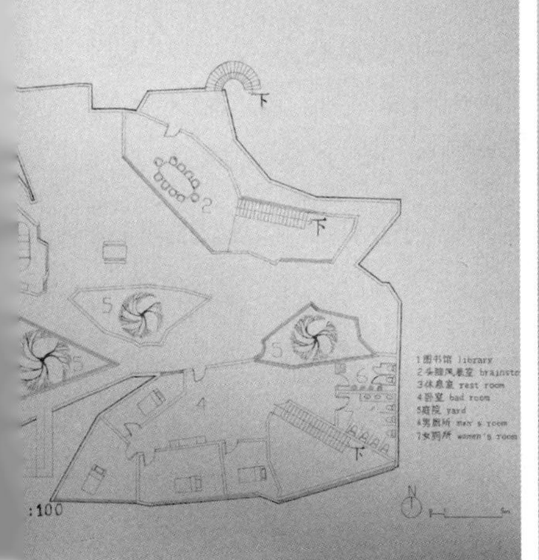
1图书馆 library
2头脑风暴室 brainsto
3休息室 rest room
4卧室 bed room
5庭院 yard
4男厕所 man's room
7女厕所 women's room
:100

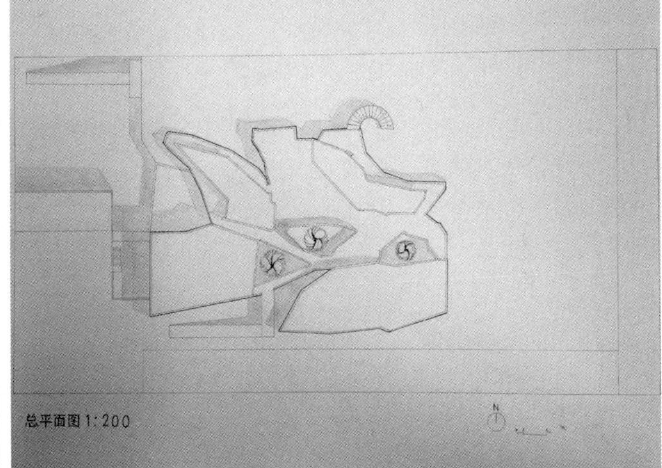
总平面图1:200

马司琪同学设计作品

空间的捕捉模型

量变模型

空间的生长模型

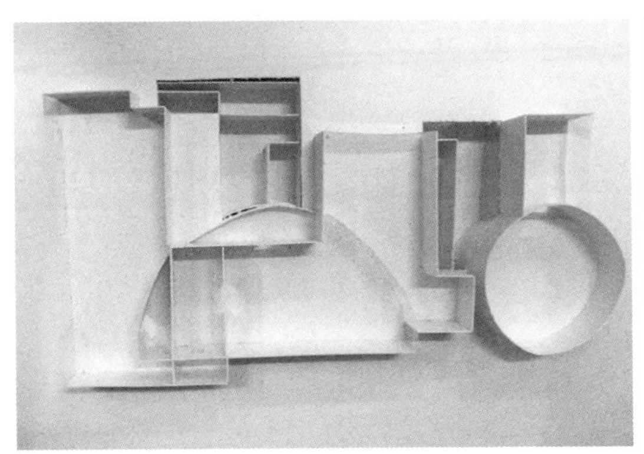

最终方案设计及模型图

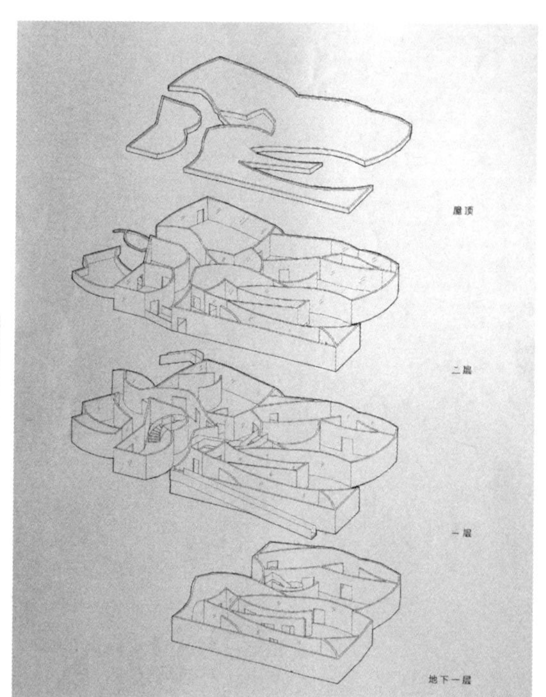

立面图 1：100
1-1剖面图 1：100

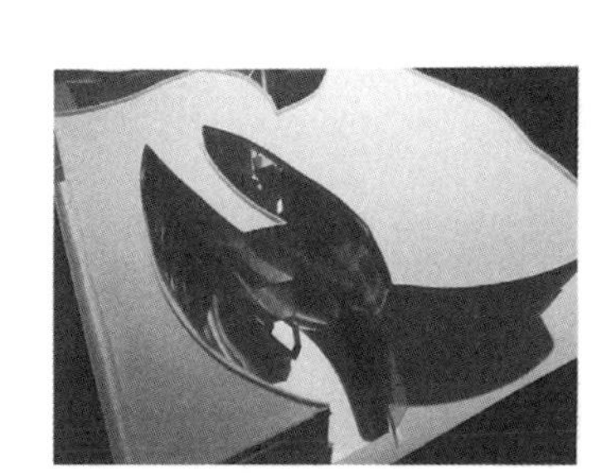

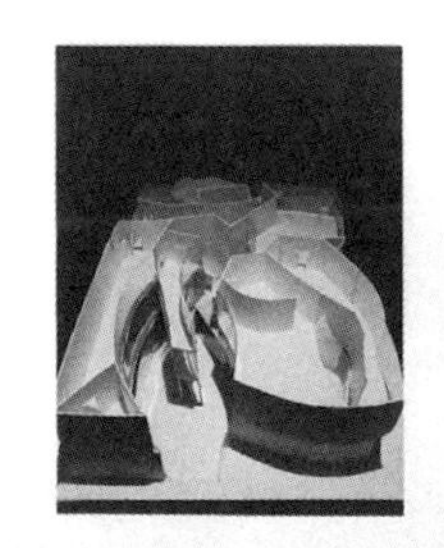

马学苗同学设计作品

空间的捕捉模型

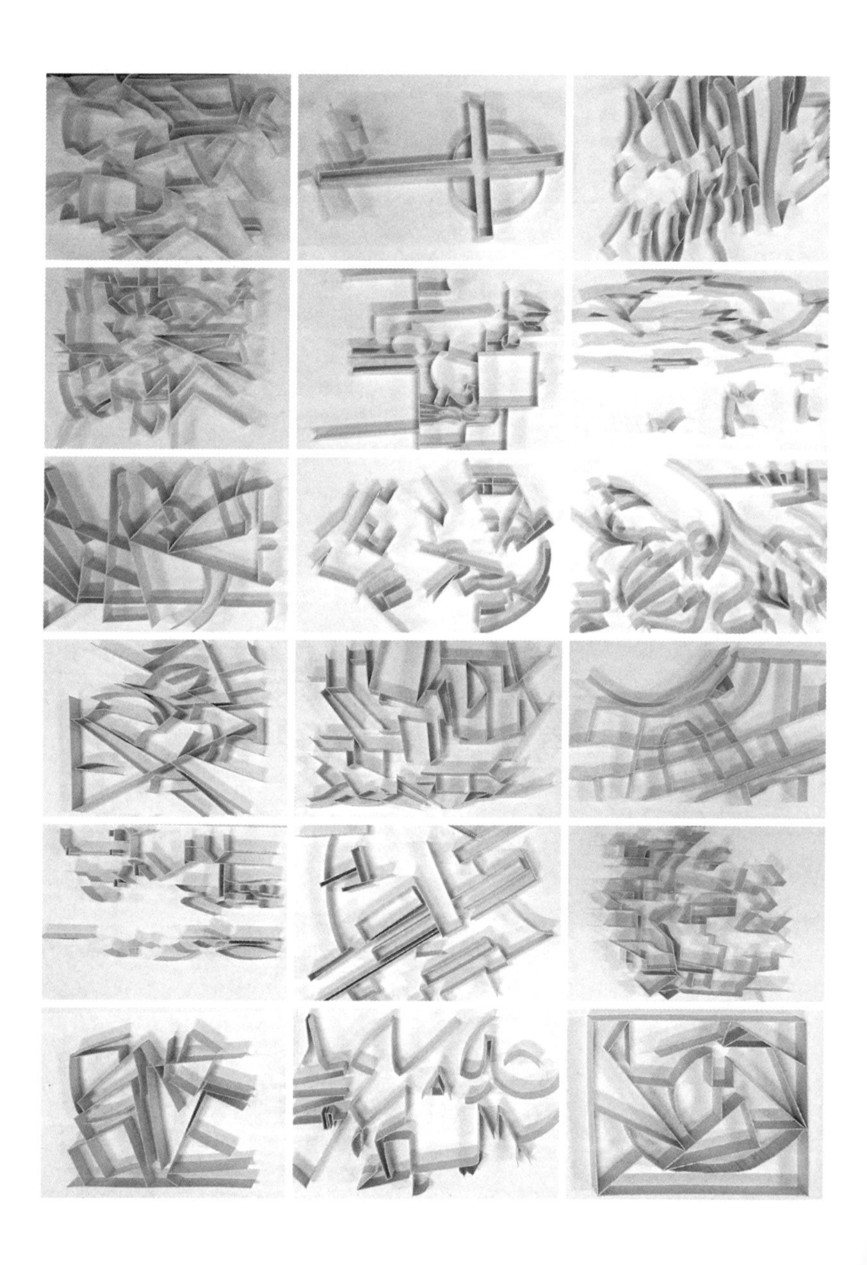

量变模型

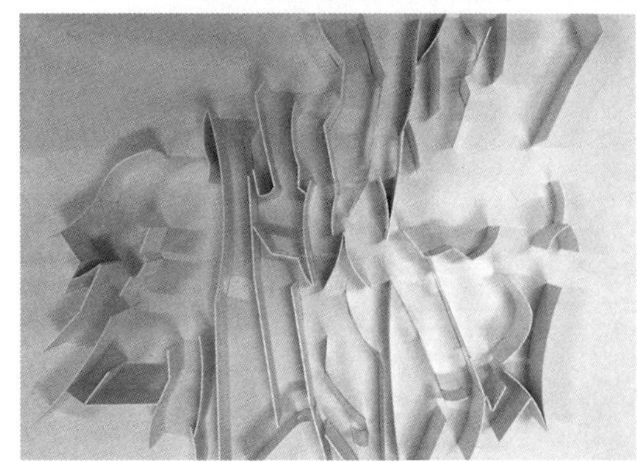

最终方案设计及模型图

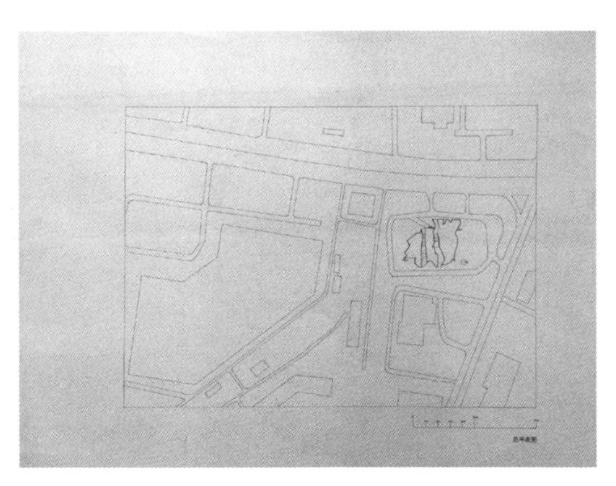

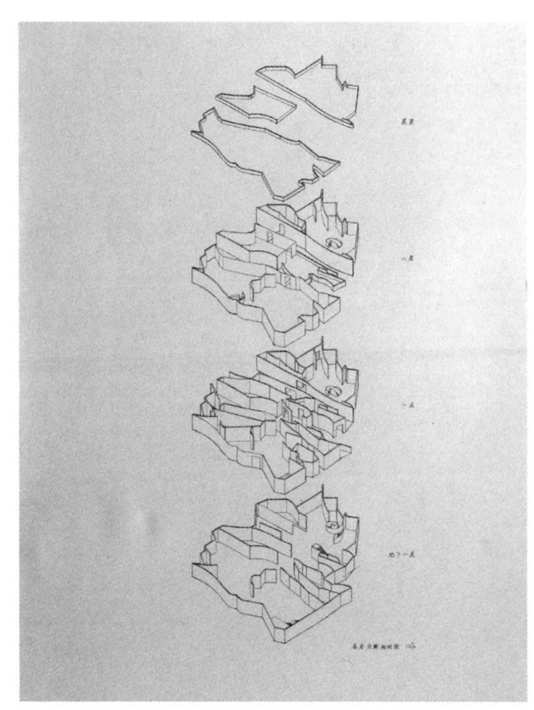

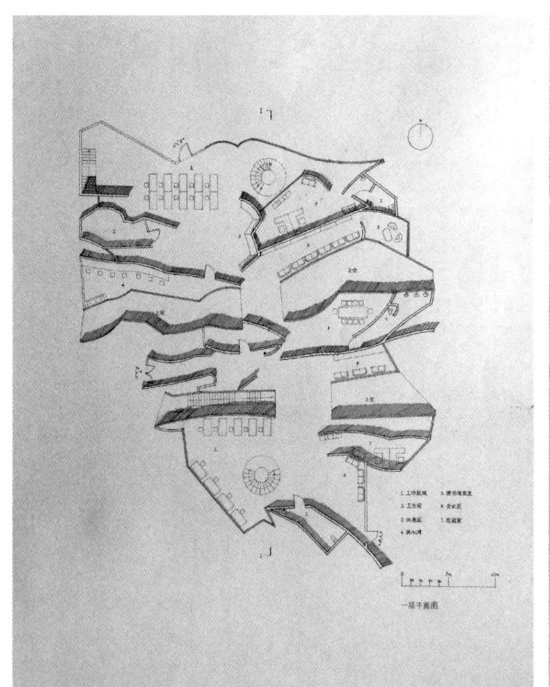
一层平面图

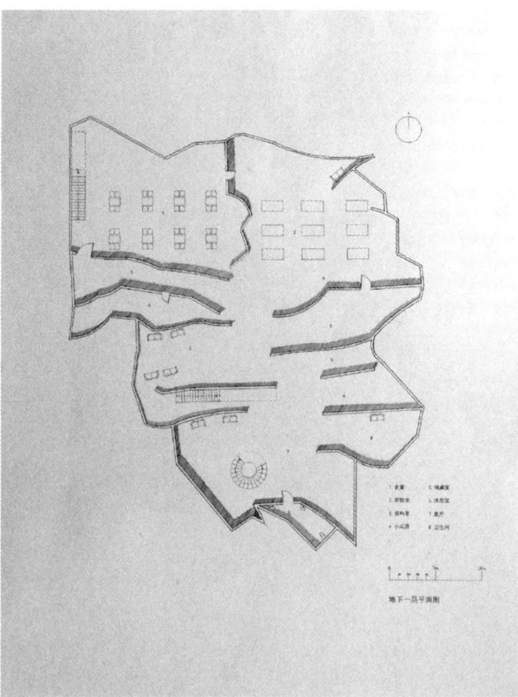
地下一层平面图

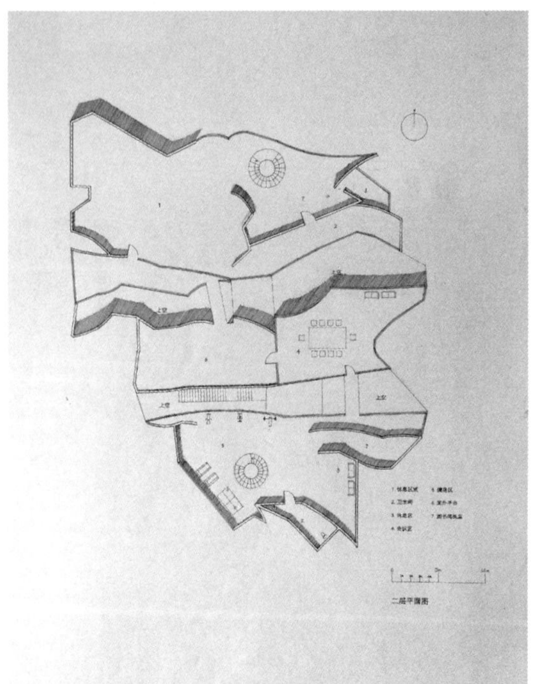
二层平面图

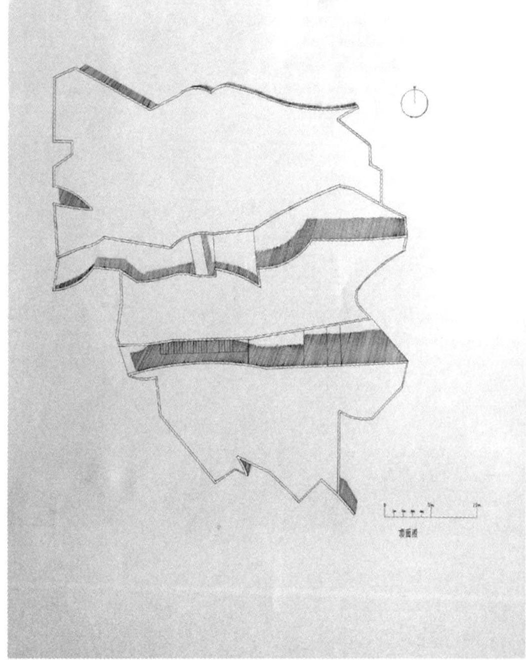
屋面图

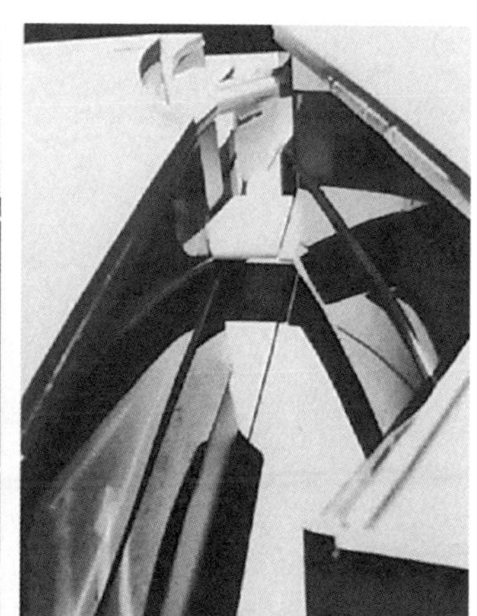

逄新伟同学设计作品

空间的捕捉模型

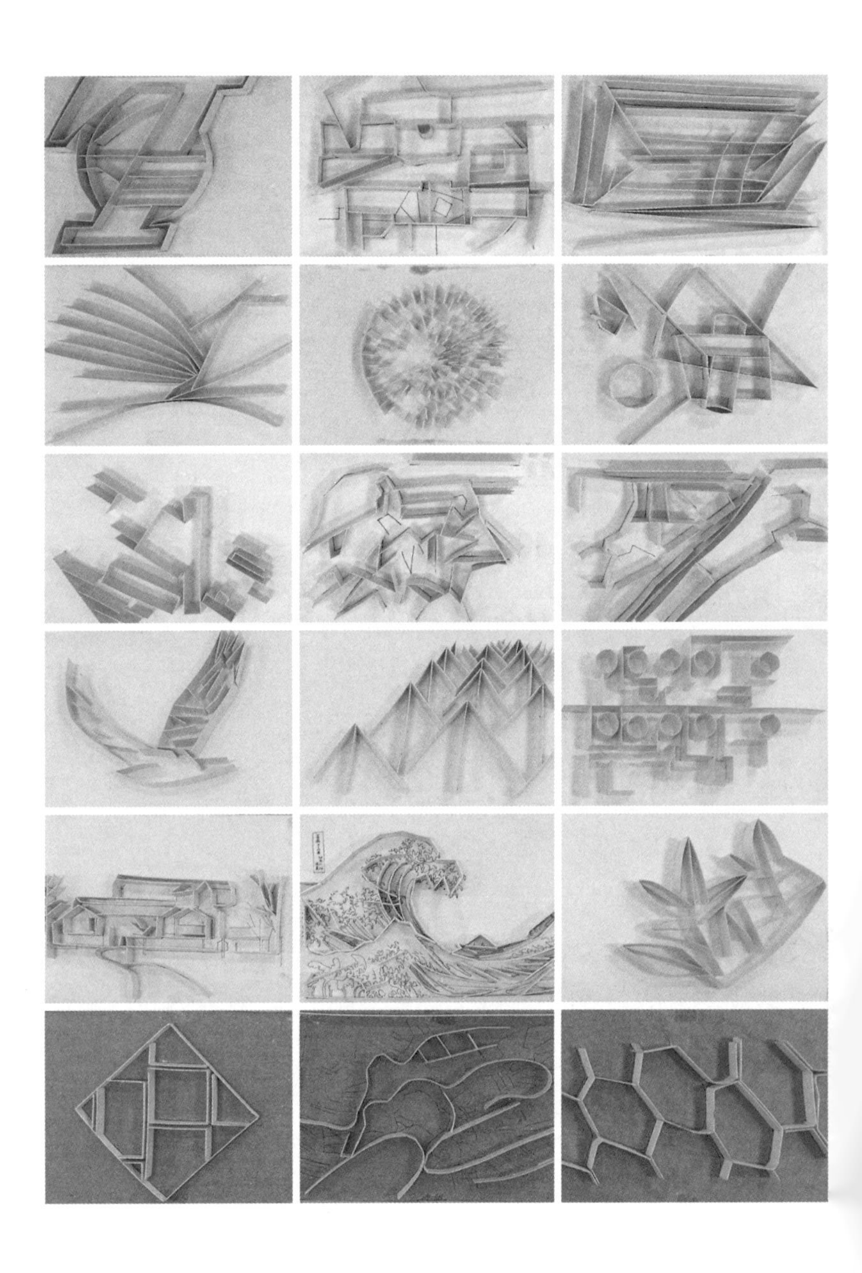

量变模型

最终方案设计及模型图

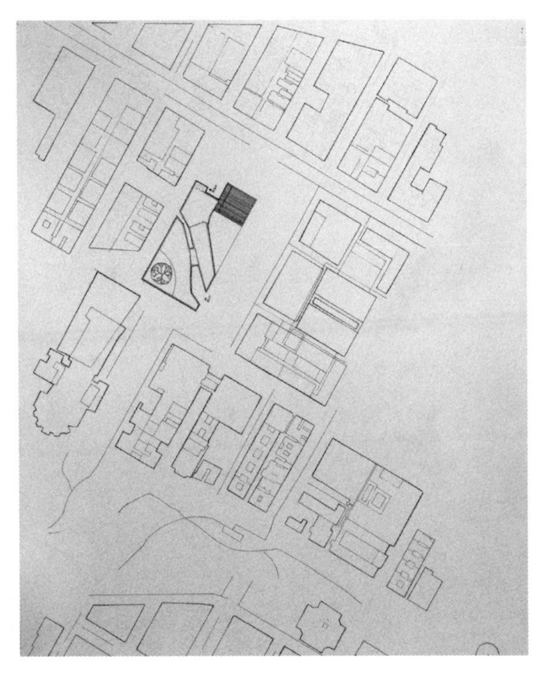

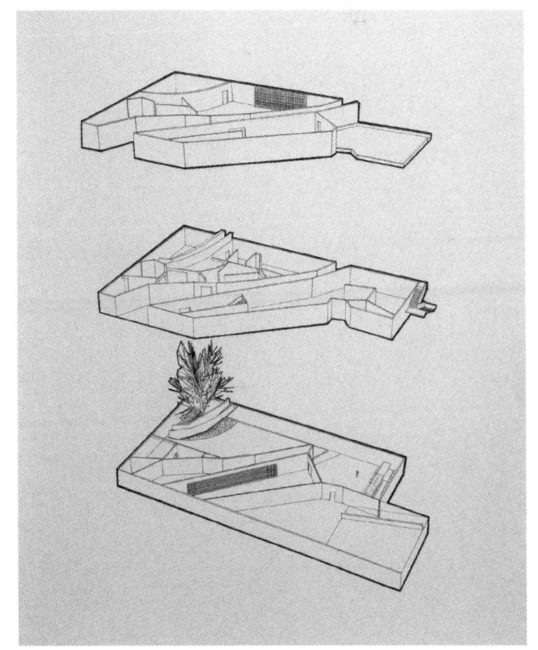

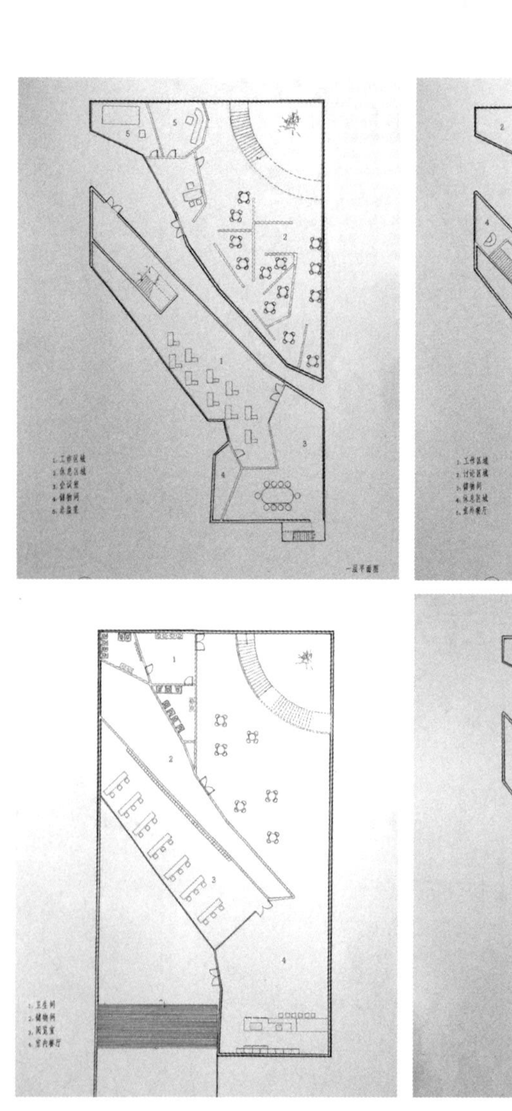
工作区域
休息区域
会议室
储物间
总监室
一层平面图
卫生间
储物间
阅览室
室内餐厅

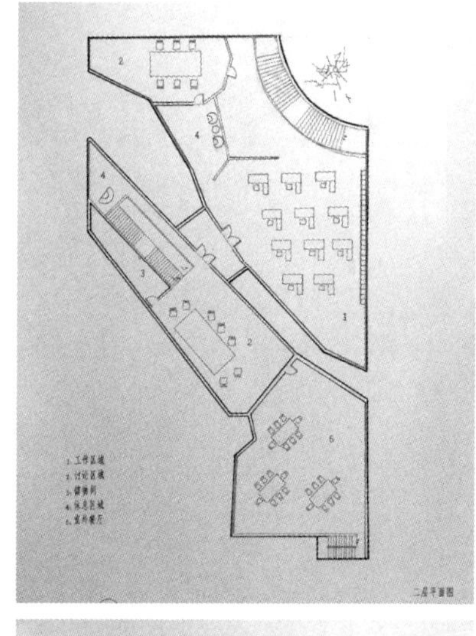
工作区域
讨论区域
储物间
休息区域
室内餐厅
二层平面图

室内透视图

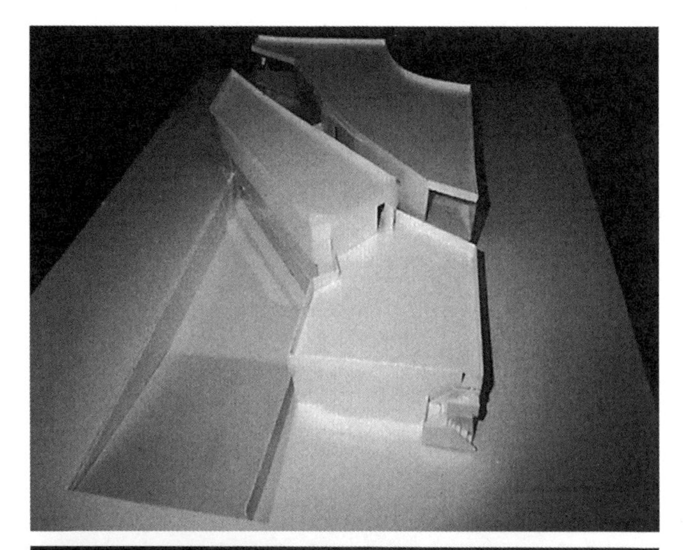

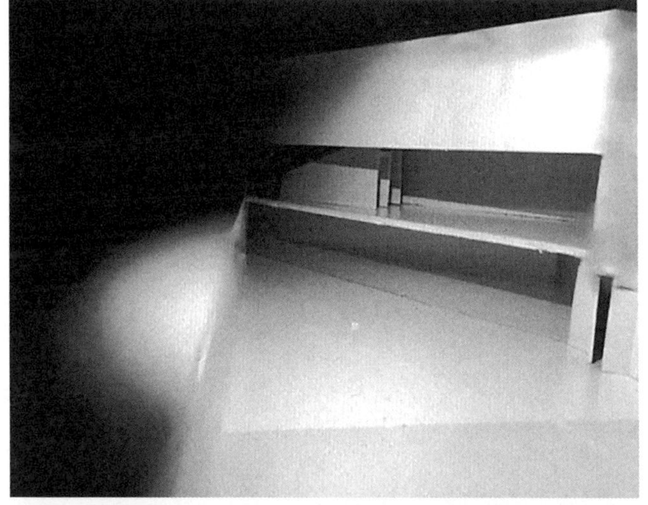

石国庆同学设计作品

空间的捕捉模型

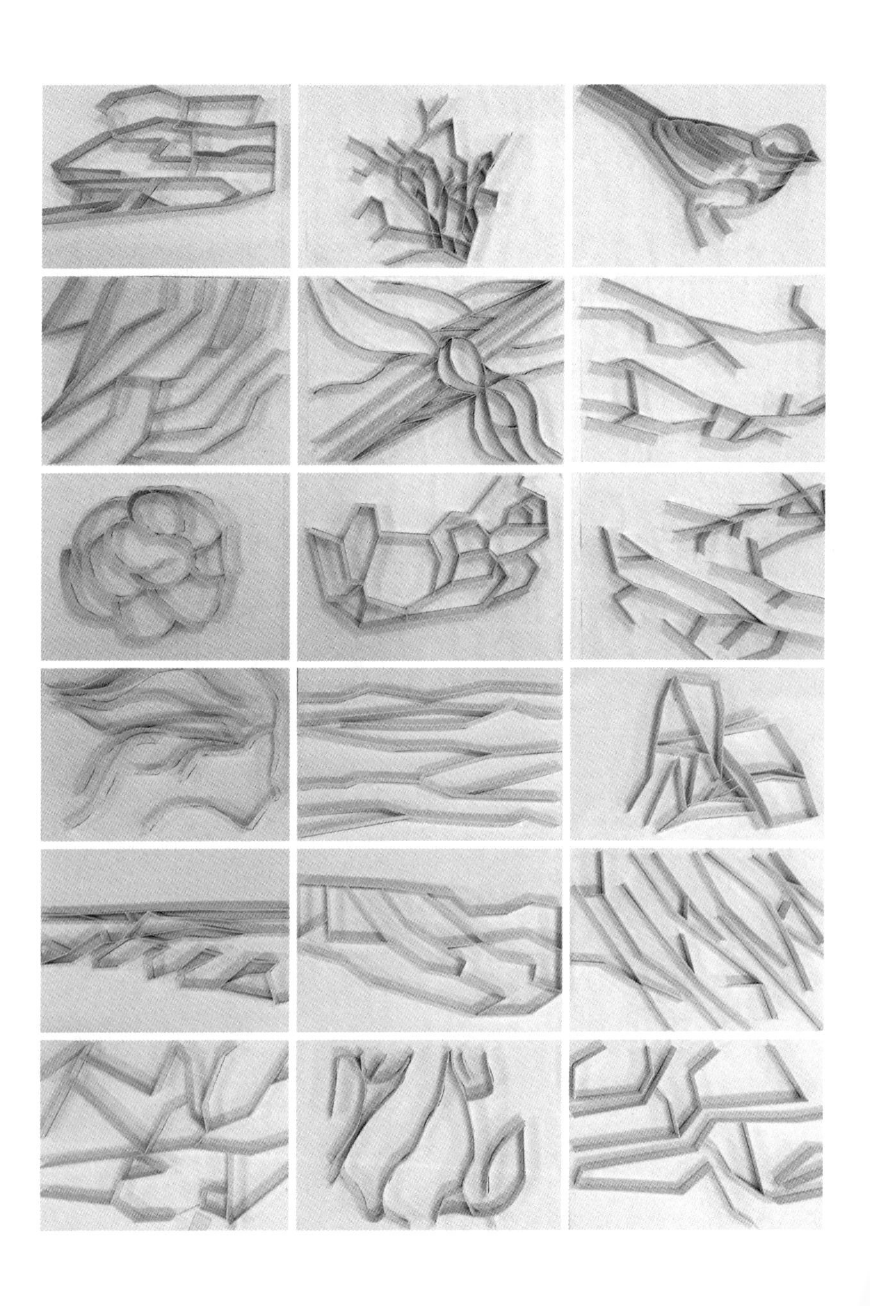

量变模型

最终方案设计及模型图

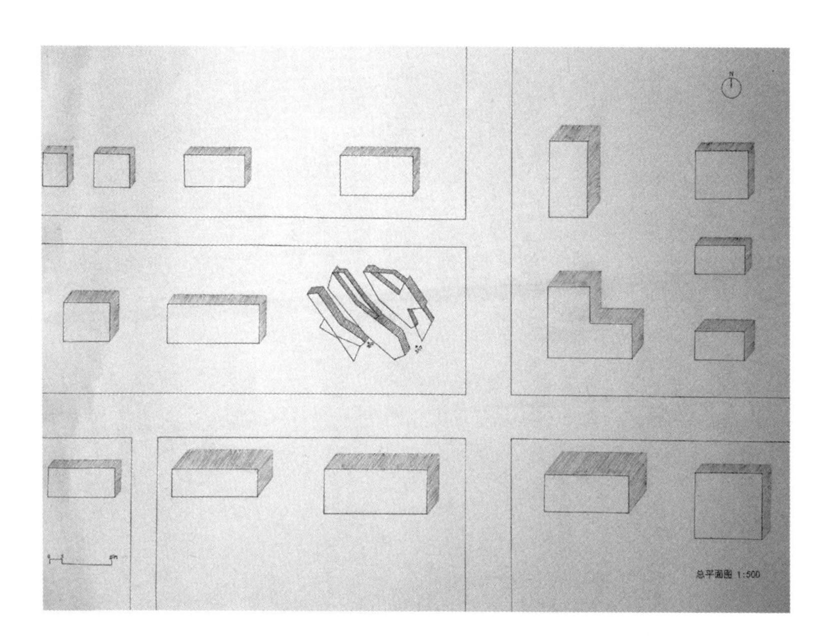

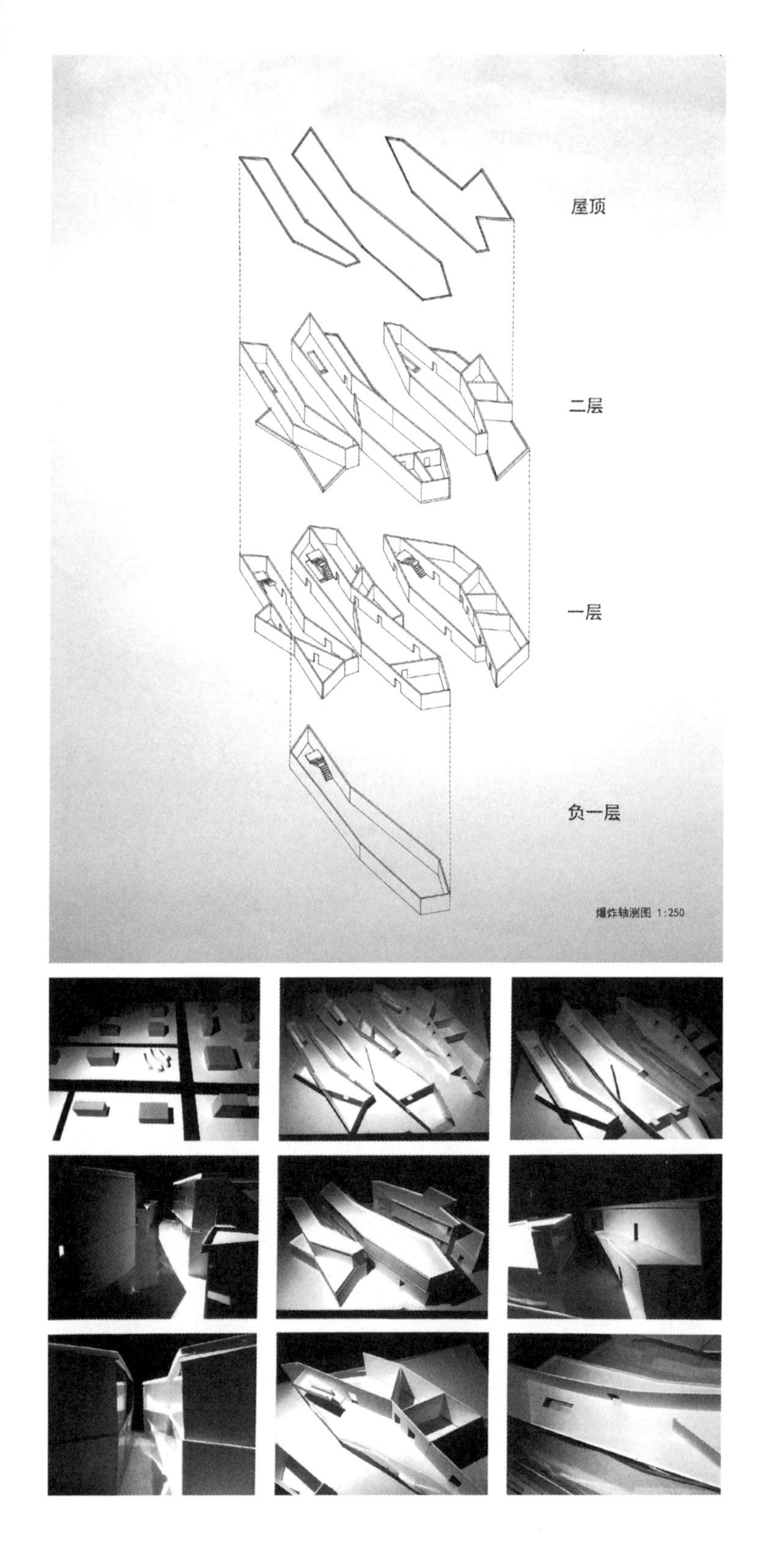

爆炸轴测图 1:250

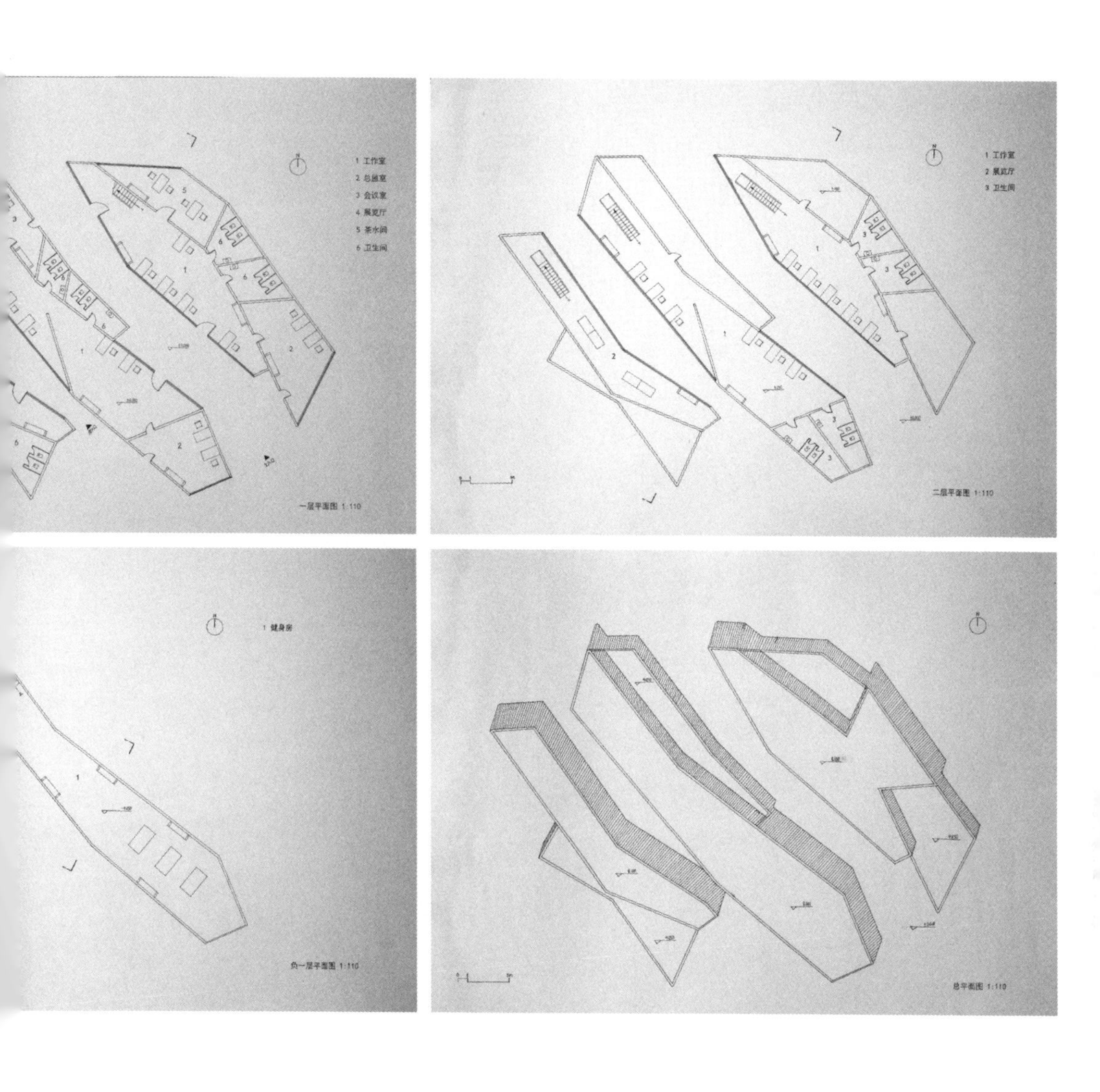
1 工作室
2 总监室
3 会议室
4 展览厅
5 茶水间
6 卫生间
一层平面图 1:110
1 工作室
2 展览厅
3 卫生间
二层平面图 1:110
1 健身房
负一层平面图 1:110
总平面图 1:110

南立面图 1:110
1-1剖面图 1:110

田润宜同学设计作品

空间的捕捉模型

量变模型

空间的生长模型

最终方案设计及模型图

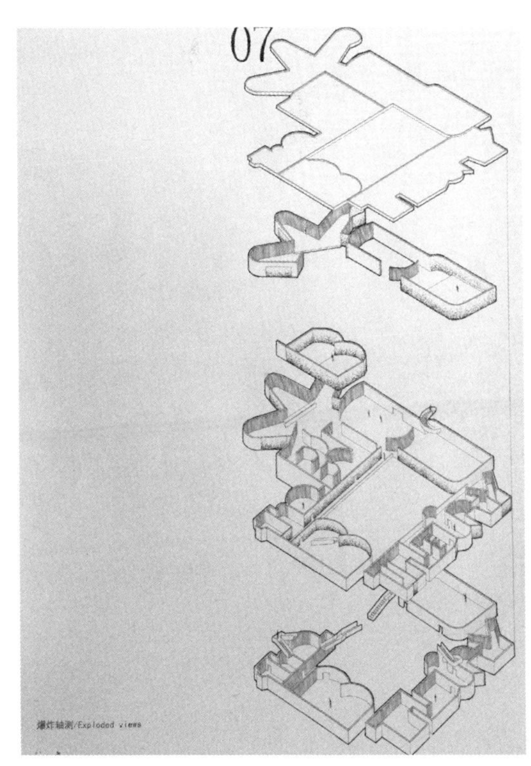

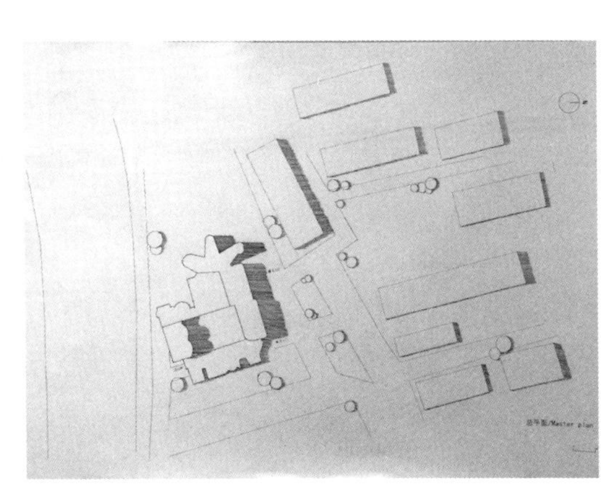

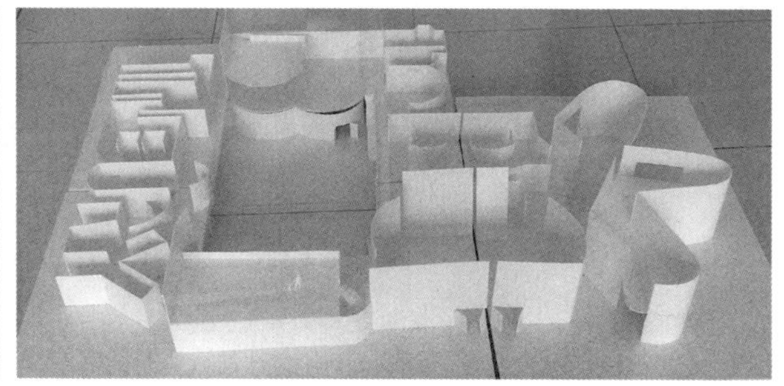

王建翔同学设计作品

空间的捕捉模型

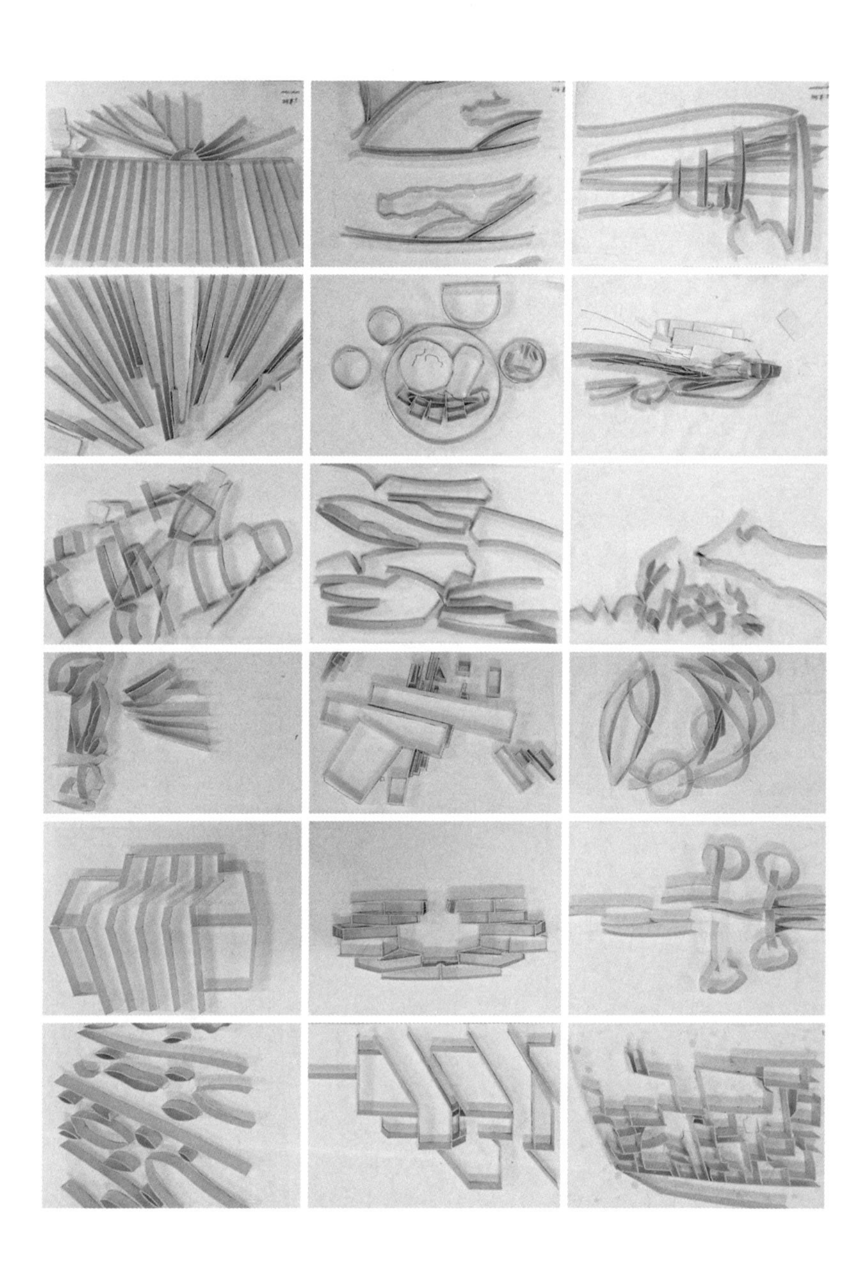

量变模型

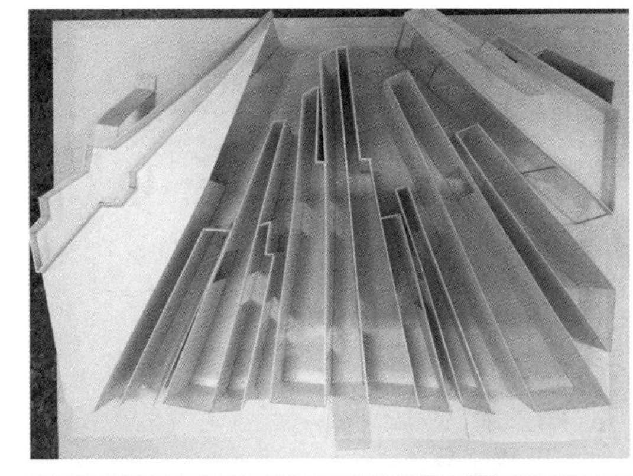

最终方案设计及模型图

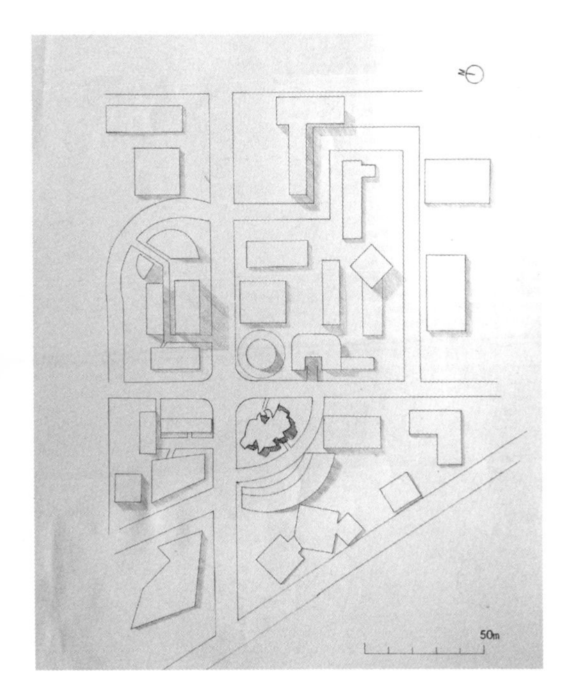

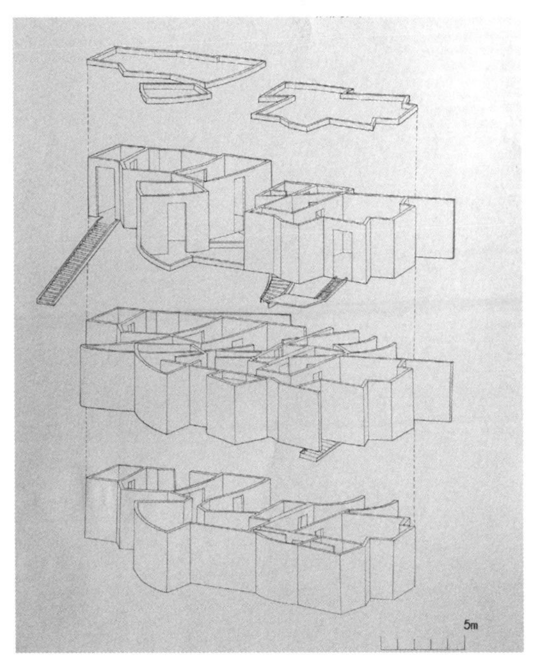

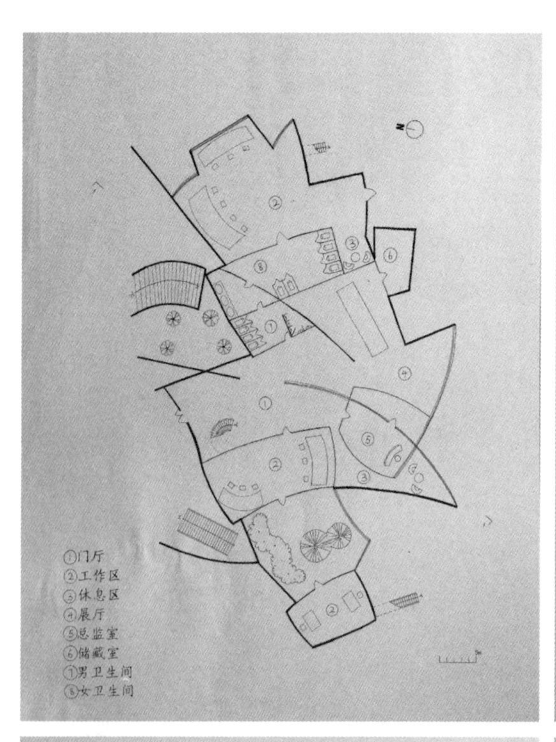
①门厅
②工作区
③休息区
④展厅
⑤总监室
⑥储藏室
⑦男卫生间
⑧女卫生间

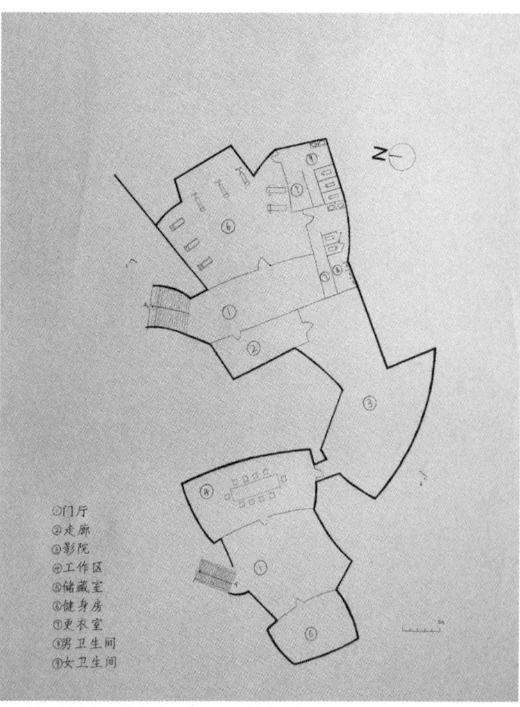
①门厅
②走廊
③影院
④工作区
⑤储藏室
⑥健身房
⑦更衣室
⑧男卫生间
⑨女卫生间

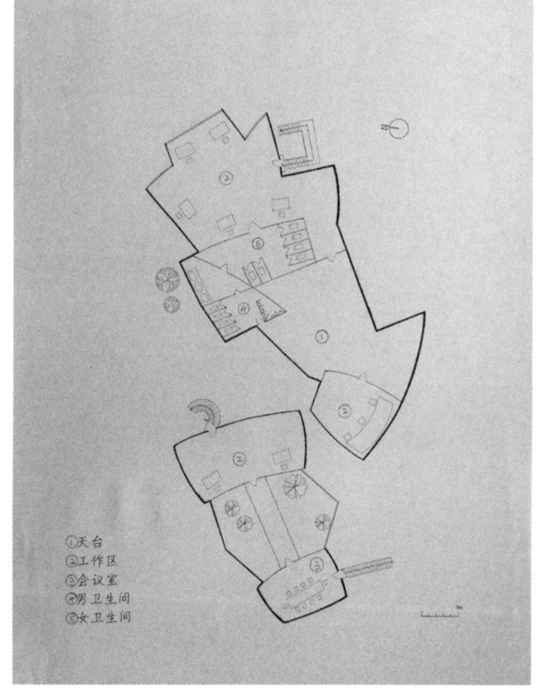
①天台
②工作区
③会议室
④男卫生间
⑤女卫生间

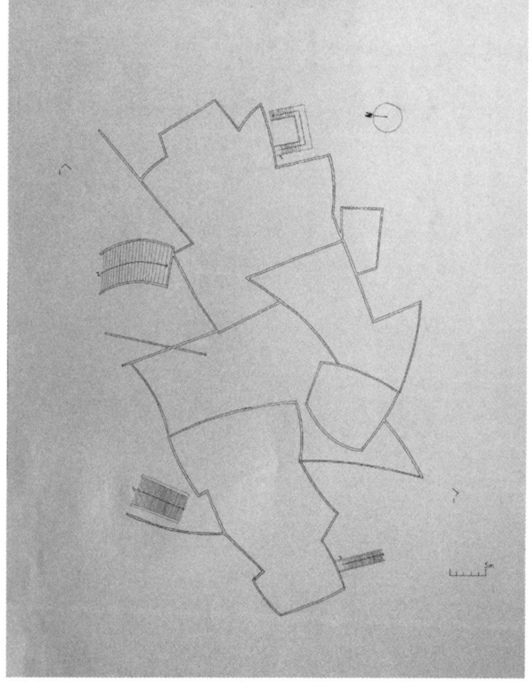

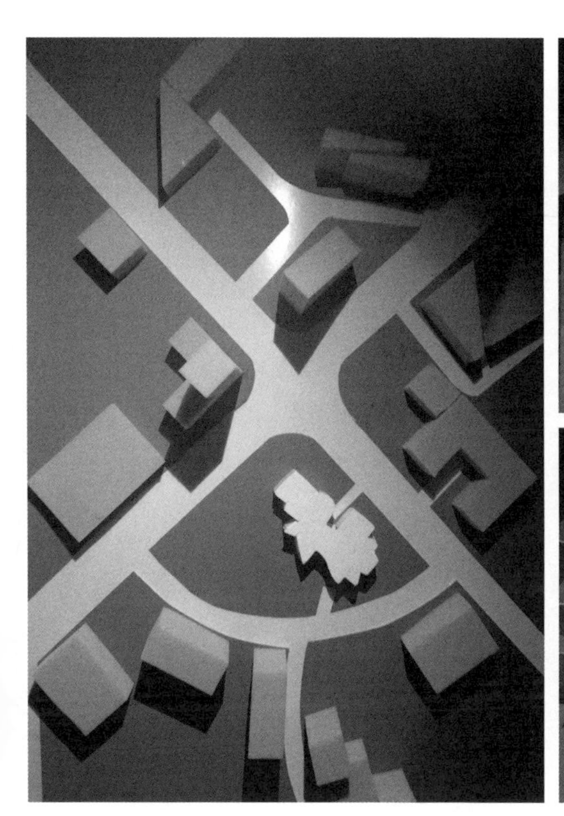

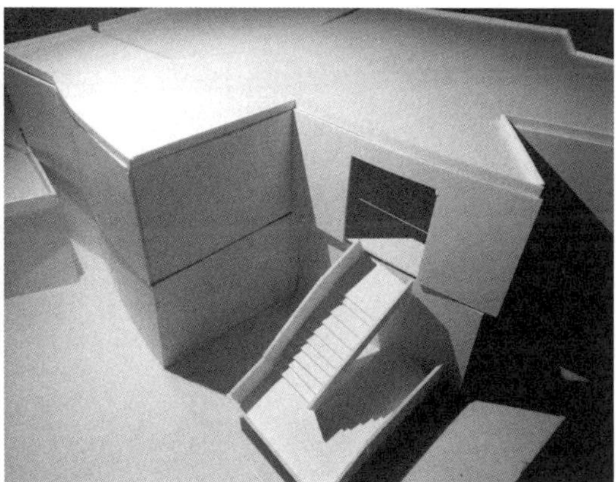

谢安童同学设计作品

空间的捕捉模型

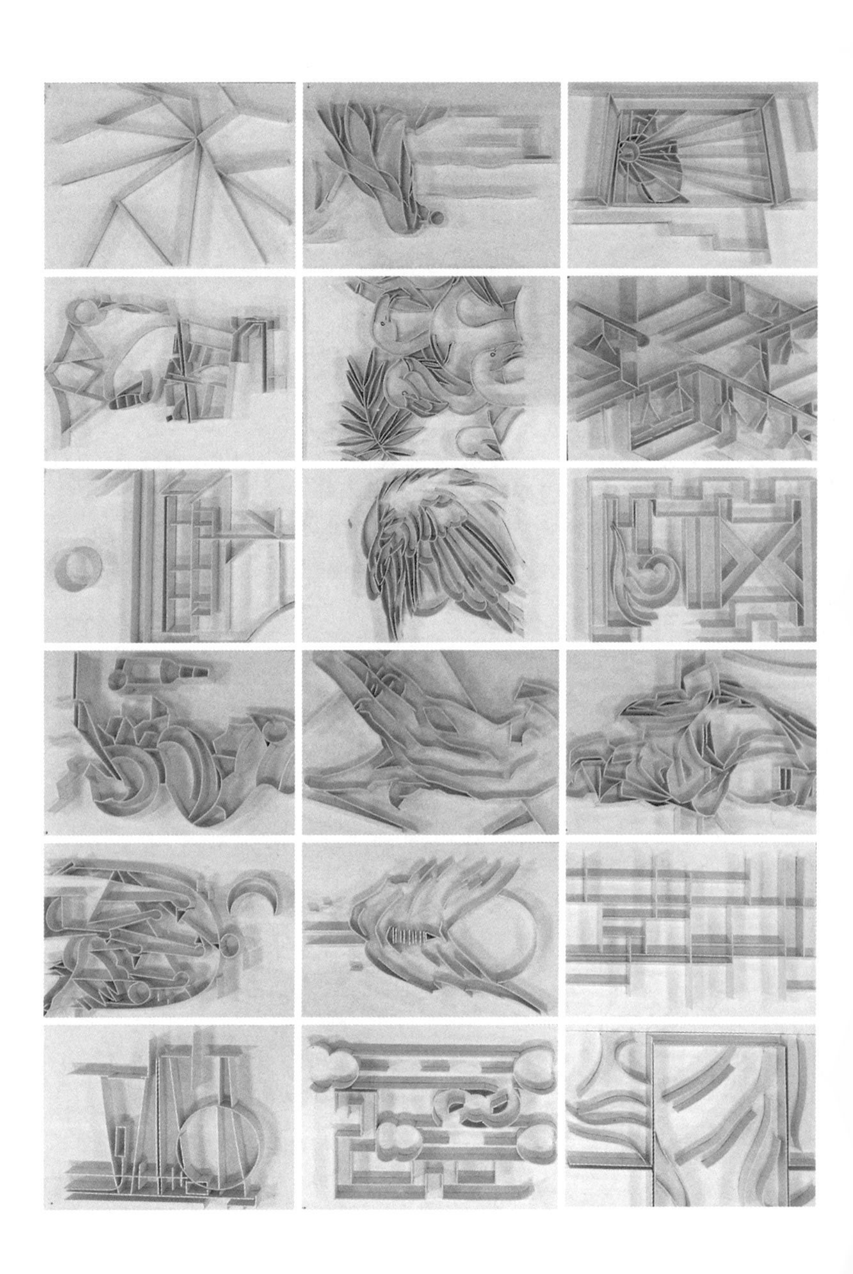

量变模型

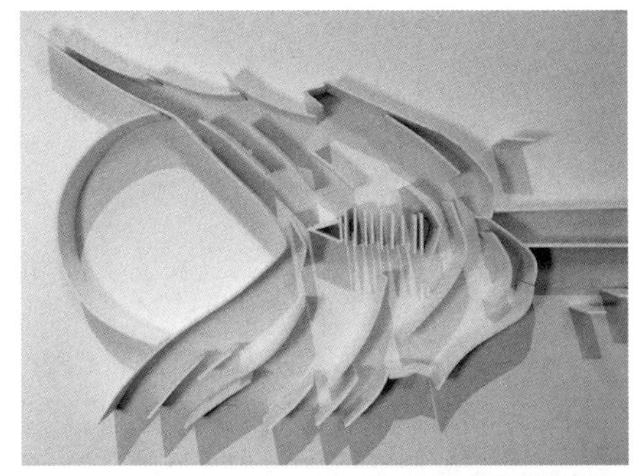

空间质变模型

最终方案设计及模型图

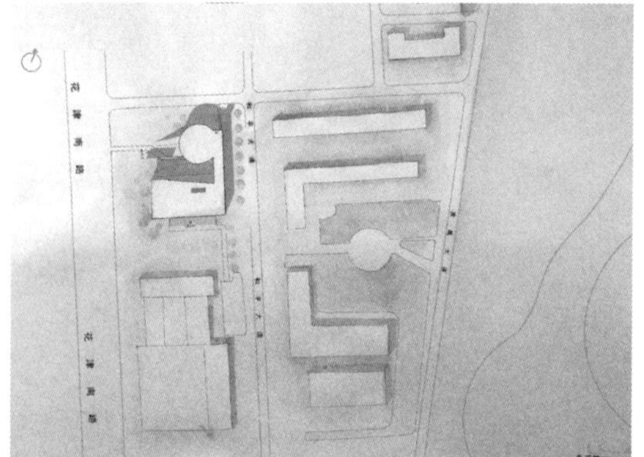

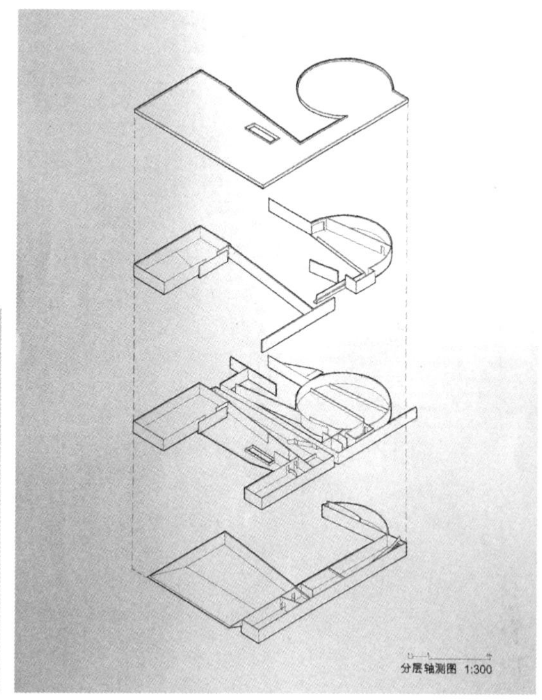

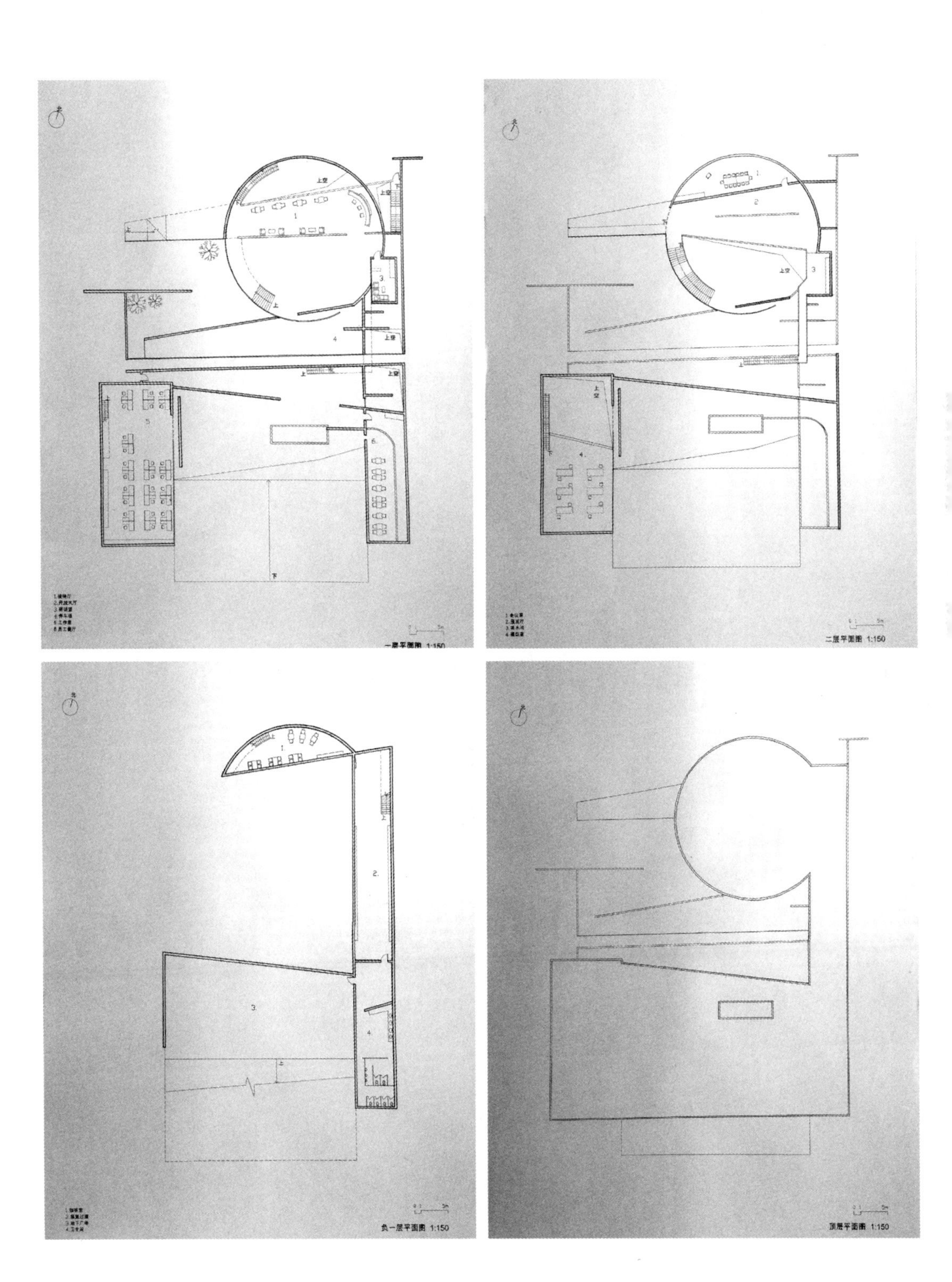
一层平面图 1:150
二层平面图 1:150
负一层平面图 1:150
顶层平面图 1:150

杨清滢同学设计作品

空间的捕捉模型

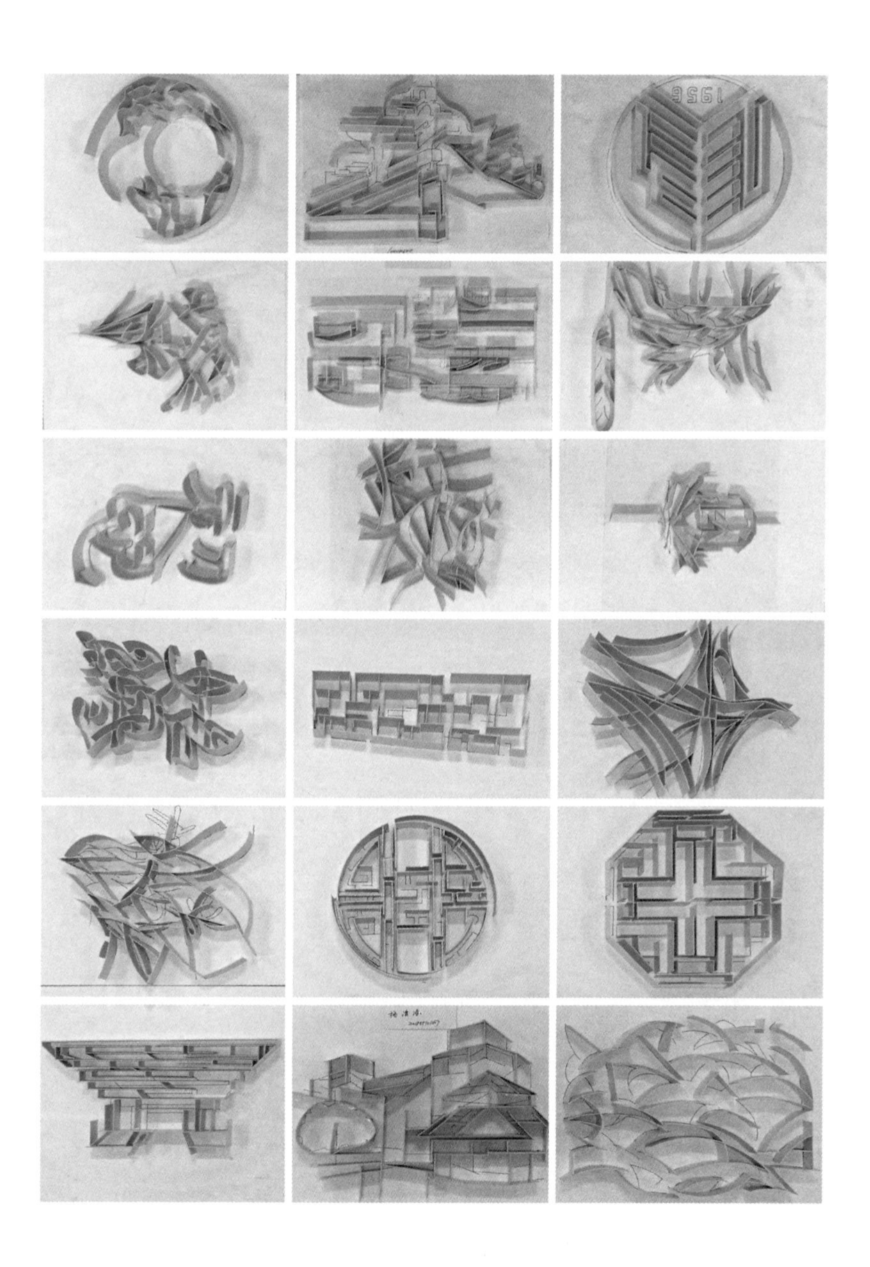

量变模型

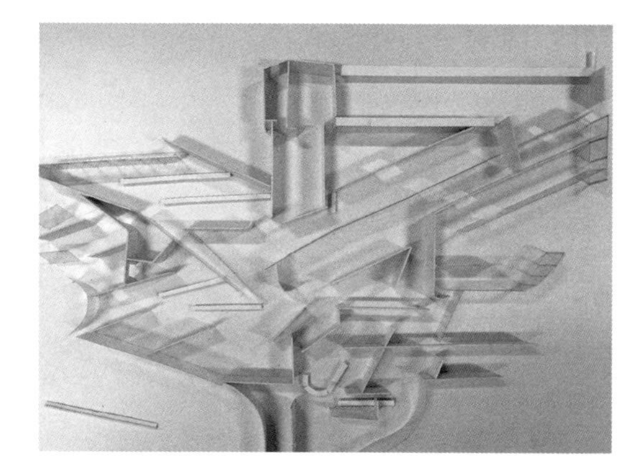

空间质变 模型

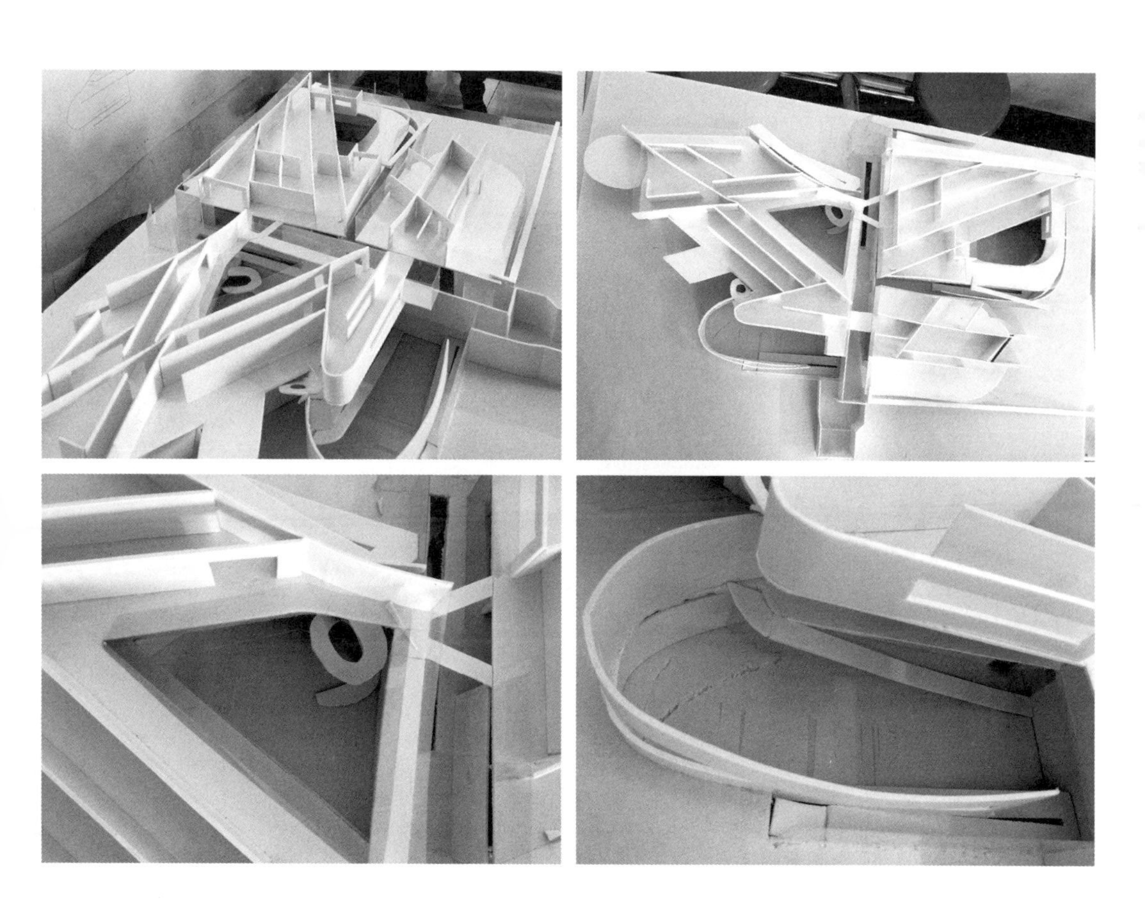

最终方案设计及模型图

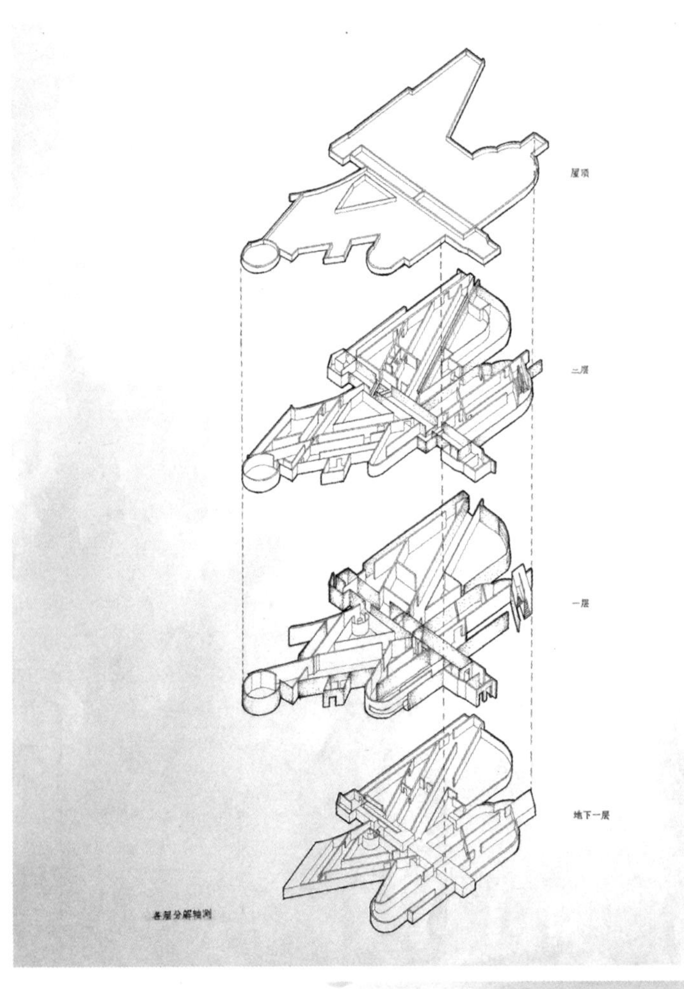

各层分解轴测

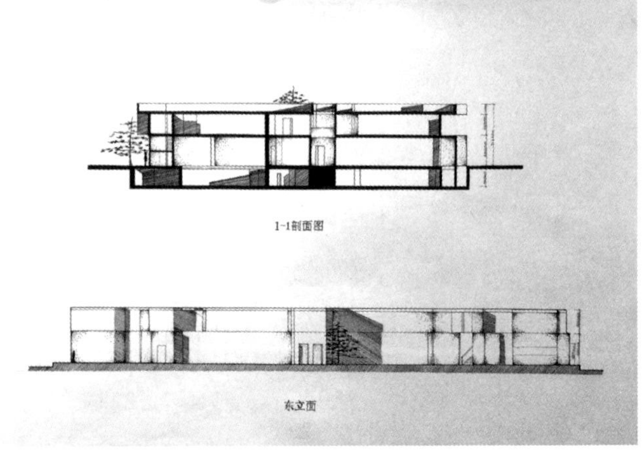
1-1剖面图

东立面

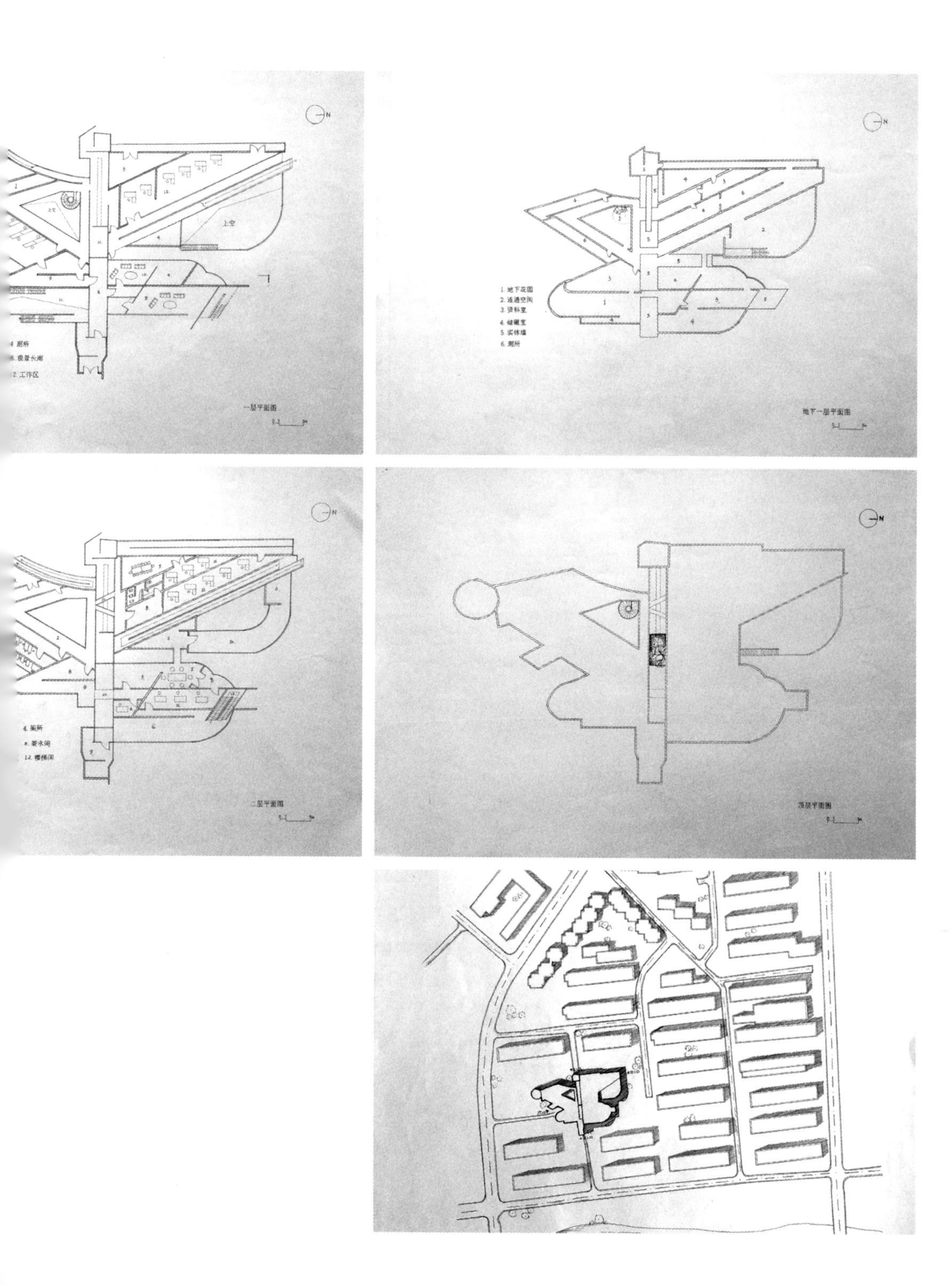
4 厕所
8. 观景长廊
12. 工作区
上空
一层平面图
1. 地下花园
2. 连通空间
3. 资料室
4. 储藏室
5. 实体墙
6. 厕所
地下一层平面图
二层平面图
顶层平面图

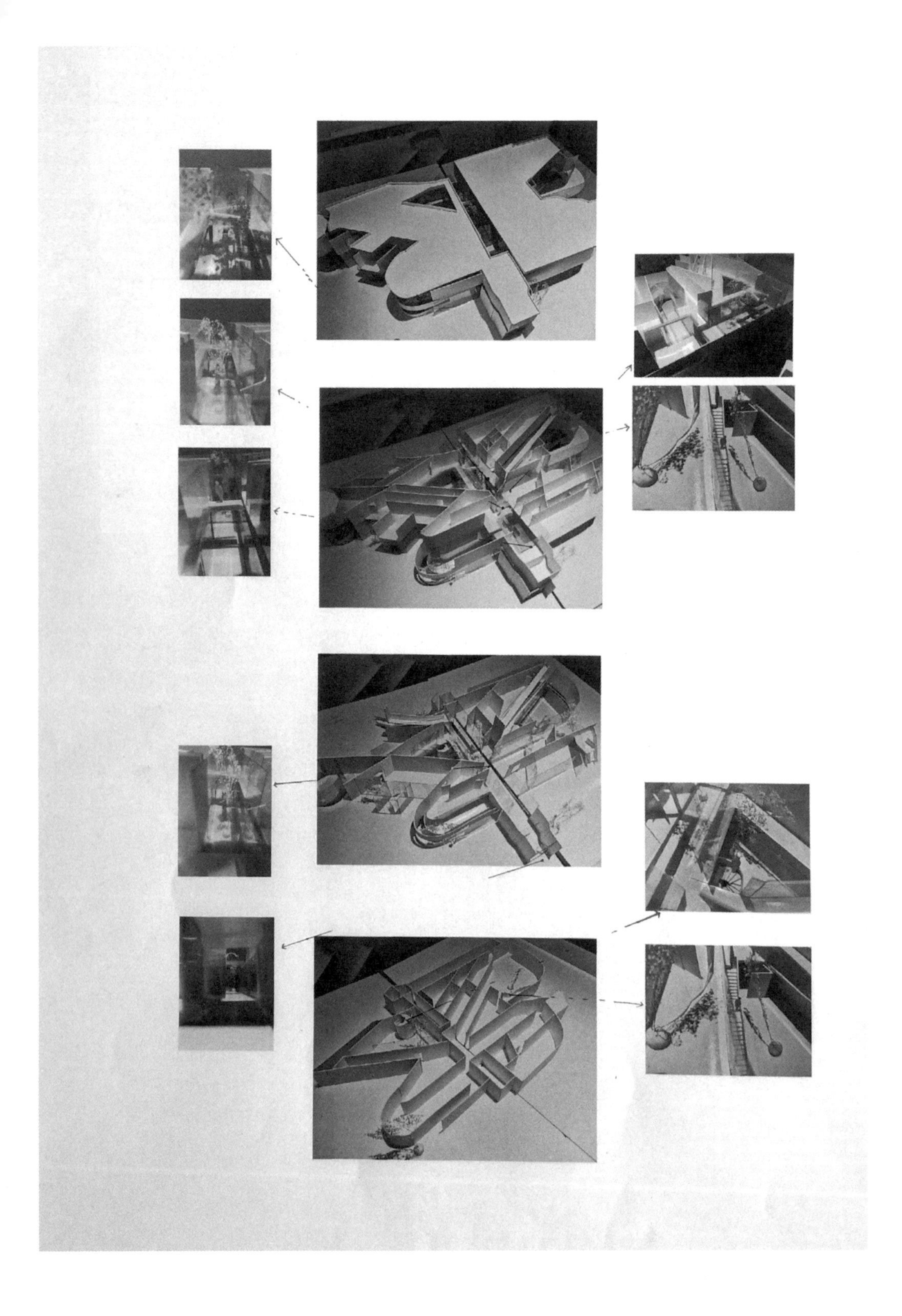

张金鹏同学设计作品

空间的捕捉模型

量变模型

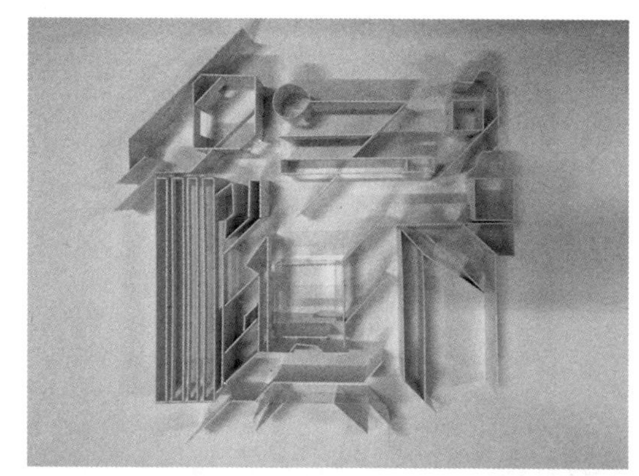

空间质变模型

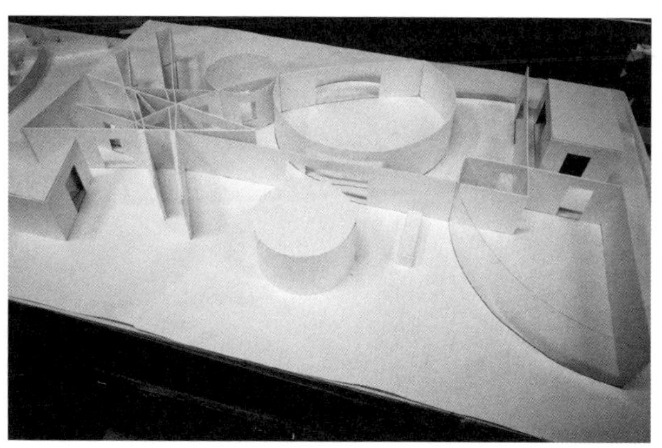

最终方案设计及模型图

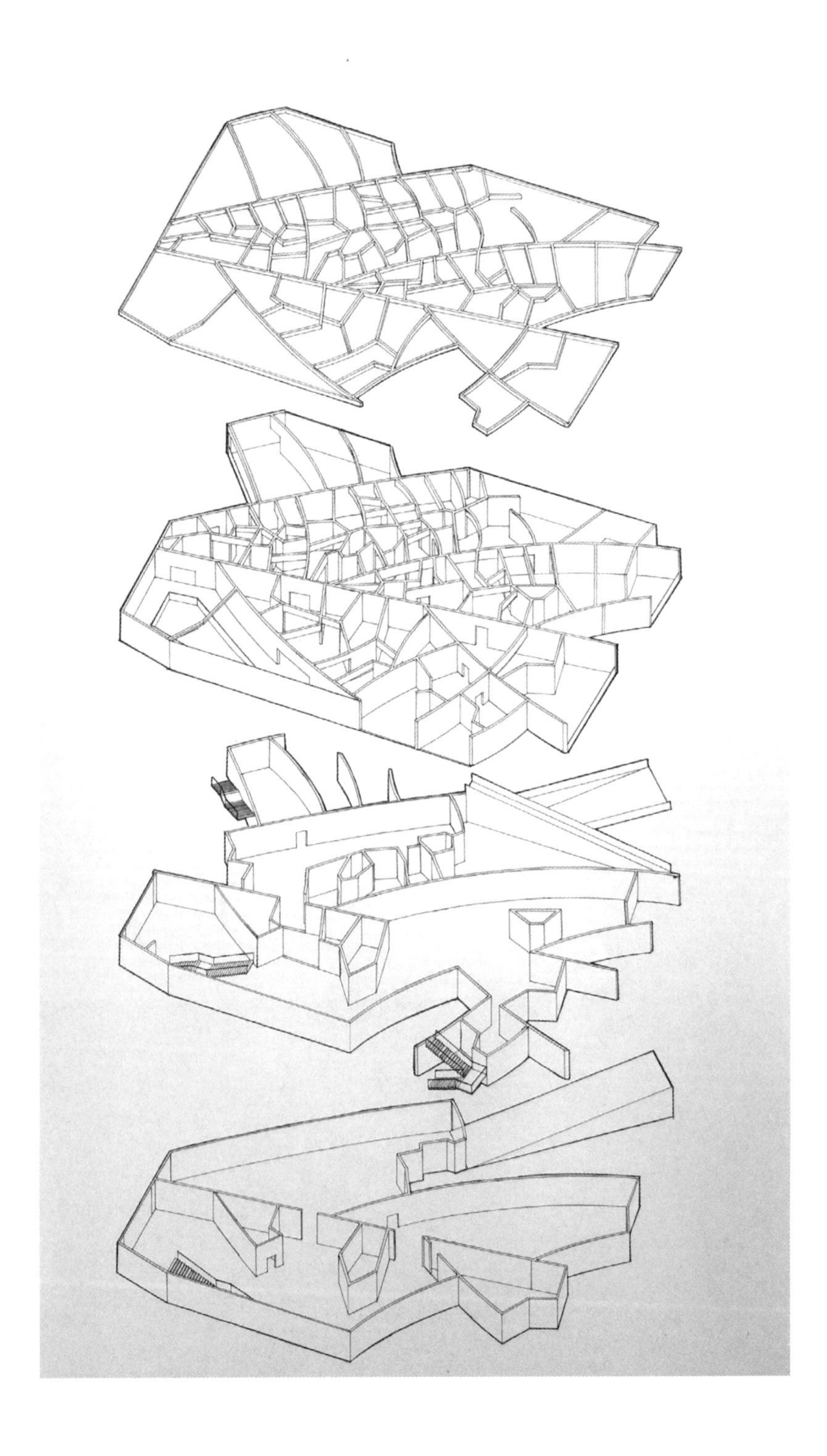

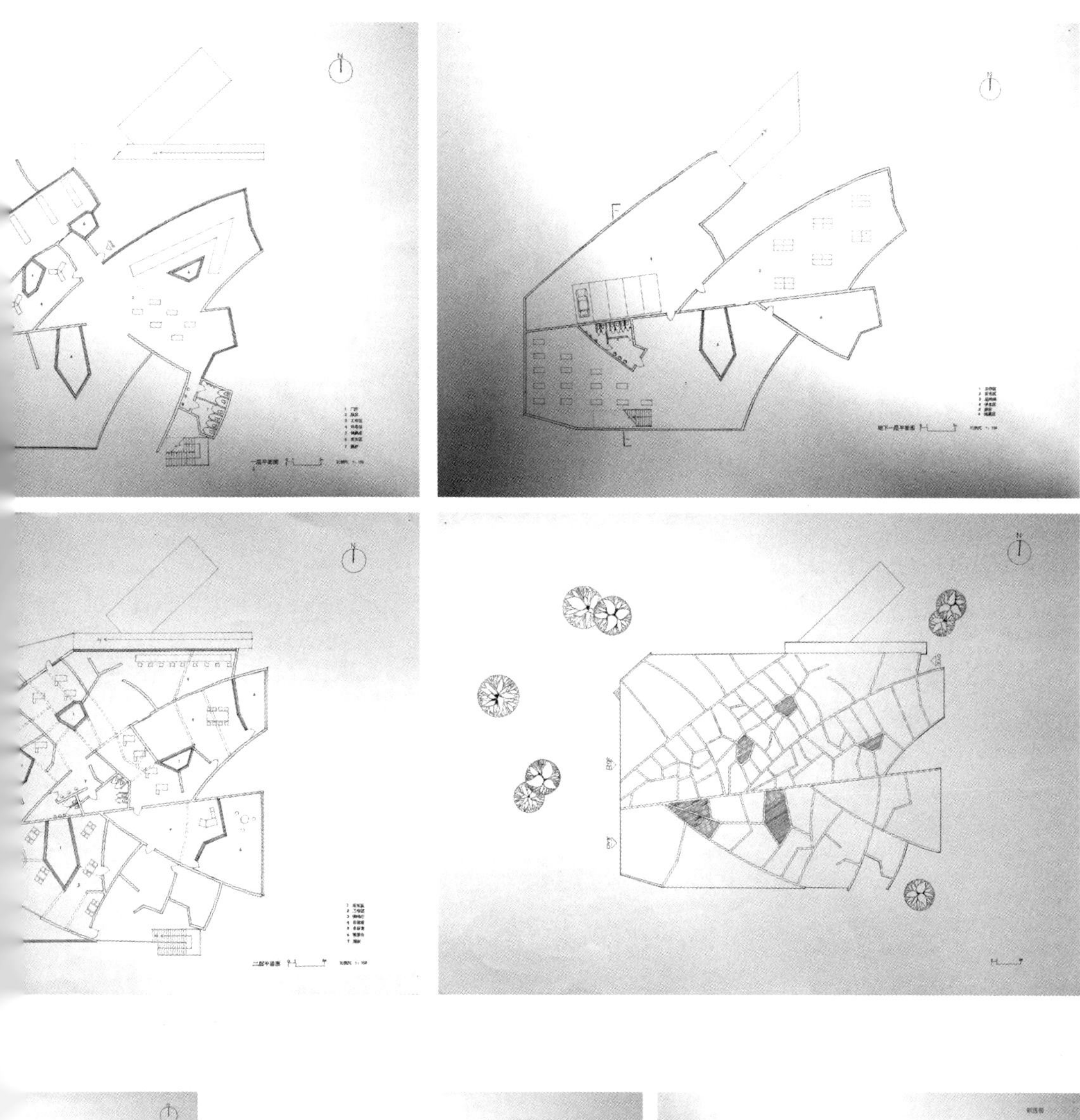

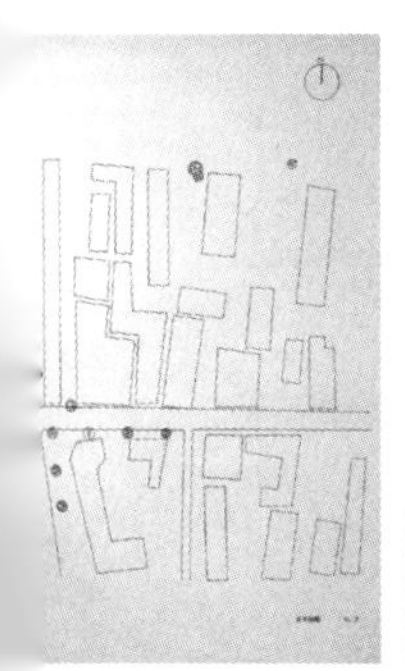

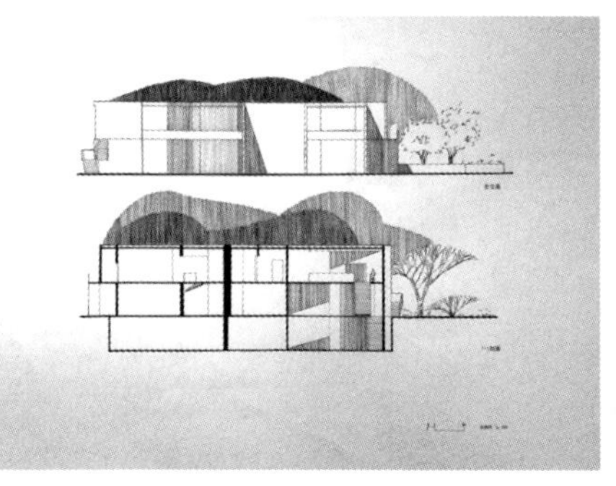

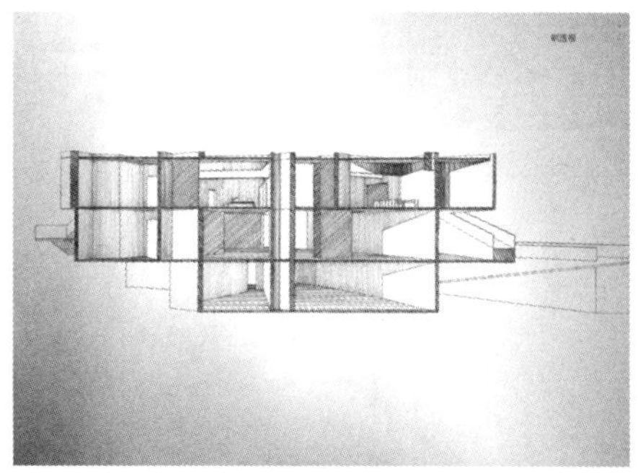

张琦同学设计作品

空间的捕捉模型

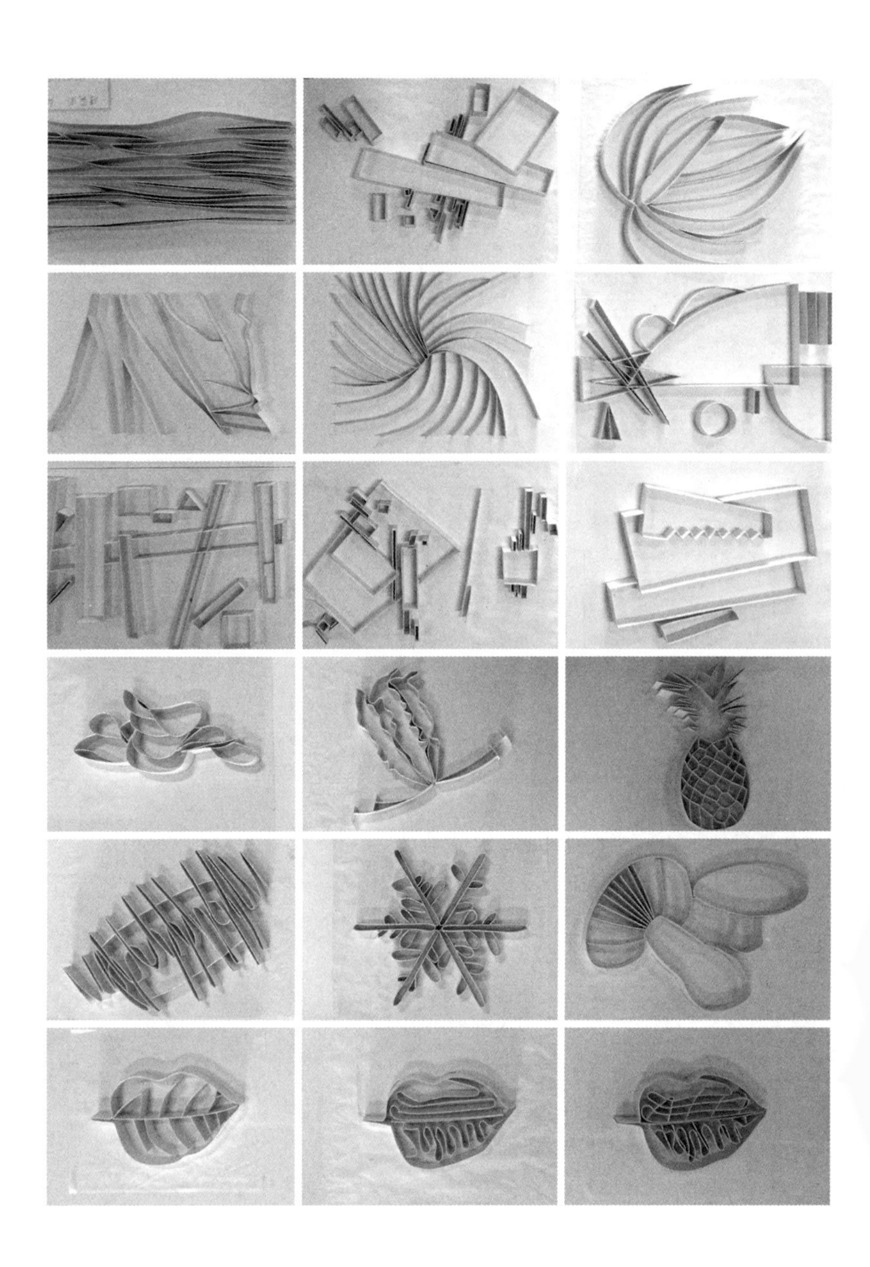

量变模型

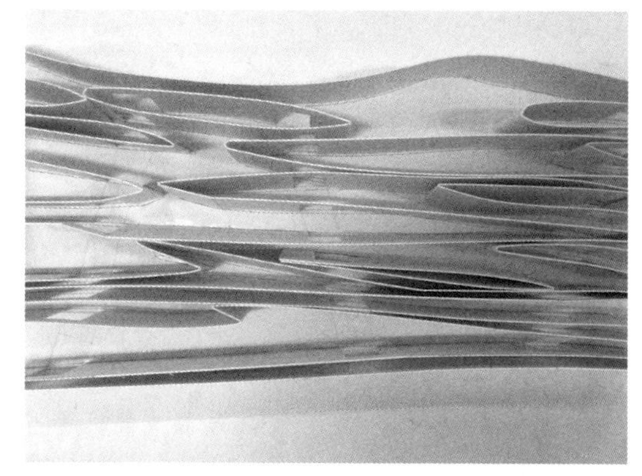

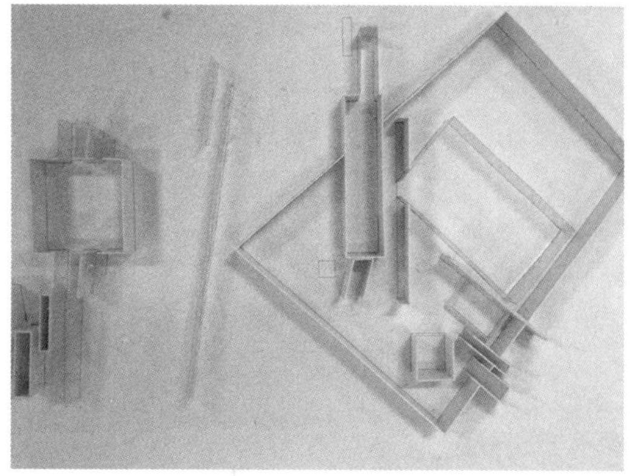

空间的生长模型

最终方案设计及模型图

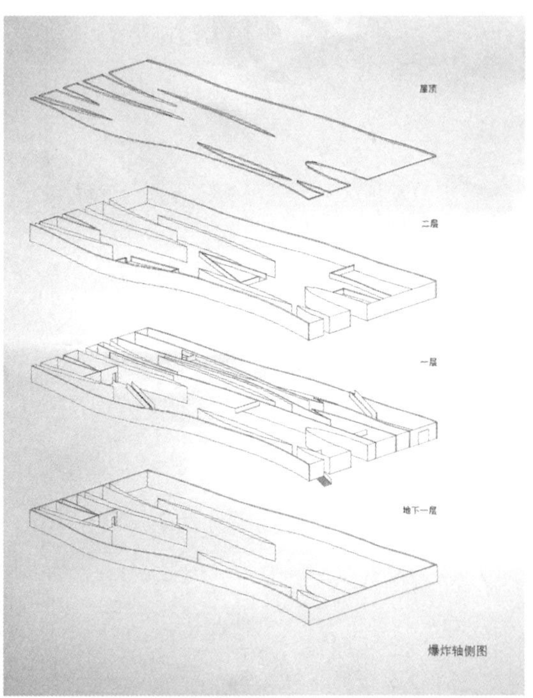

爆炸轴侧图

总平面图

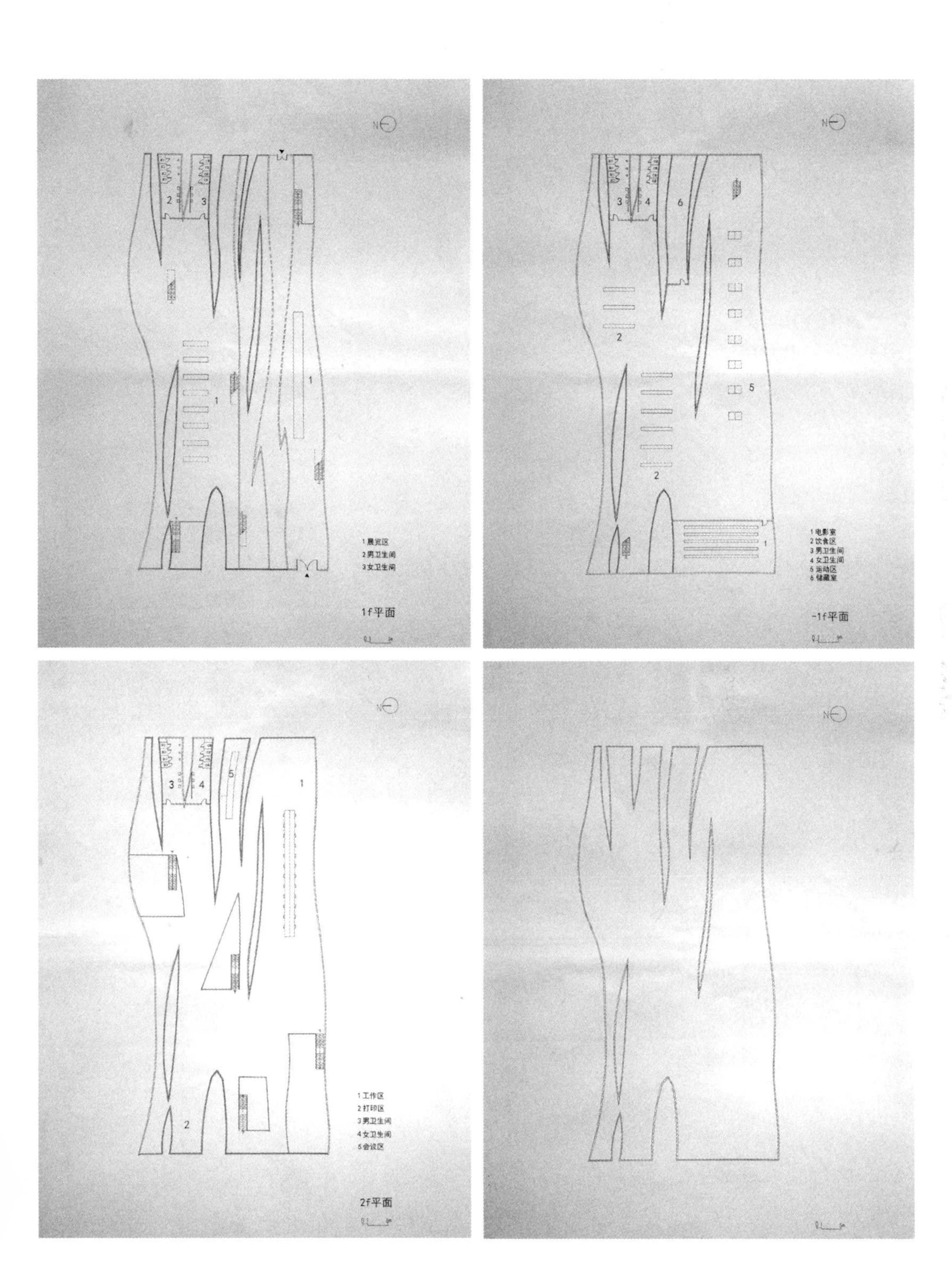
1 展览区
2 男卫生间
3 女卫生间
1f平面
1 电影室
2 饮食区
3 男卫生间
4 女卫生间
5 运动区
6 储藏室
-1f平面
1 工作区
2 打印区
3 男卫生间
4 女卫生间
5 会议区
2f平面

张树鑫同学设计作品

空间的捕捉模型

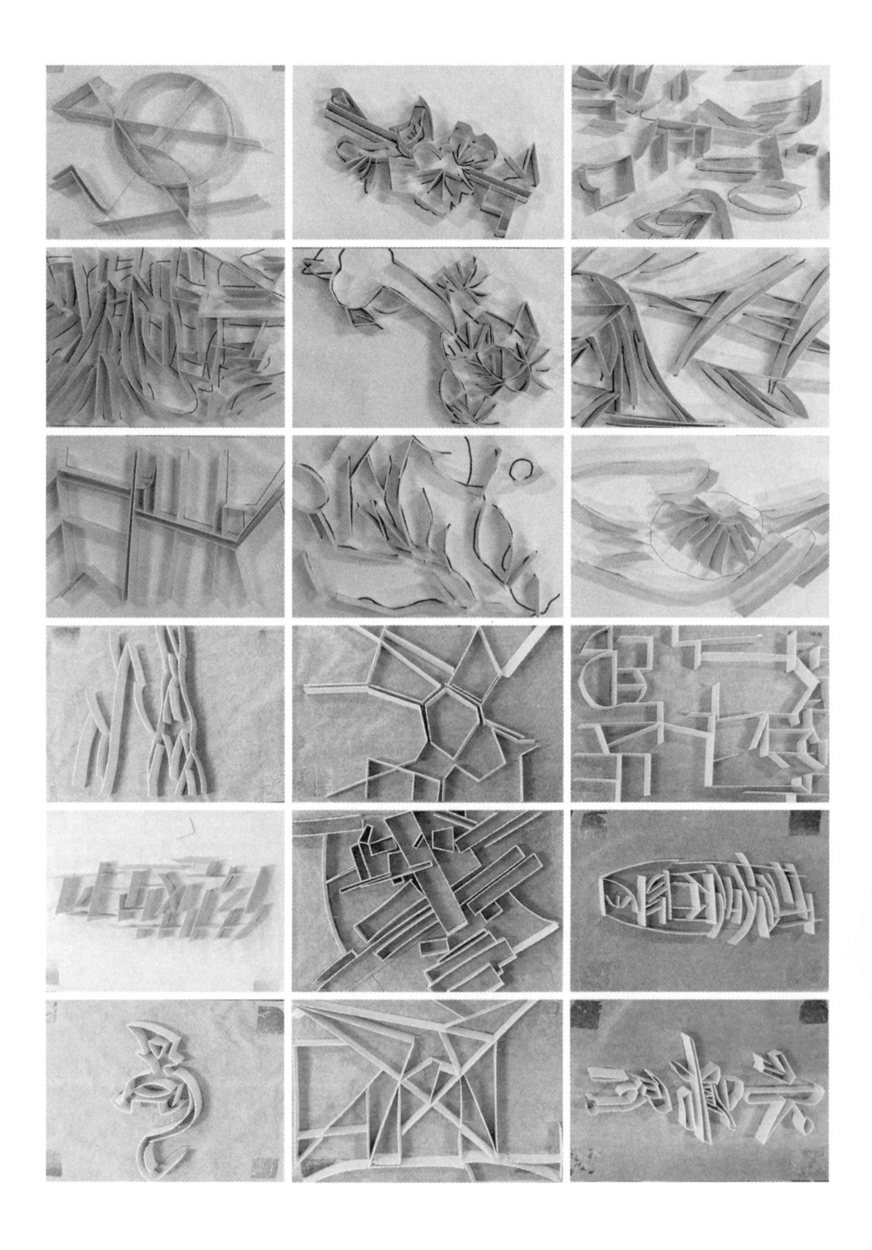

量变模型

最终方案设计及模型图

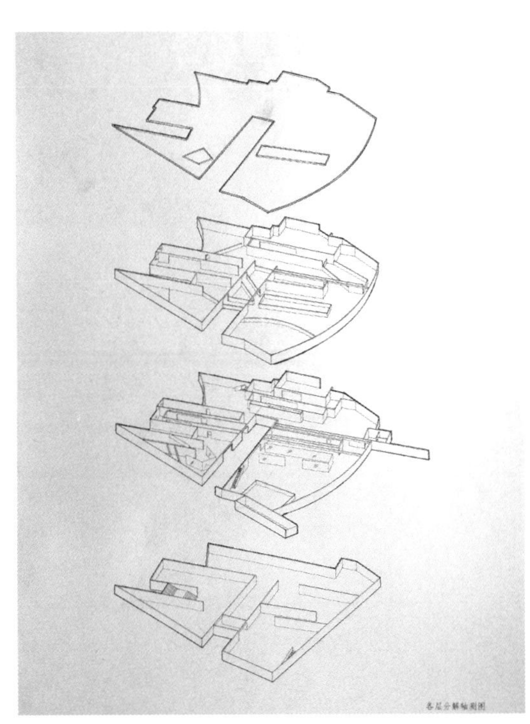

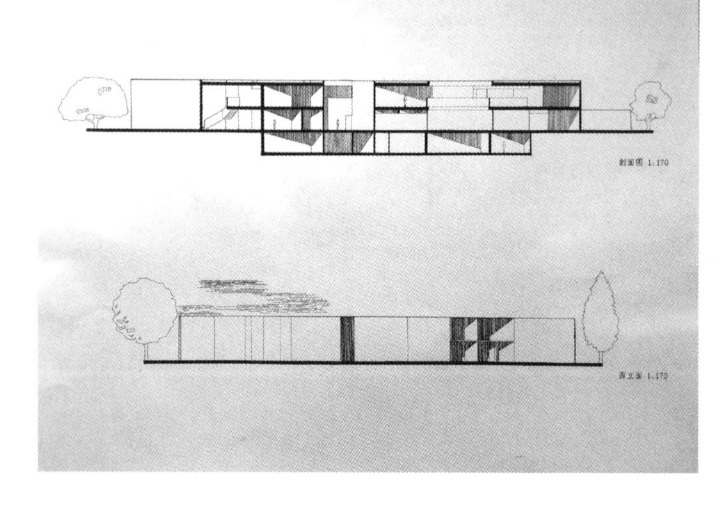
剖面图 1:170
西立面 1:170

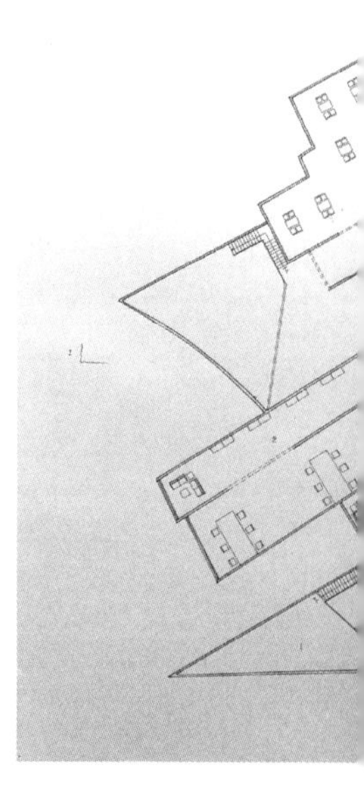

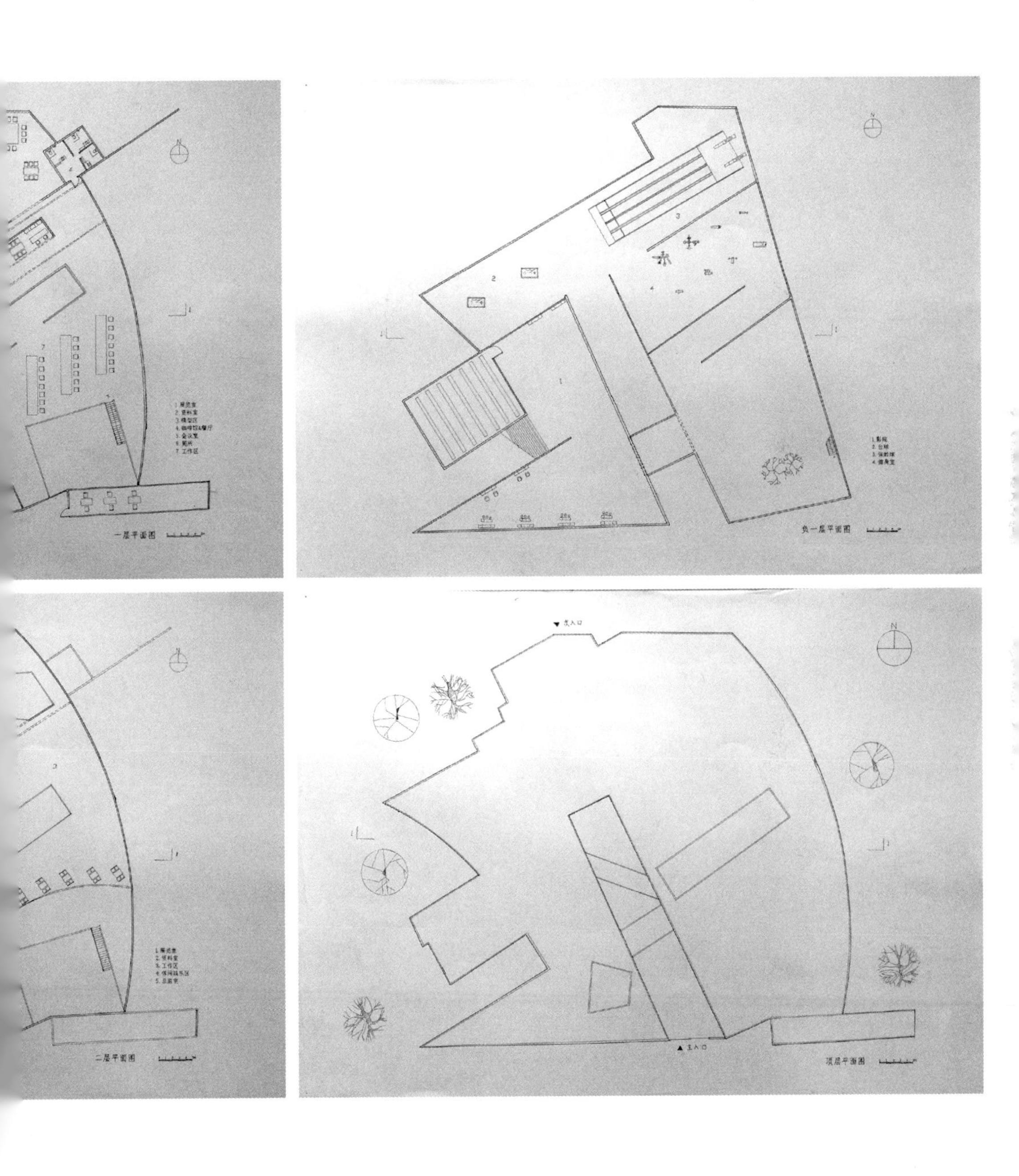
一层平面图
负一层平面图
二层平面图
主入口
顶层平面图

赵林清同学设计作品

空间的捕捉模型

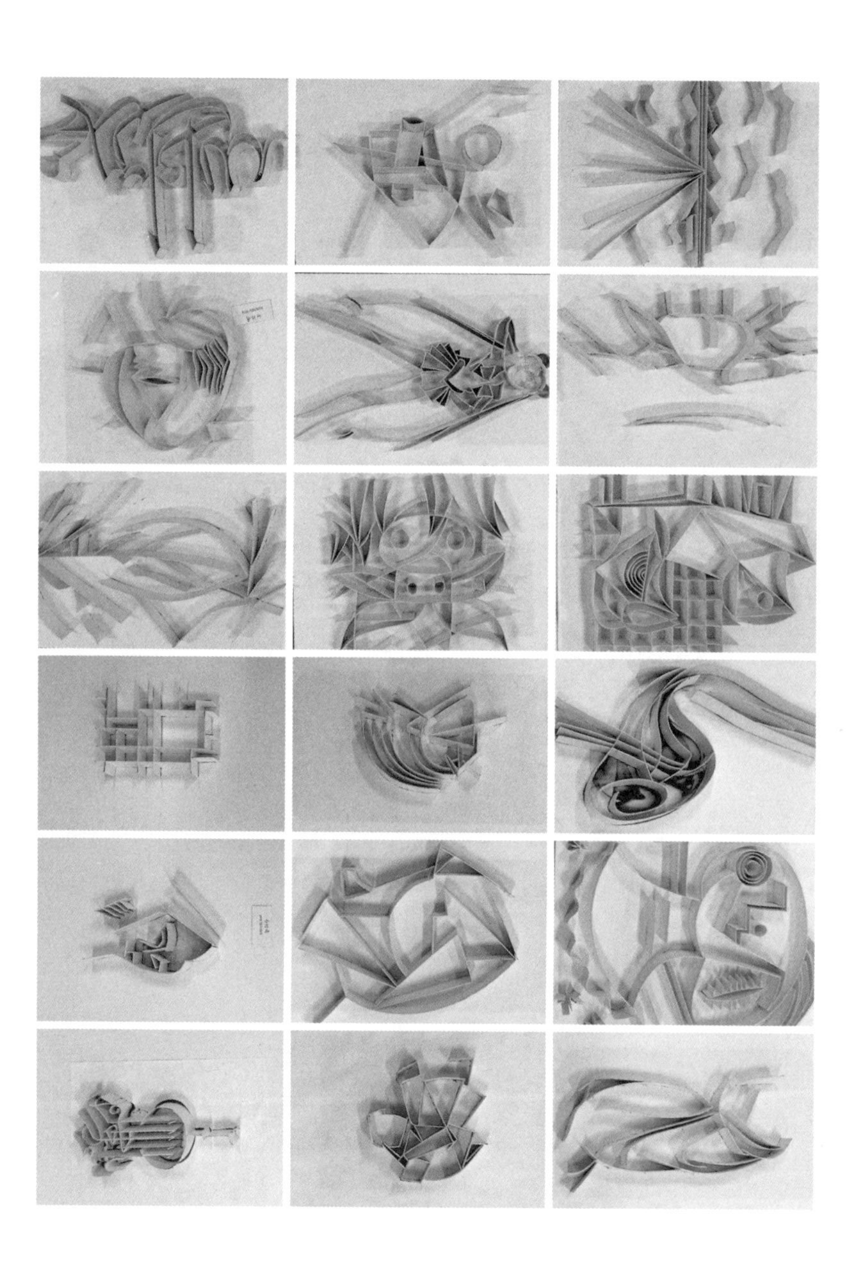

量变模型

空间的生长模型

最终方案设计及模型图

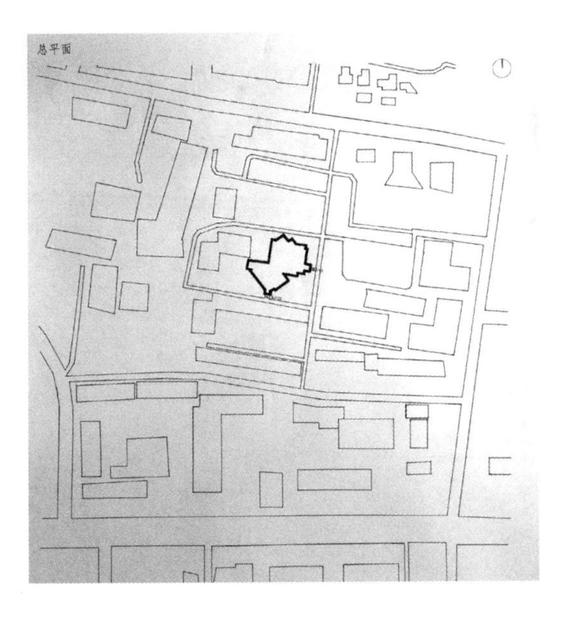

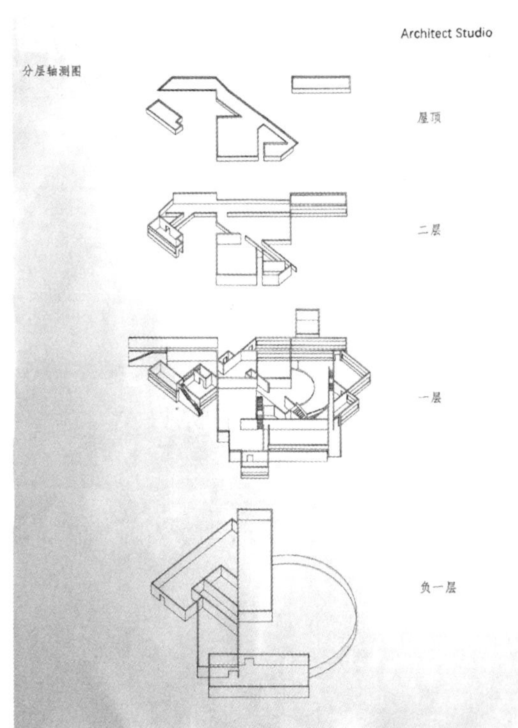

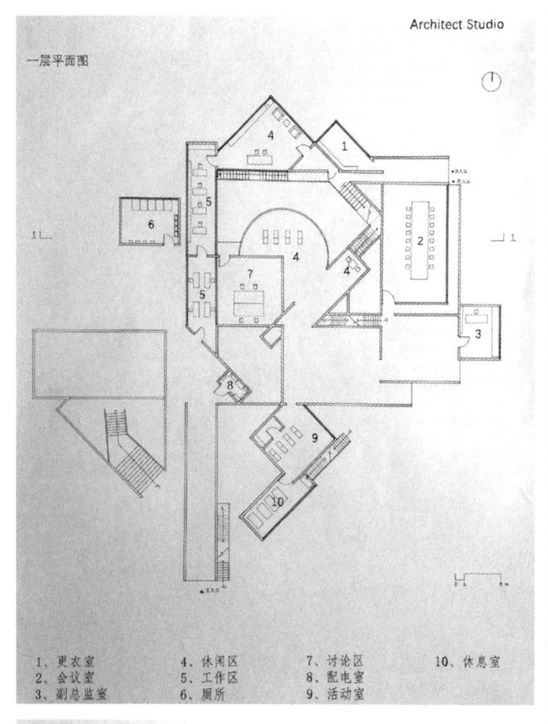
Architect Studio
一层平面图
1、更衣室
2、会议室
3、副总监室
4、休闲区
5、工作区
6、厕所
7、讨论区
8、配电室
9、活动室
10、休息室

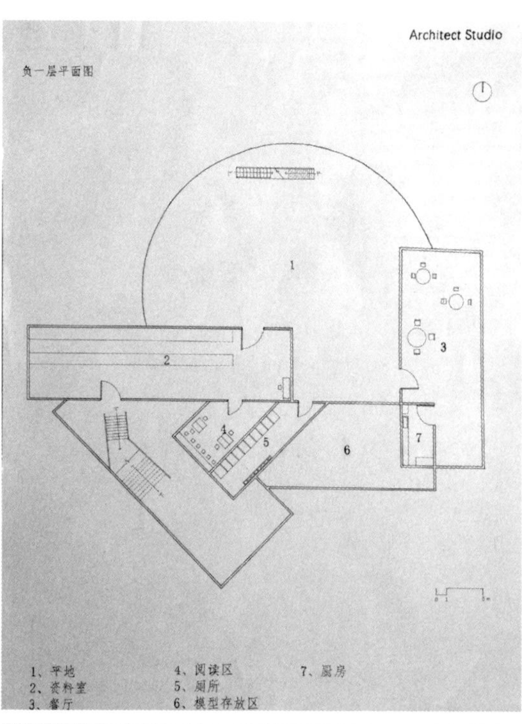
Architect Studio
负一层平面图
1、平地
2、资料室
3、餐厅
4、阅读区
5、厕所
6、模型存放区
7、厨房

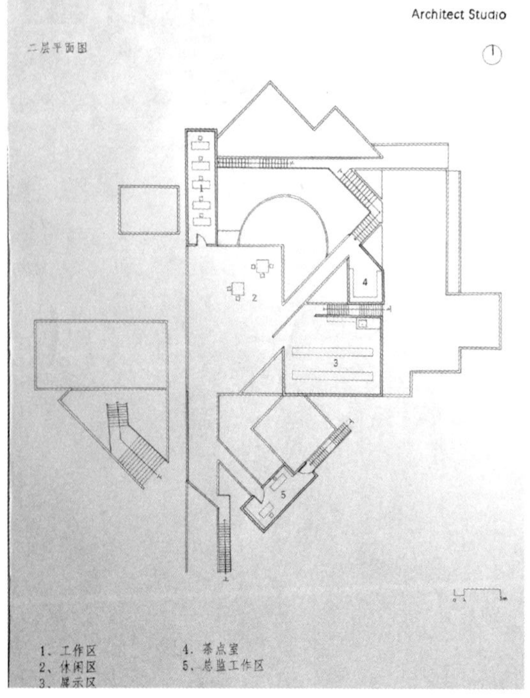
Architect Studio
二层平面图
1、工作区
2、休闲区
3、展示区
4、茶点室
5、总监工作区

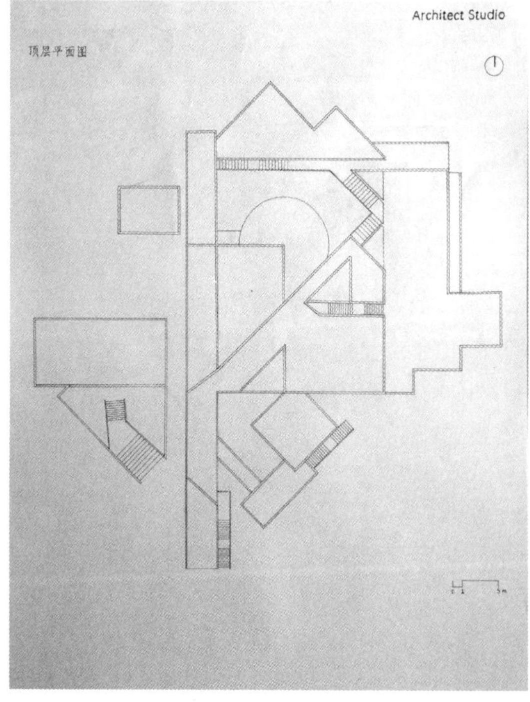
Architect Studio
顶层平面图

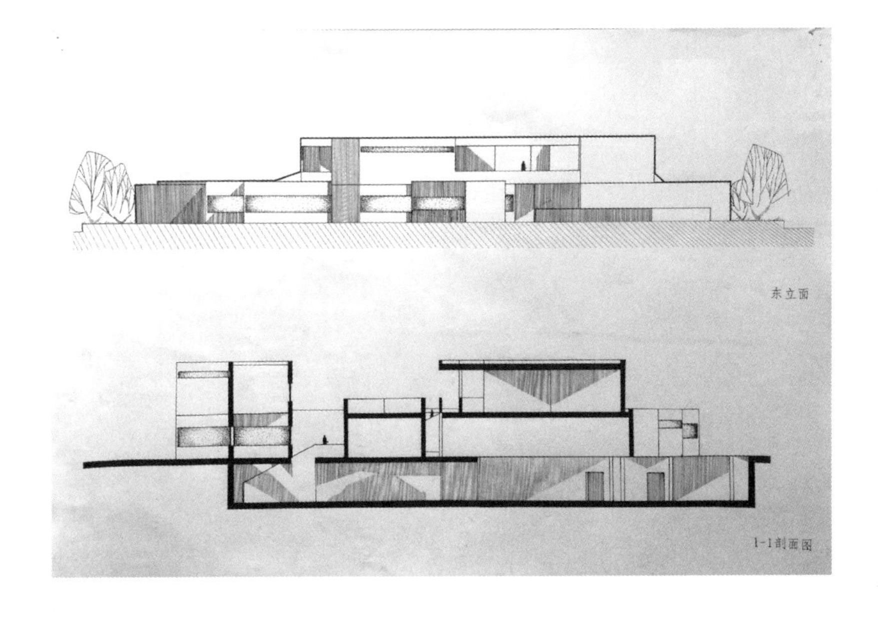
东立面
1-1剖面图